KB048852

여행인문
지리학잡론

여행인문지리학잡론

초판 1쇄 2022년 10월 28일 발행

지은이 민양지
펴낸이 김성실
책임편집 김태현
표지디자인 최윤선
제작 한영문화사

펴낸곳 시대의창 등록 제10-1756호(1999. 5. 11)
주소 03985 서울시 마포구 연희로 19-1
전화 02)335-6121 팩스 02)325-5607
전자우편 sidaebooks@daum.net
페이스북 www.faceook.com/sidaebooks
트위터 @sidaebooks

ISBN 978-89-5940-793-4 (03980)

잘못된 책은 구입하신 곳에서 바꾸어 드립니다.

본문 통계의 주요 출처는 다음과 같습니다.
IMF: World Economic Outlook Database, UNDP: Human Development Index, CIA: World Factbook,
OECD Statistics, United Nations Statistics Division, World Bank: World Development Indicators,
WID: World Inequality Report, 통계청: KOSIS 국가통계포털.

본문의 국가명, 지명 등 외국어는 국립국어원 외래어 표기법과 현지 발음 등을 종합하여 우리말로 옮겼습니다.

특별하고 ✦ 감미롭고 ✦ 다채로운

여행인문
지리학잡론

민양지 지음

시대의창

여행인문지리학잡론

이 행성 위의 가보지 않은 곳, 낯선 세상을 향한 관심을 가진 당신을 생각했습니다. 관심의 이름은 호기심일 수도 그리움일 수도, 꿈 또는 희망일 수도 있겠지요. 지금 가진 이름이 무엇이건, 그 끈을 잇고 붙여 당겨 다른 세상의 다른 이름에까지 닿도록 만들고픈 욕심이 생겼습니다.

82개국을 여행했습니다. 그만큼 여행의 경험을 쌓은 분들이 수천쯤 되겠지요. 글 깨칠 무렵부터 지도를 탐하고 살아온 기간만큼 지리 지식을 축적했습니다. 그 정도 인문지리 공부를 한 분들도 수천은 될 겁니다.

하지만 그 정도의 공부와 그만큼의 경험을 병행한 사람은 수십밖에 없을 거라는 믿음과, 여행과 인문에 지리를 섞고 감성을 묻혀 읽을 만한 책 한 권을 묶어낼 수 있는 사람은 나밖에 없을지도 모른다는 자신감으로, 《여행인문지리학잡론》을 쓰게 되었습니다.

가슴이 트였던 곳을 소개하고 싶습니다. 눈물이 날 것 같았던 순간을 이야기하고 싶습니다. 목이 쉬도록 소리를 질렀던 밤과, 한마디 말 없이 파묻

혀 게을렀던 오후를 함께하고 싶습니다.

　저의 이야기에 당신의 가슴이 조금 설레고 저의 사진에 당신이 잠시 쉬어갈 수 있다면, 이 책에서 접한 하나의 장면이 더 큰 세상과의 접점이 되어 그 땅을 밟게 할 계기가 될 수 있다면, 참 좋겠습니다.
　당신의 상상을 키우다 공간을 채우고 시간을 적시게 할 지구 여행, 함께 떠나보시지요.

2022년 10월

민양지

차례

1장
'가장', '제일', '최고'에 대하여
The Most and Least

2장

여행하기 좋은 곳, 그런 나라

Travel and Destination

3장
불평등한 세상의 부자와 빈자
Wealth and Poverty

4장

계절과 환경 속 인간 세상

Mother nature and Human nature

좋은 곳, 이 세상

산크리스토발데라스카사스 골목, 멕시코.

바다가 그리워진다는 건, 아무도 없는 곳을 꿈꾼다는 건, 낯선 냄새가 그립다는 건, 이제 조금 내려놓고 잠시 쉴 때가 되었다는 마음의 속삭임입니다. 과부하에 걸린 몸이 나를 배신하기 전에, 시간을 내어 흐느끼는 마음에 귀 기울여 봅니다.

Home, Sweet Home. 세상에서 가장 편안한 곳은 나의 집, 내 침대가 맞습니다. 오늘만큼 쌓인 피로를 감당하는 건, 익숙한 곳 몸을 뉘인 자리에서의 휴식이겠지요.

하지만 우리는 때로, 침대 위에서의 편안함과 다른 의미의 편안함이 필요해요. 찾아가는 길 위의 고됨도, 조금 불편한 잠자리도, 쏟아지는 별빛과 모래사막의 석양과 눈부신 하늘을 눈에 담는 짧은 순간에 담긴 쉼(休)을 위해 견딜 수 있는 우리는, 사실 신비한 존재입니다.

Home, Sweet Home은 우리말로 번안되어 〈즐거운 나의 집〉으로 이 땅에 알려져 있어요. '즐거운 곳에서는 날 오라 하여도, 내 쉴 곳은 작은 집 내 집뿐'이라 노래한 존 하워드 페인John Howard Payne은 가정을 꾸린 적도 '내 집'이라 할 만큼 정착한 곳도 없는 떠돌이였습니다.

떠돌이가 보금자리를, 일상에 지친 이들이 낯선 곳을 떠올리는 거야 당연한 일일 거예요. 우리는 갖지 못한 것을 꿈꾸는 생명체니까. 지금 바로 곁에 있지 않은 좋은 곳을 조금 가까이에 끌어다가 그 순간의 쉼을 꿈꿀 수 있다면, 그걸로 되었습니다.

여행을 하며 배워온 게, 부끄럽지만 많지는 않습니다. 그래도 찾아낸, 몇 안되는 배움 중 하나는 이거예요.

'좋은 건 함께하면, 아마 더 좋을 거다.'

요쿨살론의 동쪽 해변, 아이슬란드.

대서양에 지는 해, 스바코프문트, 나미비아.

1장

'가장', '제일',
'최고'에 대하여

✳

The Most and Least

호기심을 자극하는 단어, 세상에서 '가장' '제일' 또는 '최고'인 것들.
줄 세우기에 익숙한 우리는 그 끝이 늘 궁금합니다.
당신이 생각했던 '가장'과 다를 수도 있습니다. 예상외의 '제일'을 찾을 수도 있겠죠.
어쩌면 '최고'라는 타이틀 뒤 가려져 있을 현실의 모습을 꺼내어 봅니다.

The Most and Least 1.

세상에서 제일 긴 나라?

긴 만큼 매력적인 나라, 칠레

미라도르 살토그란데|Mirador Salto Gronde. 토레스델파이네 국립공원.

- 국가명 República de Chlie
- 위치 남아메리카 남서부
- 인구 | 밀도 약 1900만 명 | 24명/㎢
- 면적 756,096㎢
- 수도 산티아고Santiago
- 언어 스페인어(국어)
- 1인당 GDP $16,070(57위)
- 통화 칠레 페소Peso | 1CLP=약 1.5원
- 인간개발지수(HDI) 0.855(42위)

#가장_특이하게_생긴_나라

(map labels:)
산페드로데아타카마
산티아고
발디비아
토레스델파이네
푸에르토윌리암스

세상에서 제일 긴 나라는 어디일까요?

무심코, 왠지, "칠레"란 답이 입안을 맴돌지 않나요? 어디에서 들었는지는 몰라도 칠레Republic of Chile, República de Chile가 가장 긴 나라일 것 같습니다.

하지만 세상에서 제일 긴 나라는 압도적으로, 러시아입니다. 길이는 남북으로만 재는 게 아니니까요! 인류사에서 세 번째로 큰 나라[1]였던 소비에트연방 영토의 4분의 3 이상을 유지하고 있는 러시아는, 대륙 본토만 따져도 서쪽 크림반도 케르치Kerch해협 근처에서 동쪽 캄차카반도 남단까지의 거리가 7900㎞에 이릅니다.[2] 그렇다면 질문을 바꾸어, 세상에서 남북으로 가장 긴 나라는 어디일까요? 자신 있게 '칠레'라고 대답했다면 당신은 학창 시절 머리 속에 새겨진 세계지도 이미지에 속은 겁니다. 칠레는 국제법이 인정하는 기준[3]으로, 지구상에서 남북으로 두 번째로 긴 나라입니다. 메르카토르Mercator 도법의 구조적 왜곡[4]에 길고 좁은 칠레 국토의 특징에 의한 시각적 왜곡이 겹쳐 가장 긴 나라라고 오해받아왔을 뿐입니다.

남북의 길이가 세상에서 가장 긴 나라는 브라질입니다. 브라질 북쪽 호라이마Roraima주의 가이아나 국경부터 히우그란지두술Rio Grande do Sul 남쪽 추이Chuí 부근의 우루과이 국경까지 위도 차(북위 5°16′20″~남위 33°44′32″)

---

1 인류 역사상 가장 큰 영역을 확보한 나라는 빅토리아 여왕 시절 대영제국이었습니다(인도제국과 같은 '속국'의 면적을 포함합니다). 쿠빌라이 칸의 몽골제국이 그 다음이지요.

2 측지선geodesic의 기준에 따라 길이는 달라집니다. 러시아의 월경지 칼리닌그라드Kaliningrad와 쿠릴 열도까지 포함하면 8000㎞를 상회합니다. 국제법상 우크라이나 영토인 크림반도를 제외한 길이입니다.

3 칠레는 남미 대륙의 본토와 푸에고섬 아래 오르노스제도뿐 아니라, 1000㎞가량 떨어진 남극대륙 일부분의 영유권도 주장하고 있습니다. 칠레 국민 입장에서는 칠레가 세상에서 남북으로 가장 긴 나라가 맞을 거예요. 하지만 남극조약Antarctic Treaty에 따라 남극대륙은 어느 나라의 영유권도 인정되지 않습니다.

4 세계지도를 그릴 때 가장 흔히 쓰이는 메르카토르 도법은 원래 면적이나 방향이 아닌 '각도'를 정확하게 표현하고자 한 항해용이었습니다. 3차원 구형인 지구를 2차원 평면에 담았기에, 극지방으로 갈수록 위도와 경도에서 큰 왜곡이 나타납니다. 북위 60도 땅은 적도의 같은 면적보다 두 배 커 보이지요.

칠레 남부. 토레스델파이네 아랫마을,
푸에르토나탈레스.

하늘에서 바라본 파타고니아.

칠레 중부. '작은 샌프란시스코', 발파라이소.

거리는 4300㎞가 조금 넘습니다.
적도를 끼고 있는 브라질은 메르
카토르 도법의 왜곡으로 그 규모에
대한 시각적 피해를 가장 크게 입
고 있는 나라 중 하나이지요.

두 번째라고 해도 칠레의 길이
는 어마어마합니다. 브라질과 칠
레의 남북 길이에 큰 차이가 나는
것은 아니거든요. 볼리비아-페루
와 3국 국경을 이루는 북쪽 끝단부
터 푼타아레나스Punta Arenas 남쪽
의 대륙 최남단Cabo Froward까지 남

미 '대륙'에 속해 있는 구간만 4040㎞에 이르고, 푸에고섬 아래 오르노스곶 Cabo de Hornos까지 합친 칠레 국토 길이는 4270㎞에 달합니다.

한국 기준으로 비교해본다면, 4270㎞는 서울에서 에베레스트산보다 먼 거리이며, 북쪽으로는 북극해에 닿을 만한 거리입니다. 비행기길로는 인천공항에서 중국 너머 카자흐스탄 알마티Almaty까지 또는 방콕을 지나 푸껫Phuket까지의 거리이지요.

길고 가는 나라 칠레는 그 길이만큼 다양한 매력을 가지고 있습니다. 남북으로 4000㎞ 이상 뻗어있으되 동서로는 평균 180㎞(가장 긴 지역도 350㎞) 밖에 되지 않는, 어쩌면 지구상 가장 특이하게 생긴 나라 칠레는 많은 의미에서 여행하기 흥미로운 곳입니다.

'가장 긴' 나라란 타이틀은 획득할 수 없었지만, 다른 부분에선 '가장'으로 수식될 수 있는 나라이기도 해요!

지구에서 가장 건조한 곳, 칠레 북부

긴 나라 칠레를 북쪽부터 여행한다면, 립글로스와 선글라스부터 챙기셔야 합니다.

볼리비아의 소금사막 우유니Uyuni를 거쳐 입국했건, 페루에서 잉카 문명의 흔적을 따르다 타크나Tacna에서 이동했건, 안데스 너머 아르헨티나 살타Salta에서 장거리 버스를 타고 왔건, 건조한 그들 지역보다 더 건조한 곳이 칠레의 북부거든요. 대략 우리나라 정도 크기의 칠레 아타카마 사막 Desierto de Atacama은 지구에서 가장 건조한 곳입니다.

칠레 북부 태평양 연안의 한류는 2천만 년 이상을 그곳에서 흐르고 있다 합니다. 훔볼트해류Humboldt Current 또는 페루해류Corriente del Perú라 불리는 이 차가운 바다는 적도를 향하는 모든 흐름 중 가장 강력합니다.[5] 해발 6000m 안데스 산맥이 동쪽의 낮은 구름이 서쪽으로 넘어오는 것을 허락하지 않기 때문에, 아타카마의 기후는 태평양의 영향이 절대적입니다. 차가운 바닷물 때문에 이 지역의 지표면은 대기 상층보다 기온이 낮으며, 이동성 저기압 따위가 공기를 흐트러트릴 일도 없기에, 아타카마는 고기압이 '영원히' 자리한 땅이 되었습니다.

캘리포니아 데스 밸리Death Valley보다 수십 배는 건조하다는 아타카마의 일부 지역은, 400년간 단 한 방울의 비도 내리지 않았다 해요. 대기의 흐름이 매우 약한 덕에 이곳엔 세계적인 천측 장비들이 위치해 있습니다. 그래서 아타카마에서는 별을 보아야 합니다.[6]

아타카마는 지구에서 화성을 가장 많이 닮은 곳이기도 합니다. 춥고[7] 건조하며 강력한 자외선을 받는 아타카마의 환경이 화성과 비슷하기에, 화성 탐사를 위한 생명체 연구가 아타카마에서 이루어지고 있습니다.

아타카마 사막 일대는 원래 이웃나라 페루와 볼리비아의 땅이었습니다. 예전의 칠레는 우리가 아는 것보다 짧았던 거죠!

일본제국이 일으킨 태평양전쟁보다 먼저 일어난 남미 태평양전쟁 (1879~1883)은 칠레와 페루-볼리비아 동맹군 사이에 벌어진 전쟁입니다.[8] 남미 태평양전쟁을 승리로 이끌며 칠레는 페루로부터 타라파카Tarapacá 지역, 볼리비아로부터 오늘날의 안토파가스타Antofagasta, 칼라마Calama, 산페드로데아타카마San Pedro de Atacama 등이 속한 리토랄Litoral 지역을 획득합니다.

패전은 특히 볼리비아에게 큰 타격을 주었어요. 리토랄이 남미에서 광물이 가장 풍부한 지역 중 하나인 데다가, 볼리비아의 유일한 해안 지역이

---

5   해류 중 가장 강력한 것은 남극순환류Antarctic Circumpolar Current입니다. 난류亂流 중에서는 서유럽을 따뜻하게 만드는 멕시코 만류Gulf Stream가 가장 강한 흐름이지요.

6   드라마 〈별에서 온 그대〉에서 도민준이 그랬습니다!

7   저위도에 위치하지만, 아타카마의 안데스 고지는 겨울밤에 영하 20도 아래로 내려갑니다.

8   일본이 일으킨 태평양전쟁은 'Pacific War', 남미의 태평양전쟁은 'War of the Pacific'으로 불립니다.

아타카마는 화성을 닮은 곳입니다. 화성 탐사를 다룬 영화 〈마션〉을 아타카마에서 촬영한 건 당연한 일일 수 있겠습니다. 화성을 닮았다는 건 달과 닮았다는 말과 같지요. 아타카마에서 가장 많은 사람들이 찾는 곳은 달의 계곡Valle de la Luna입니다.

었기 때문입니다. 태평양전쟁 패배로 볼리비아는 내륙국이 되었고 구리와 초석의 생산지를 잃었습니다. 볼리비아 사람들은 티티카카호Lago Titicaca에 해군을 설치하고 '바다의 날'을 국경일로 기념하며 바다를 그리워하고 있습니다.[9]

세계에서 구리가 가장 많이 나는 광산, 에스콘디다Minera Escondida도 이 지역에 있습니다. 구리는 칠레의 가장 중요한 수출품이며, 세계 구리 생산량의 거의 10퍼센트가량이 이 광산에서 생산됩니다. 남미에서 제일 가난한 나라, 볼리비아 사람들 속이 쓰릴 만하죠.

---

[9] 볼리비아인들이 칠레를 미워하는 건 물론이겠지요. 두 나라는 여전히 미수교국입니다. 또 다른 흥미로운 나라 볼리비아 이야기는 3장에서 다룹니다.

칠레에서 두 번째로 오래된 도시인 라세레나La Serena가 있는 코킴보주 Coquimbo부터, 수도 산티아고Santiago de Chile를 거쳐 로스리오스주Los Ríos 의 발디비아Valdivia까지. 칠레 중부는 칠레 사람 대부분이 살아가는 곳입니다. 칠레 면적의 약 1/4에 해당하는 이 지역에 인구의 약 85퍼센트가량이 살아갑니다. 그래서 칠레 중부에선, 보다 현실적인 '가장'을 꼽아볼 수 있을 것 같습니다.

칠레는 남미에서는 선진국으로 꼽힙니다. 남미 최초로 2010년 OECD 에 가입하였고, 소득 수준도 남미에서 두 번째로 높습니다.[10] 칠레는 구리 등 풍부한 광물 자원과 농어업 경쟁력을 바탕으로 과감한 자유무역 정책 을 추진하여 '좌파의 대륙' 남미에서 경제 자유도가 가장 높은 나라(세계 7 위)로 자리매김했습니다.[11]

하지만 칠레는 성장의 그늘이 가장 짙게 드리운 나라 중 하나이기도 해 요. 2019년 가을의 칠레 시위는 불공평과 불공정이 '지하철 요금 인상'이라 는 트리거trigger로 인해 폭발한 사건이었습니다.

열매가 공평하게 나누어지지 않는다는 건 빠르게 성장하는 많은 나라 들이 가진 공통적인 문제겠지만 칠레는 더 심각한 편입니다. 가지지 못한 자들과 새로이 사회에 진입하는 청년들이 높은 물가 수준을 감당할 수 없 는 거죠(여러모로 우리나라와 닮아 있습니다).

간단히 다음과 같이 정리할 수도 있겠네요.

---

10 2021년 IMF 통계 기준 우루과이 1만 6756USD, 칠레 1만 6070USD입니다. 동유럽의 폴란드, 크로아티아와 비슷한 수준입니다.

11 미국의 보수 성향 싱크탱크인 헤리티지재단이 《월스트리트저널》과 함께 측정하는 경제자유 지수Index of Economic Freedom의 2013년 결과입니다. 2021년 순위에선 칠레가 19위를 차지했 습니다. 싱가폴이 1위, 미국이 20위, 한국은 24위입니다.

- 1인당 GDP 대비 대학 등록금 OECD 1위[12]
- 대학 졸업자와 고교 졸업자 간의 임금 격차 최고(고졸 100 기준, 중졸 이하 66, 대졸 이상 260)
- 이 때문에 고등학생 시위 발생 횟수 1위

사회적 불평등의 골이 깊어지고 기간이 길어짐에 따라 칠레 보혁 진영의 갈등도 커지고 있습니다. 2021년 12월 칠레 대선 결선에서는 주요 기성 정당 후보가 떨어지고, 양쪽 진영의 끝에 있는 두 후보가 맞붙었어요.

극우 성향의 '칠레 트럼프'를 누르고 대통령에 당선된 가브리엘 보리치Gabriel Boric는, 10여 년 전 교육 개혁을 위한 고등학생 시위를 이끌었던 1986년생 젊은이입니다. 세계 최연소 국가수반이죠.

보리치 지지자들의 구호는 2019년 칠레 시위의 상징이었던 '칠레가 깨어났다Chile desperto'예요. 젊은 지도자 보리치가 한쪽으로 치우치지 않은 모습으로 사회 갈등을 봉합하며 공정사회로 나아가는 리더십을 가질 수 있기를, 태평양 건너에서 응원해봅니다.[13]

안데스를 품은 메트로폴리탄 산티아고에서 남쪽을 향하면, 칠레의 대지는 점점 푸르러집니다. 산티아고 동쪽 아콩카과산Cerro Aconcagua(해발 6960m로 지구 서반부 최고봉이자 남반부 최고봉)에서 정점을 찍은 안데스의 기세도 서서히 움츠러듭니다. 세계 6위 와인 생산국(2015년 기준)이자 4위의 와

---

12 학사과정 연간 등록금이 8316USD(OECD, 2020)로 영국, 미국에 이어 세 번째입니다. 한국 (4792USD)의 1.7배입니다.

13 정치경제 외에, 칠레 사람들은 다음에서도 최고/최초입니다.
　＊O형 혈액형 비율 세계 1위: 남미 원주민 인디헤나는 모두 O형이라고 합니다. 칠레(약 86퍼센트), 에콰도르(약 77퍼센트), 페루(약 71퍼센트)의 O형 비율은 세계 최고입니다(의료정보 웹사이트 babyMed 통계).
　＊세계에서 유일하게 A형 비율이 10퍼센트가 되지 않는 나라(약 8.8퍼센트): 참고로 남북한은 AB형 비율이 세계에서 가장 높습니다(약 11퍼센트, 세계 평균은 6퍼센트).
　＊미국과 러시아를 모두 무비자로 여행할 수 있게 된 최초의 국가: 대한민국은 칠레에 이어 세계 두 번째로 미국과 러시아를 비자 없이 여행할 수 있게 된 나라입니다.

발디비아는 칠레에서 독일 이민자의 영향을 가장 많이 받은 예쁜 강변 도시(별칭: The City of Rivers, Chile's Brewery Capital)입니다.

인 수출국인 칠레의 포도가 주로 이곳에서 자라지요.

  그리고 더 남쪽으로(산티아고에서 약 750㎞) 가면, 카예카예Calle-Calle강과 크루세스Cruces강의 합류점에 예쁜 도시 발디비아가 나옵니다. 아름답고 평화로운 도시 발디비아는 인류가 관측한 것 중 가장 강력한 지진이 일어 났던 곳입니다.

  '불의 고리'라 불리는 환태평양 지진대에 얇고 긴 국토 전역이 노출된 칠 레는 지구에서 지진 피해를 제일 자주 입는 곳으로 꼽힙니다. 그 중에서도 1960년 5월 22일 발디비아에서 발생한 지진은 리히터 규모 9.5, '완전 파 괴'에 이른다는 진도 XII의 대지진이었습니다.

  다행히 진앙이 시내에서 다소 떨어진 곳이어서 지진으로 인한 칠레 사 망자는 1000명 이하였지만, 10m 이상 높이의 쓰나미가 태평양 너머 곳곳 을 덮쳐 하와이, 일본,[14] 중국, 필리핀, 뉴질랜드, 알래스카에서도 수백 명

남미에선 '차분하다'는 평가를 듣지만, 칠레 사람들도 남미인입니다. 대개 유쾌하고 밝습니다.

의 사망자가 발생했다고 합니다.

바람과 빙하의 땅, 칠레 남부

칠레의 남쪽으로 뻗은 육로는 칠레의 길이만큼 길지 못합니다. 칠레 북
쪽 끝 아리카Arica부터 발디비아 남쪽의 푸에르토몬트Puerto Montt까지는
잘 깔린 고속도로가 구석구석을 그럭저럭 연결하지만, 거기까지입니다.

칠레의 파타고니아Patagonia chilena는 안데스 쪽으로 좁아 들며 푸르른 언
덕과 하얀 빙하 사이로 숨어듭니다. 칠레 쪽 육로(7번 고속도로)는 가파른 피

---

14 '칠레 대지진'으로도 불리는 발디비아 지진의 위력은 일본에서도 확인할 수 있습니다. 홋카이
도의 키리탓푸Kiritappu, 霧多布는 사구로 연결된 '반도'였지만, 지구 반대편 칠레에서 일어난
이 지진의 해일로 인해 '섬'이 되었습니다.

오르fjord와 산세를 견뎌내지 못하고 끊겼다 이어졌다를 반복하고, 그렇게 꽁꽁 숨겨둔 것만 같은 땅에 제 주관적인 기준으로는 세계에서 가장 아름다운 국립공원인 토레스델파이네Torres del Paine가 있습니다.

모든 여행자에게 가슴에 새겨진 여행지가 하나씩은 있게 마련입니다. 하나가 다른 하나의 꼬리를 물고 나오는 경우도 많지요. 파타고니아[15]는 지구 반대편의 지도를 바라보며 그곳에 정말 있을지를 상상하던, 저의 꿈이 서려 있는 곳이었습니다. 그리고 그곳에서 끊이지 않는 남단의 바람을 맞이한 뒤에는 가슴 떨림으로 남은 지명이 되었구요.

감상은 잠시 접어두고 다시 객관적인 '가장'을 찾아보자면, 바람의 땅 파타고니아는 영구동토(남극대륙, 그린란드)가 아닌 곳 중 지구에서 빙하가 가장 많은 곳입니다.

그래서 파타고니아에선 빙하색 물을 담은 커다란 호수들과 빙하색 물을 호수로 들이붓는 폭포들과 남겨졌으되 여전히 장대한 빙하를 눈과 마음에 가득 담을 수 있습니다. 언제나 불어오는 바람과 안데스 끄트머리의 설산들은, 늘 그곳에 있는 보너스지요.

토레스델파이네는 트레킹으로 이름을 꽤 떨치는 곳이기도 합니다. 보통 3박 4일 진행되는 W 트레킹과 일주일 이상 소요되는 O 서킷이 잘 알려져 있죠.

일주일의 트레킹도 짧지 않겠지만, 2018년 칠레 남부엔 남반구에서 남북으로 가장 긴 트레킹 코스가 생겼습니다. 푸에르토몬트부터 칠레 최남단 케이프혼Cabo de Hornos까지, 약 2800㎞에 걸쳐 이어지는 '파타고니아 공원길La Ruta de los Parques de la Patagonia'은 숲과 빙하, 피오르 사이에 자리한 17개 국립공원을 잇습니다. 찻길마저 끊긴 칠레 파타고니아의 풍경을

---

15 파타고니아는 남미 최남단, 칠레와 아르헨티나의 (대략) 남위 40도 이남 지역을 말합니다. 이 지역에서 바람은 거세지고, 대지는 거칠어지며, 빙하와 호수, 피오르의 기세가 드높아집니다.

토레스델파이네는 파타고니아의 이름으로 여행자를 꿈꾸게 합니다.

담을 아마도 가장 완벽한 방법이겠지요

이 파타고니아 공원길을 끝까지 걷다 보면 사람이 거주하는 최남단의 마을, 푸에르토윌리암스Puerto Williams(남위 54°56′)에 도달할 수 있을 겁니다.[16]

제일 건조한 곳부터 빙하가 가장 많은 곳까지, 와인이 익어가는 포도밭에서 세상 끝 마을까지. 긴 나라 칠레는 가슴 설렘과 떨림의 땅입니다. O형 친구를 만나러 지구 반대편 화성으로 날아가고 싶은 생각이 가슴 속에서 다시 한번 솟구치네요.

가늘고 길게 살 인생에서 길이 남을 추억 하나 만들기에, 칠레만 한 곳도 많지는 않을 거예요!

가장 동그란 나라

가장 특이하게 생긴, 가늘고 아주 긴 나라 칠레. 지구별에는 분명 칠레와 반대의 경우도 존재하겠지요!

세계에서 가장 원형에 가까운 국토를 가진 나라the roundest country는 서아프리카의 시에라리온Republic of Sierra Leone입니다. 대서양을 바라보고 기니와 라이베리아 사이에 자리한 시에라리온의 모습은 확실히 원에 가까워 보입니다. 세계적으로 손꼽히는 다이아몬드 매장량을 가졌음에도, 또는 다이아몬드를 가졌기 때문에 내전을 겪고 국민 대다수가 빈곤선 아래에서 신음하고 있는 나라이지요. 영화 〈블러드 다이아몬드〉가 내전 당시 시에라리온의 끔찍한 현실을 다루었죠.

조약돌 모양의 태평양 소국 나우루Ribublik Naoero와 누운 쉼표 형상인 남아프리카 짐바브웨Republic of Zimbabwe가 시에라리온 다음가는 원형 모양 나라로 꼽힙니다.

---

16 남쪽 세상 끝이 어디냐에 관해서는 다양한 의견이 있을 수 있습니다. 4장에서 다뤄봅니다.

The Most and Least 2.

지구별에서 가장 낮은 나라
- 한 나라, 두 세상. 몰디브

피할로히|Fihalhohi.

말레

- 국가명 Republic of Maldives /
  Dhivehi Raajje
- 위치 인도 남서쪽, 인도양 섬나라
- 인구 | 밀도 38만 명 | 약 1300명/㎢
- 면적 298㎢(187위)
- 수도 말레Male'
- 언어 디베히어(공용어)
- 1인당 GDP $13,190(63위)
- 통화 루피야Rufiyaa | 1MVR=약 90원
- 인간개발지수(HDI) 0.747(90위)
  #사랑이_죄가_되는_지상낙원

세상에서 가장 큰 나라, 작은 나라. 지구에서 제일 인구가 많은 나라, 적은 나라. 세계에서 최고 잘사는 나라, 못사는 나라. 흔히 비교하고 궁금해하고 찾아보는 '제일' 가는 나라에 대한 질문들이지요.

그런 질문 말고, 조금 낯설고 헷갈리는 걸 찾아봅니다. 이 별에서 가장 낮은 나라, 높은 나라를요.

가치판단이 수반될 수밖에 없는 대국, 강국을 찾고자함은 아닙니다. 국력이나 국위國威가 아닌, 지리적인 의미에서의 고도高度가 기준입니다.

세상에서 가장 낮은 곳에 위치한 나라

세상에서 가장 낮은 곳에 위치한 나라는 몰디브공화국Republic of Maldives(이하 몰디브)입니다.

가장 낮은 나라 몰디브에서 가장 높은 곳의 높이는 얼마일까요? 자연

지형 기준, 몰디브 최고점의 높이는 2.4m입니다! 건물 한 층도 안되는 높이지요. 몰디브는 산과 언덕은커녕 오르막 개념조차 없는 나라라 할 수 있겠습니다.

지구 온난화에 의한 해수면 상승을 걱정하는 나라가 몰디브만은 아니지만, 그게 몰디브보다 더한 나라는 없습니다. 훗날 나라가 사라질까 두려워하는 투발루Tuvalu(최고지 해발 4.6m), 마셜제도Marshall Islands(10m), 바하마The Bahamas(63m) 같은 섬나라들이나, 아프리카 감비아The Gambia(53m) 같은 저지국도 평균 해수면 1.5m 높이에 있는 몰디브보다는 사정이 나은 것이지요. 그래서 몰디브는 국무회의를 수중에서 개최하는 쇼잉도 하고, 인도나 스리랑카나 호주에 국민들을 이주시킬 현실적인 대책도 세워보고 있습니다.

큰 나라들이 내뿜는 이산화탄소로 생존을 위협받는 나라 몰디브. NRG 유민과 성훈이 "몰디브 해변가, 둘만의 축제"[17]를 입에 담기 이전부터 커플들의 꿈이 담겨 있었고, 이병헌이 모히또를 가져다 붙이는 것을 대중이 자연스레 받아들일 만큼 한국 땅에서 '지상낙원'의 이미지를 굳힌 곳.

몰디브가 가진 이야깃거리는 사실 그보다 훨씬, 꽤나 많습니다. 인도양 북쪽 남인도 남서편에 떠 있는 이 1192개의 산호섬은 말이지요.

작지만 넓은 나라

몰디브는 아시아에서 가장 작은 나라입니다. 이 나라의 면적은 298㎢입니다. 서울 강북 정도의 크기예요.

하지만 몰디브의 섬들이 펼쳐져 있는 바다는 절대 작지 않습니다. 작은 섬들이 동서 약 120㎞, 남북으로는 무려 960㎞에 걸쳐 흩뿌려져 있다고 합

---

17 〈티파니에서 아침을〉, NRG, 1997.

니다. 상상해보세요. 대한민국 넓이의 바다에 서울 강북만큼의 땅이 점점이 존재하는 나라인 거예요.

이 점이 몰디브 여행을 비싸게 만드는 주요 요인 중 하나라지요. 당신이 원하는 그 예쁜 섬에는 리조트의 스피드보트나 경비행기를 타야만 닿을 수 있으니까요.

잠깐 계산해 볼까요? 이 나라가 1192개의 섬으로 구성되었다 했으니, 섬 하나의 평균 크기가 0.25㎢인 셈입니다. 이쪽으로 500m, 저쪽으로 500m 가면 섬 하나의 끝이네요. 몰디브는 그렇게 작은 섬들로 이루어져 있습니다.

수도이자 가장 많은 사람들이 살아가는 말레Male'[18] 섬의 크기도 1.9㎢로 여의도의 절반 크기[19]에 불과합니다.

뭄바이보다 복작거리는 수도 말레

겨우 여의도 절반만 한 말레섬에 2014년 기준으로도 11만 명(몰디브 인구의 약 1/3)의 사람들이 살아갑니다.

평방킬로미터 당 5만 6000명이 넘는 밀도인데요, 이건 아파트 숲인 서울이나 세계에서 가장 밀집된 도시 뭄바이, 다카보다도 심각한 수준입니다.[20] 말레 섬은 10만 명 이상이 살아가는 지구상 모든 섬들 중에 인구밀도가 가장 높은 곳이기도 합니다![21]

실제로 말레는 사람과 건물로 발 디딜 여유가 없는 곳입니다. 사람과 건

---

18 남성male에 따옴표가 붙은 것과 같은 Male'가 말레의 영문 이름입니다.

19 여의도 윤중로 안쪽의 크기는 2.9㎢, 한강 둔치까지 포함하면 4.5㎢입니다.

20 현재 기준으로 15만 명은 가볍게 돌파했을 것으로 보입니다. 말레와 주변 섬들(Hulhumalé, Hulhulé, Villingili)을 합친 9.27㎢의 땅에 사는 인구는 25만 명이 넘는 것으로 추정됩니다(2021년).

21 두 번째는 뉴욕의 맨해튼Manhattan섬. 말레는 맨해튼이나 케냐 몸바사섬, 나이지리아 라고스섬, 홍콩섬보다도 더 바글바글하게 모여 살아가는 곳인 거예요.

오토바이, 오토바이, 오토바이, 사람, 사람, 오토바이. 말레.

물보다 많아 보이는 오토바이의 주차 행렬도 확인할 수 있는 곳이지요.

그런 말레에서 몰디브의 '지상낙원' 이미지를 찾기란 불가능한 일일 겁니다. 작은 틈이 생기기 무섭게 자리한 빌딩 숲 사이 좁은 길을 건너려면, 쉼 없이 오토바이와 마주쳐야 하니까요.

하지만 다행스럽게도 경적을 울리는 이는 어디 하나 없습니다. 거리는 좁고 바닥은 울퉁불퉁하지만, 누가 잠시 길을 막고 있다고 화를 내거나 손에 든 쓰레기를 아무 데나 버리는 몰디비안Maldivian은 찾아보기 힘듭니다.

호객을 하러 다가왔다가 본인의 장사에 흥미가 없어 보이면 그저 친절 (당신이 필요한 곳을 알려주려 할 수도 있습니다)을 베푸는 말레 사람들의 모습은 꽤나 인상적이었습니다.

같은 인도아대륙印度亞大陸 문화권에 속해있지만, 바다 건너 대륙의 '인도스러움'에 비해서 상당히 나은 문화 수준을 가지고 있는 듯 보입니다. 그러한 여유는 경제적인 어려움이 크지 않다는 배경에서 나오는 것이 아닐까 합니다.

몰디브의 1인당 GDP는 명목 기준 약 1만 불이 조금 넘는 수준(1만 3190USD, IMF, 2021)입니다. 말레이시아, 러시아, 중국, 불가리아와 비슷한 값이에요. 우리나라(3만 5196USD)나 그 이상의 선진국과 비교하기는 어렵겠으나, 몰디브는 주변의 인도(2190USD), 스리랑카(3665USD), 파키스탄(1666USD)에 비하면 눈에 띄게 잘사는 나라라 할 수 있겠습니다.

이러한 몰디브의 경제 상황이 보다 의미 있는 건, 1980년만 하더라도 이 나라가 인도나 파키스탄보다도 못사는 세계 최빈국 중 하나였다는 사실에 있습니다. 1970년대 초부터 나라를 개방하고 관광업을 키운 덕분이겠지요. 몰디브는 1971년부터 UN이 지정한 최빈국The Least Developed Countries, LDC에서 탈출한 단 여섯 개의 나라 중 하나입니다.[22]

주변국보다 잘 살기 때문에 몰디브에서 꽤나 많은 외국인 노동자가 살아갑니다. 몰디브 국적자 인구는 38만 명(2020년) 정도입니다. 인구 면에서도 몰디브는 아시아에서 가장 작은 나라이지요. 이 작은 나라에 약 18만 명의 외국인이 거주 중이라 합니다. 인구의 1/3이 경제활동을 목적으로 체류하는 외국인이라는 이야기예요.

그중 다수는 방글라데시인입니다. 체류 중인 방글라데시인이 11만 명에 이른다고 하는데요. 몰디브 리조트에서 당신의 방을 청소하거나 빵을 만들거나 테이블을 정리하는 스탭들의 대부분이 방글라데시인이라 해도 될 것 같습니다. 어려운 본국 사정으로 해외에 돈벌이를 나가고 싶어 하는 방글라데시 사람들이 지리적으로 많이 멀지 않고 종교도 같은 몰디브를 염두에 두는 듯합니다.

---

22 최빈국에서 벗어난 순서대로, 보츠와나Botswana(1994), 카보베르데Cape Verde(2007), 몰디브 (2011), 사모아Samoa(2014), 적도기니Equatorial Guinea(2017, 마지막으로 태평양 섬나라 바누아투 Vanuatu가 2020년에 최빈국에서 제외되었습니다.

아름다운 바다와 산호 해변을 동력으로 몰디브는 빠르게 발전해왔습니다.

사랑이 죄가 되는 허니무너의 낙원

몰디브의 국교는 이슬람교(수니파)입니다. 그냥 종교가 아니고, 국교입니다. 무슬림이 아니면 몰디브 국민이 될 수 없어요. 몰디브는 종교 율법 샤리아Sharī'ah가 시행되는 나라이기도 합니다.

몰디브 여행을 염두에 두셨던 분들은 아마 기억하실 거예요. 몰디브에서는 2013년에 계부에게 성폭행을 지속적으로 당해 아이까지 출산한 15세 소녀에게 태형 100대가 선고되기도 했었습니다. '결혼 전 순결'을 지키지 못한 죄였다지요. 그냥 태형도 아닙니다. '공개' 태형이지요. 안타깝고도 끔찍한 일입니다.

다행히 당시의 소녀는 인권단체의 100만 서명운동[23]과 '몰디브 여행 가지 말자'는 여론의 움직임 덕에 태형은 면했다 해요. 하지만 몰디브는 여전

몰디브 수도 말레에서 로컬 섬으로 가는 터미널. 현지인이 이용하는 페리 터미널은 늘 붐비고 페리 가격은 매우 저렴합니다.

히 태형을 시행하고 있고, 혼전 성관계를 맺은 젊은이들에게 형이 집행되고 있습니다.

허니무너의 낙원 몰디브는 '사랑이 죄가 되는' 나라인 것이지요.[24]

사랑이 죄가 되는 종교적인 나라 몰디브의 정부는, 여행자들의 섬과 국민들의 섬을 구분하는 정책을 펴고 있습니다. 몰디브가 관광 산업에 기대어 성장하고 있지만, 사실 이 나라는 오랫동안 관광객에 폐쇄적인 정책을 유지해왔어요.

1970년대 초에 처음 외국인의 관광을 허용하며 경제 성장을 도모하였지만, 그건 로컬이 살지 않는 리조트 섬에 제한된 개방이었어요. 관광객들에게 로컬 섬의 방문은 허용되지 않았고, 1192개의 섬은 몰디비안을 위한 섬과 외국인들을 위한 섬으로 나뉘어 관리되었습니다. 엄격한 무슬림 국가를 지키기 위해서, 하지만 돈을 쓰러 올 여행자들은 받아들이기 위해서였겠지요.

그게 바뀐 건 비교적 최근인 2009년의 일입니다. 2010년 1월에 마푸시

23 서명운동은 170만 명 이상이 참여해 성공했습니다.
24 사랑이 죄였던 또 다른 나라의 이야기는 2장에서 만날 수 있습니다.

Maafushi에 처음 게스트하우스가 문을 열었고, 이후 몇몇 섬들이 몰디브를 찾는 자유여행자에게 개방되었습니다.

아주 작은 이 나라를 두 개의 세계로 구분한 건, 다른 무엇보다 종교적인 이유에서였죠. 종교가 나쁜 것은 아니지만, 몰디브의 이슬람 해석은 비판받아 마땅하다고 생각합니다. 그들은 이중잣대로 생각하고, 종교를 정치에 이용하고 있거든요.

몰디브 여행하신 분들은 알 겁니다. 몰디브에는 술을 가지고 입국할 수 없습니다. 이 나라에서 술을 먹기 위해서는 리조트에서 비싼 돈을 주고 사 먹어야만 합니다. 허용된 곳에서만 술을 판매하는 게 외국인 관광객을 위해 편의를 봐주는 것일 수도 있겠으나, 비슷한 정책을 취하는 다른 이슬람 국가들에 비해서도 월등히 높은 술값과 세율은, 종교를 빌미로 장사를 하고 있구나 하는 생각을 떨칠 수 없게 합니다.

그렇다 하더라도 음주를 제한하는 부분은 이슬람의 교리와 엮어 이해

몰디브의 현실은 여행자가 보는 풍경만큼 아름답지 못합니다.

할 수도 있는 부분입니다. 진짜 문제는, 이들이 종교를 정치에 이용하고 있다는 점입니다.

1970년대 후반 이후 30년간 몰디브에서 독재를 했던 압둘가윰의 동생 압둘라 야민Abdulla Yameen은 2013년 몰디브 대선에 출마했습니다. 압둘라 야민은 상대 후보 모하메드 나시드Mohamed Anni Nasheed가 몰디브를 세속 국가로 만들려 한다고 비방하고, 몰디브는 순수한 이슬람 국가로 남아야 한다며 종교색을 강화했습니다. 샤리아로 통제하고 태형으로 다스리는 나라로 남아야 한다고 무슬림들을 자극한 것이지요.

이러한 자극에 끊임없이 반응하는 국민들의 정치 수준[25]이 참으로 안타깝습니다. 몰디브만의 문제는 아니지만 말이죠. 종교 문제에 순응하는 국

25 몰디브의 무슬림 보수주의자들은 이러한 역사를 반복해왔습니다. 영국 보호령 시절 수상이자 짧은 기간이나마 몰디브의 초대 대통령이었던 무함마드 아민 디디는 교육 제도를 개혁하고 여성 지위를 향상시키는 현대화를 추진하다 보수주의자들에 의해 추방되어 쓸쓸한 죽음을 맞았죠.

민들은 이에 화답했고, 야민은 2018년까지 대통령으로 이 나라를 통치하며 비상사태를 선포하고 법원 판결을 부정하면서 민주적 제도 운용을 거부하였습니다.

다행히 2018년 9월 치러진 대선에서 각종 선거 비리에도 불구하고 야권 후보 이브라힘 모하메드 솔리Ibrahim Mohamed Solih가 당선되는 이변이 연출되었습니다. 수십 년의 독재와 정치 부패 그리고 다시 독재의 향수에 젖어 종교화하던 이 나라의 정치 문화에도 한줄기 빛이 비추어지는 듯합니다. 경제의 성장만큼, 아름다운 풍경만큼, 몰디브 사회도 정상화되기를 기대해 봅니다.

아시아에서 제일 작은 나라, 조그만 땅에 꽤나 많은 사람들과 이방인들이 사는 나라. 지구별에서 쉬이 찾아보기 힘든 아름다운 환경을 바탕으로 경제 성장에 성공한 나라. 그 조그만 땅이 다른 나라들이 내뿜는 이산화탄소로 위협받는 나라, 몰디브.

종교와 정치는 낮은 데로 임하고 국민과 환경의 가치는 높아져 가기를, 그리고 무엇보다 이 아름다운 나라가 당신이 닿기 전에 바닷속에 잠길 일만은 없기를 바라봅니다.

몰디브, 진짜 예쁘긴 하거든요!

Episode 02

가장 낮은 곳에서 사라지다

푸른 바다 위 아주 작은 모래 섬에 아무도 없이 우리뿐이란 걸 느끼는 그 한순간.

반지름이 육천삼백칠십팔 킬로미터[26]나 되는 지구별 위의 칠십구억 인구를 물리치고 단둘만의 섬을 갖는 기분.

샌드뱅크Sandbank를 그렇게 독차지하기 위해서, 몰디브에 가야 했습니다. 산호섬들 사이 잔잔한 바다 위 모래톱이 몰디브에만 있는 건 아니지만, 인생에 쉬이 찾아오지 않을 기회라면, 가능하다면 몰디브였으면 했습니다.

몰디브의, 그것을 '옥빛'으로 설명하건 '에메랄드빛'으로 느끼건, 다른 휴양지와는 무언가 다른 바다빛깔과 작은 상어와 가오리가 같이 헤엄치는 걸 바라보다, 바다거북 옆에서 스노클링을 하는 오후와 바다 한가운데, 하지만 애를 쓰지 않아도 발이 바닥에 닿는 편안하고 따뜻하고 아늑한 바다에 누워 보는 하늘이 몰디브까지의 먼 길과 비싼 여비와 피곤한 바닷길의 이유가 쉬이 되어주었습니다.

하지만 무엇보다도 몰디브가 위안이었던 단 한순간을 꼽자면, 산호 끝에서 만난 바다거북과의 스노클링보다도, 체온에 가까운 바닷물 꿈결같은 바다색보다도, 눈부신 백사장을 바라보며 마시는 맥주 한 모금보다도, 찬란했던 하루와 헤어지는 인도양의 석양이었다고, 주저 없이 말할 수 있습니다.

작은 몸에 실었던 세상 모든 종류의 근심들을 내려놓고 대양으로 지는 하루를 가장 낮은 곳에서 가슴에 담으며, 사라지는 붉은 빛만큼 작아져 보는 그 순간 마음 한끝을 스치던 전율이, 쉬이 잊히지는 않을 테니까요.

---

26 굳이 몰디브 모히또의 감성을 깨고 팩트를 들여다보자면, 지구 반지름 6378㎞는 적도의 그것에 해당합니다. 중심과 극(북극/남극)간의 반지름은 6357㎞로 약간 더 짧아요. 끊임없는 지구의 자전 때문이지요. 적도 부근에선 지구 중심과 거리가 조금 더 있는 만큼 중력이 아주 살짝 약해집니다. 몸무게를 몇 그램이라도 덜 나가게 만들어야 한다면, 저 멀리 남쪽 몰디브로 떠나는 것도 한 가지 방법입니다!

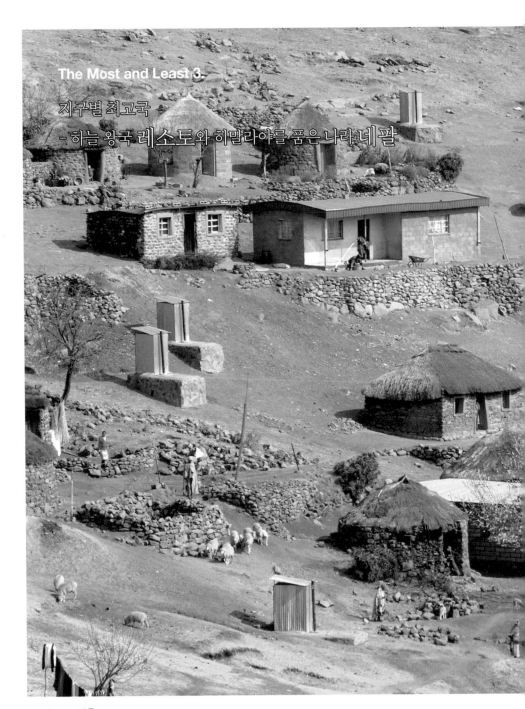

The Most and Least 3.

지구별 최고국
- 하늘 왕국 레소토와 히말라야를 품은 나라 네팔

소트족sotho 마을.

마세루
타바나은틀레냐나

- 국가명 Kingdom of Lesotho /
  Muso oa Lesotho
- 위치 아프리카 남부, 남아공 속 내륙국
- 인구 | 밀도 220만 명 | 72명/㎢
- 면적 30,355㎢
- 수도 마세루Maseru
- 언어 소토어, 영어(공용어)
- 1인당 GDP $1,181(168위)
- 통화 로티Loti | 1LSL=약 80원
- 인간개발지수(HDI) 0.514(168위)
  #땅_밑에_가까운_하늘_왕국

안나푸르나산
에베레스트산
카트만두

- 국가명 Federal Democratic Republic
  of Nepal
- 위치 남아시아 북부, 히말라야 산간 내륙국
- 인구 | 밀도 약 3000만 명 | 205명/㎢
- 면적 147,516㎢
- 수도 카트만두Kathmandu
- 언어 네팔어(공용어)
- 1인당 GDP $1,164(170위)
- 통화 네팔 루피Rupee | 1NPR=약 11원
- 인간개발지수(HDI) 0.602(143위)
  #높은_만큼_특이한_나라

몰디브와 반대로, 이 행성의 가장 높은 곳에 위치한 나라는 어디일까요? 히말라야의 네팔, 알프스의 스위스, 안데스 위 볼리비아 같은 나라들이 떠오르지요?

세상에서 가장 높은 곳에 위치한 '듣보잡'에 가까운 나라

지구에서 평균 고도가 가장 높은 나라는 의외로 레소토왕국Kingdom of Lesotho, Muso oa Lesotho입니다. 레소토는 경상남북도 크기(약 3만㎢)에 충청남도 인구(약 200만 명)를 가진 남아프리카의 작은 나라예요.

레소토란 이름조차 처음일 수도 있을 거예요. 그만큼 낯설고 잘 알려지지 않은 나라 레소토가 '세계에서 가장 높은 곳에 위치한 나라'입니다. 히말라야 기슭의 네팔이나 부탄Bhutan보다도, 안데스 위의 볼리비아나 에콰도르보다도 '국가 평균 고도'의 개념으로 더 높은 곳에 이 나라가 있습니다.

레소토는 '세계 단 하나뿐인, 국토 전체가 해발 1000m 이상에 있는 나라'입니다.[27]

레소토왕국의 국기(왼쪽). 레소토는 가장 낮은 곳의 고도가 1400m이며, 남동쪽으로 갈수록 높아져 고도 3000m를 훌쩍 넘깁니다.

27　국토 최저지最低地가 두 번째로 높은 나라는 동아프리카 고지에 위치한 르완다(950m), 세 번째는 유럽 피레네산맥 위의 안도라(840m)입니다.

네팔이나 부탄은 히말라야 고봉을 머리 위에 두고 있지만, 국토 남쪽은 갠지스강Ganges River, Gaṅgā 저지에 닿아 있지요. 볼리비아와 에콰도르도 국토의 많은 부분이 아마존 저지에 속합니다. 반면 레소토는 가장 낮은 곳이 해발 1400m이며, 국토의 80퍼센트 이상이 해발 1800m 위에 위치해 있습니다. 단순히 말하면, 레소토란 나라는 평균적으로 한라산 꼭대기 위에 올라타 있는 거죠!

그래서 레소토의 별명(a.k.a.)은 하늘 왕국Kingdom in the sky입니다.

극단적 내륙국, 위요지의 운명

레소토는 세계에서 단 3개뿐인 한 나라에 갇힌 내륙국Landlocked by a single country이기도 합니다.

바다를 가지지 못한 내륙국Landlocked Counties은 세계적으로 45개국에 달합니다.[28] 하지만 대부분 2개 또는 그 이상의 접경국을 가지고 있죠.

다른 내륙국들과도 다른 매우 예외적인 세 나라는 레소토와 바티칸 그리고 산마리노입니다. 세 나라는 국가 전체가 하나의 나라에 의해 오롯이 격리된 위요지圍繞地, enclave이지요.[29]

내륙국의 운명은 조금은 기구합니다. 주변국의 협조 없이는 고립될 수밖에 없으니까요. 특히나 국경이 단 한 나라에만 접한다면, 나라의 존립 자체가 이웃나라에 달려 있다고 할 수도 있겠습니다.

이탈리아의 내륙국 바티칸과 산마리노San Marino는 이탈리아의 나머지 지역과 역사문화적인 면에서 매우 동질적인 곳이지요. '국가'로서의 상징성을 가질 뿐, 정치외교적인 부분을 제외하면 모두 이탈리아에 의존하고

---

[28] 대한민국 정부가 승인한 국가 기준입니다. 미승인국 3개국(트란스니스트리아, 아르차흐, 남오세티아)을 포함하면 48개까지 늘어납니다. 우리 정부는 승인했지만 UN 승인국은 아닌 나라 코소보를 빼면 44개국이겠네요. 헷갈린다고요? 2장에서 다시 다뤄 볼게요!

[29] 위요지와 같은 특이한 국경 형태를 뒤에서 다시 다룹니다.

사방이 남아공으로 둘러싸인 레소토에 국경 통과는 숙명입니다. 산골짜기 레소토는 반투계 흑인 소토족 인구가 99퍼센트 이상을 차지하는 단일민족 흑인 왕국입니다. 단일민족국가Nation State는 식민 종주국에 의해 국경이 그려진 아프리카에서 매우 찾아보기 어려운 경우로, 레소토 외에는 에스와티니Eswatini와 이집트 정도를 꼽을 수 있습니다.

있다고 해도 과언은 아닐 겁니다.

레소토의 운명도 크게 다르지 않습니다. 레소토의 경제는 남아프리카공화국에 종속되어 있으며, 정치적으로도 강력한 영향을 받고 있습니다. 레소토의 유력 통신회사, 슈퍼마켓, 주유소의 주인은 모두 남아공 기업이고, 레소토 정부의 가장 중요한 수입원 중 하나는 수력 발전 전기를 남아공에 수출하는 것입니다.

하지만 역사적으로 레소토는 남아프리카공화국과 다른 길을 걸어왔습니다. 백인우월주의 국가 남아프리카연방Union of South Africa(1910~1961) 형성 당시 레소토는 남아공으로부터 합류 압력을 지속적으로 받았습니다. 하지만 레소토 국왕들은 영국의 보호령(바수톨란드Basutoland)으로 남는 것을 선택했습니다. 그 덕에 레소토는 남아공의 아파르트헤이트Apartheid에 영향받지 않고, 1966년 영연방 내 '흑인 왕국'으로 독립할 수 있었습니다. 경제력과 편안함은 포기했지만 인간으로서 존엄성은 지켜냈달까요.

복숭아꽃 핀 소토족 마을 풍경.

AIDS부터 LDC까지, 슬픈 나라 레소토

레소토는 불명예스러운 안타까운 통계 또한 가지고 있습니다. 세상에서 HIV[30] 감염률이 가장 높은 나라(2위. 1위는 에스와티니, 27.1퍼센트) 중 하나라는 것이지요. 레소토 성인 인구의 약 1/4이(23.1퍼센트, CIA Factbook, 2019) HIV에 감염되어 있습니다.

그런 나라를 여행하는 게 무섭지 않냐구요? 아니요, 적어도 그런 이유로는 전혀 무섭지도 위험하지도 않습니다. 더 무서운 건 위험하다는 선입견이겠지요.[31]

하늘에 맞닿아 있다는 레소토왕국은, 현실의 아프리카에 있습니다. 남

---

30 인간면역결핍바이러스Human Immunodeficiency Virus. HIV로 인해 면역 체계가 망가지면 AIDS(후천성면역결핍증후군. 에이즈)가 됩니다.

31 HIV 감염률과는 별개로, 2014년 군부 쿠데타 이후 레소토에 외교부 황색경보(2단계)가 내려졌습니다. 레소토 여행은 기본적으로 안전에 유의하여야 합니다.

드라켄즈버그 산맥 기슭.

아프리카공화국과 비교하면 확 떨어지는 환경—아스팔트 포장 상태부터 뒷돈을 요구하는 이미그레이션까지—에 양철판과 진흙 벽돌로 대충 쌓은 듯한 수도 마세루Maseru의 외곽은, 하늘 위보다는 땅 밑에 가까운 곳입니다.

레소토는 세계 최빈국Least Developed Countries, LDC 중 하나입니다. 아프리카 대륙의 부국 이웃 남아공과는 소득 수준이 다르지요.

이 나라의 1인당 GDP는 연간 1000USD 수준(1181USD)으로 남아공(6950USD, IMF, 2021)의 1/6 수준입니다. 레소토와 남아공의 겉모습은 여섯 배 이상의 차이가 나는 것 같기도 합니다.

하지만 케이프타운 근교 타운십Township에서 살아가는 흑인 빈민과 마세루 외곽의 평범한 소토족 가족의 외형적 삶의 질이 아마도 비슷할 터이기에, 레소토의 모습이 국민 다수의 삶을 솔직하게 보여주는 것일지도 모르겠습니다.

세상에서 가장 높은 나라 레소토의 가장 높은 지역은 이 나라 남동부에 있습니다. 아프리카 대륙 남쪽에서 가장 높은 타바나은틀레냐나 ThabanaNtlenyana(3,482m)에서 정점을 이루는 산맥의 이름은 드라켄즈버그 Drakensberg. 아프리칸스어로 '용Draken의 산burg'입니다. 레소토와 남아공의 국경을 이루는 용의 산에는 3000m 이상의 봉우리 9개가 줄지어 있어요. 북서쪽 낮은 곳의 어지러운 길가나 쓰레기 더미와는 아주 다른, '하늘 왕국'이나 '아프리카의 스위스'라는 레소토의 별명이 이해되는 곳이지요.

한 나라에 갇힌 내륙국이란 어려운 환경과 고지에 위치한 거친 국토, HIV에 병든 국민까지. 레소토의 미래가 밝아 보이지는 않습니다. 하지만 맑게 웃는 아이들과 레소토대학에서 미래를 꿈꿀 이 나라의 젊은이들이, 이 어려운 나라의 운명을 조금은 바꿀 수 있었으면 합니다. 가장 높은 곳에 오르진 못하더라도, 모자라지는 않은 위치의 나라가 될 수 있기를 드라켄의 기운으로 응원합니다!

레소토가 '정답'이라면, 세계에서 가장 높을 것만 같았던 나라는 아마도 네팔연방민주공화국Federal Democratic Republic of Nepal(이하 네팔)이겠지요.

에베레스트를 품은 히말라야의 나라

'배운 상식'으로는 네팔이 세계에서 가장 높은 나라여야 할 것 같습니다. 세계 TOP 10 봉우리 중 8개(에베레스트, 칸첸중가, 로체, 마칼루, 초오유, 다울라기리, 마나슬루, 안나푸르나)가 네팔에 걸쳐 있고, 그중 3개는 오롯이 네팔 땅 안에 존재합니다.[32]

지구본 그리고 위성사진에 가장 하얗게 표기되는 히말라야를 보면 그 절반을 품은 네팔이 세상에서 가장 높은 나라인 게 당연해 보입니다.

세계 최고봉, 에베레스트산(8848m).

하지만 네팔에는 넓은 저지대가 존재합니다. 남쪽 인도 국경 지역은 갠지스강 유역 저지에 해당하며, 가장 낮은 곳의 고도는 해발 59m에 불과합니다. 떠라이Terai 또는 타라이Tarai라고 불리는 이 지역은 우리가 생각하는 네팔의 이미지와는 달리 덥고 습하고 사람도 많은 국경 너머 인도와 크게 다르지 않은 곳입니다.[33]

그렇습니다. 네팔은 악어와 코끼리가 사는, 밀림과 초원을 가진 나라입니다! 악어가 서식하는 저지와 에베레스트를 함께 품고 있기 때문에, 네팔의 평균 고도는 레소토보다 한참 낮은 1350m가량입니다.

---

32 세계 10대 최고봉 중 네팔 밖에 있는 산은 K2(중국과 파키스탄)와 낭가 파르밧Nanga Parbat(파키스탄) 뿐입니다. 10대봉 중 다울라기리, 마나슬루, 안나푸르나의 봉우리는 네팔 땅 안에 자리합니다.

33 인도 국경 근처의 네팔은. 카트만두와 포카라가 속한 파하드Pahad보다, 문화적·인종적으로 인도의 비하르Bihar나 우타르프라데시Uttar Pradesh에 더 가깝습니다.

포카라Pokhara의 맑은 날 아침은 마차푸차레Machapuchare(6993m), 안나푸르나 산군과 함께합니다.

특이한 게 많은 나라

네팔은 어딘가 특이하려고 노력하는 게 아닌가, 하는 생각이 드는 나라이기도 합니다.

네팔의 국기는 지구별 국가들 중 가장 특이한 것이겠지요. 이 나라 국기는 세계에서 유일하게 사각형이 아닌 국기이며 또한 유일하게 가로보다 세로가 긴 국기입니다.[34]

해석은 생김새만큼이나 복잡합니다. 대략 파란색 테두리는 세계(하늘과바다), 빨간색은 행운, 초승달은 왕가, 태양은 재상 일가, 전체적으로는 '달이나 태양처럼 국가가 길이 번영하라'는 의미입니다. 원래는 두 개의 삼각형이 나뉘어 있었는데 18세기 초에 붙게 되었다 해요.

네팔은 세계에서 가장 특이한 시간대도 가지고 있습니다. 대부분의 나

34　삼각형 두 개를 겹쳐 놓은 네팔 국기의 비율은 가로 4, 세로 5입니다. 반대로 카타르는 가로 28, 세로 11의 비율로, 세계에서 유일하게 가로가 세로보다 두 배 이상 긴 국기를 가지고 있습니다.

혼자 튀는 네팔의 국기.

라가 협정세계시Universal Time Coordinated, UTC(혹은 그리니치표준시)를 기준으로 자오선에 따라 시간을 한 시간 단위로 가감하여 시간대를 정하고 있지요.[35] 자국 위치가 시간대의 중간에 있다고 판단하는 경우는 인도(UTC+5시간 30분), 이란(UTC+3시간 30분), 미얀마, 아프가니스탄 등처럼 30분 시간대를 갖기도 합니다.

　네팔은 여기서 한걸음 더 나아갔습니다. 표준시 +45분 시간대를 쓰기로 한 거죠. 창의적[36]이라 해야 할까요, 국민들의 불편을 무시한 처사라 해

35　경도 무시하고 하나의 시간대만 가지고 있는 중국은 매우 예외적인 케이스입니다.
36　사실 예전에는 더 특이한 시간대를 가진 나라와 지역들도 있었습니다. 아프리카 라이베리아는 수도의 자오선에 맞춘 UTC−44분 시간대를 썼었고, 20세기 초 네덜란드는 한때 암스테르담 서교회의 경도에 맞추어 UTC+0:19:32.13이라는 창조적인 시간대를 사용했습니다. 지금은

네팔 수도 카트만두의 불교 사원 스와얌부나트Swayambhunath temple와 그 주변. 대지진 이전의 모습입니다.

석해야 할까요. 인도에 종속된 경제체계를 가졌음에도, 의도적으로 인도
와는 다른 표준시를 채택하며 자존심 싸움을 벌인 겁니다. 그래서 네팔의
표준시는 UTC+5시간 45분으로, 인도보다 15분 빠르고, 방글라데시, 부
탄, 스리랑카 등보다 15분 늦습니다.

종교와 왕가, 네팔리 이야기

　네팔엔 석가모니(고타마 싯다르타Gotama Siddhrtha)의 탄생지가 있습니다.
불교 4대 성지 중 하나인 룸비니Lumbini가 그곳이지요. 불교 성지순례객의
걸음이 적지 않지만, 오늘날 룸비니에 사는 사람들은 대부분 힌두교도[37]입
니다.
　네팔은 지구별에서 힌두교도 비율이 가장 높은 나라입니다. 그리고
2015년까지는 세계에서 유일하게 힌두교가 국교인 나라였습니다.
　네팔 인구의 80퍼센트 이상이 힌두교도(81.3퍼센트, CIA)입니다. 세계 힌

　네팔 외에 뉴질랜드의 채텀제도(UTC+12:45)가 공식적으로 +45분의 시간대를 가진 유이한 곳
　입니다.
37　다른 3개의 불교 성지가 자리한 인도의 비하르, 우타르프라데시도 마찬가지입니다.

두교 인구 대부분이 사는 인도(79.8퍼센트, 세계 힌두교도의 95퍼센트를 차지)보다 조금 높은 비율이지요. 힌두교 인구가 과반인 나라도 인도와 네팔 두 나라 뿐입니다.

인도가 힌두-이슬람 간 융화를 위한 간디Mahatma Gandhi의 노력과, 비종교주의를 주창한 네루Jawaharlal Nehru가 만든 정치 근간 아래에서 다른 종교와의 공존을 위해 꽤 오랫동안 노력했던 데 비해,[38] 전근대적 절대왕정을 1990년까지 유지했던 네팔은 힌두교를 '국교'로 지정했었습니다. 또한 네팔에도 카스트제도가 존재하며, 그 영향력이 안타깝게도 강력한 편입니다.

네팔 왕정의 몰락사는 흥미로움을 넘어 해괴하기까지 합니다.

2001년 6월 1일 왕실 파티 중에 발생했다고 알려진 사건입니다. 절대왕정을 내려놓고 입헌군주제를 도입하며 국민에 존경받던 비렌드라 국왕 Birendra Bir Bikram Shah Dev의 장남 디펜드라Dipendra 왕세자가 사랑하는 여인과의 결혼에 반대하는 데 격분하여 국왕, 왕비, 누이 등 왕실 일가를 사살하고 본인도 자살하는 비극적인 일이 벌어진 거예요.

사랑하는 여인이 인도계여서 반대했다는 설, 왕비가 점성가들의 말에 혹했다는 설 등 여러 해석이 있으나, '혼자 외지에 있다 유일하게 살아남아 승계하게 된 국왕의 동생(?!)' 갸넨드라Gyanendra가 합리적 의심에서 자유로울 수는 없을 겁니다.

갸넨드라는 형 비렌드라와 달리 귀족층과 보수층만을 껴안았고, 공포정치로 절대왕정 부활을 도모하다 민심의 이반으로 2007년 왕위에서 쫓겨났습니다. 그리고 왕정은 폐지되었죠.[39] 권선징악의 동화처럼.

---

[38] 최근 나렌드라 모디Narendra Modi 총리와 그의 인도인민당이 힌두민족주의를 이용하고 무슬림을 탄압하여, 소수 종교 포용의 역사는 흔들리고 있습니다.

[39] 왕정이 폐지되고 공화정이 선포된 이후, 네팔의 의회에선 마르크스주의 또는 마오쩌둥주의 계열의 공산당이 번갈아 1당을 차지합니다. 정상적인 절차에 따라 선거가 치러지는 나라 중 가장 강력한 공산당을 가진 나라가 네팔이라고 할 수도 있겠습니다.

카트만두의 더르바르광장Durbar Square과 주변 바자르. 더르바르는 네팔어로 '왕궁'입니다. 19세기까지 왕궁이 있던 곳으로, 2007년까지 비렌드라와 갸넨드라의 네팔 왕가가 거주했던 곳은 나라얀히티왕궁Durbar Narayanhiti입니다.

지도에서 보는 네팔은 거대한 나라 중국과 인도 사이에 끼어 상대적으로 작아 보여요. 하지만 이 직사각형에 가깝게 생긴 나라의 면적은 대한민국의 1.5배 크기(14만 7000㎢)이며, 인구도 3000만 명에 달합니다. 험준한 히말라야 산맥이 국토의 상당 부분을 덮고 있음을 생각하면, 척박한 땅에 많은 인구가 조밀하게 살아가고 있다고 말할 수 있을 겁니다.

그래서 슬프게도 네팔은 아시아에서 가장 가난한 나라 중 하나입니다. 2021년 IMF 통계 기준으로 1164USD(한국의 1/30 수준, 앞서 소개한 레소토보다도 낮습니다)에 불과한 네팔의 1인당 GDP는 통계가 확인된 196개국 중 170위에 해당합니다.

네팔보다 더 가난한 26개국 중 23개는 사하라 이남 아프리카 국가이며, 아시아 나라들 중에 네팔보다 가난한 나라는 내전이 벌어졌거나 여전히 내전 중인 예멘, 아프가니스탄, 타지키스탄Tajikistan뿐입니다.

가난하기 때문에, 무시당하기도 합니다. 북인도 많은 곳에서 '네팔 사람'을 뜻하는 고유명사 '네팔리नेपाली'가 비하의 의미로 사용됩니다. 일제 강점기 시절의 '조센징'처럼 말이지요.

원래 가난하고 척박한 땅에, 정치적 불안정이란 오랜 돌이 짓누르고, 끔

네팔의 인구는 국토와 환경이 감당하기 어려울 만큼 많아졌습니다. 하늘에서 본 미세먼지 속 카트만두. 사람과 차로 가득한 정신 없는 카트만두 시내.

찍한 자연재해(2015년 대지진)까지 더해졌습니다. 그렇게 자국에서 살기가 어려워진 많은 네팔인들이 해외에서 일자리를 찾습니다. 그중 대부분은 아무래도 말이 비슷하고 글이 같은 북인도를 향하게 돼요.[40]

400만 명 이상의 네팔 국적 근로자가 인도에서 일하고 있다고 합니다.[41] 아무래도 더 험한 일, 쉽지 않은 일을 '무시당하면서' 하고 있겠지요. 인도와 네팔을 모두 여행한 분들은 느끼셨겠지만, 네팔인들이 인도인들보다는 평균적으로 확실히 친절하기에, 많은 네팔인들이 인도에서 서비스업에 종사하고 있습니다.[42]

북인도에서는 한국 사람들이 힌디어를 조금 하면, '네팔리'라 생각되어 오히려 무시당하기도 합니다. 네팔 사람들 중 일부는 우리와 외모가 비슷한 몽골로이드Mongoloid이기 때문이죠.

뭉뚱그려 네팔리라 부르지만, 네팔에는 다양한 민족들이 살고 있습니다. 히말라야의 험준한 고봉들이 지역 간 이동을 가로막고 있기에 더욱 그

---

40 네팔어는 북인도의 힌디어와 동일하게 데바나가리Devanagari 문자를 사용합니다.

41 인도, 네팔, 부탄 국적자들은 (비자가 아니라) '여권 없이' 서로의 국경을 넘을 수 있습니다. 특수관계국인 셈이지요.

42 우리나라에도 약 4만 명의 네팔 사람들이 고용허가제를 통해 체류하고 있습니다.

네팔에는 다양한 민족이 거주합니다. 산속 사람들은 인도인보다 동아시아인에 가까워요.

러하겠죠. 네팔에서 사용되는 언어만 123개에 달한다고 합니다.

저지 떠라이에 사는 사람들은 북인도 사람들과 비슷하게 생겼지만, 일부 토착민은 피부가 아주 검기도 합니다. 그리고 산간 지역 출신들은 인도인보다 한국인, 중국인, 티베트인과 더 비슷하지요.

우리와 비슷하게 생긴 사람들이, 게다가 북인도 사람들보다 평균적으로 친절한 사람들이, 못산다는 이유로 무시당하고 비하당하는 건 분명 속상한 일입니다. 두 강대국에 둘러싸인 험준한 산속 처절한 내륙국의 척박한 환경을 바꿀 수는 없지만, 정치적 후진성과 종교적 굴레에서 벗어나 이 나라가 안정화되기를 기대합니다.

바라봅니다. 새벽 어슴푸름할 때의 히말라야 설산이 주는 감동과, 좁은 트레킹 길을 걷다 마주치는 슬리퍼 끌고 나온 네팔리 꼬마 아이의 미소가 네팔에 영원하기를.

네팔 नेपाल이란 국호 이름대로, 신ने, Ne의 보호पाल, Pal가 그곳에 있기를.

The Most and Least 4.

진짜로 제일로 큰,
  세계 최대 도시는 어디인가!

서울

충칭

나취

뭄바이

마닐라

상하이

서울은 진짜 큰 도시예요. 서울의 인구는 2021년 12월 주민등록 기준 951만 명(외국인 포함 976만 명)입니다. 인구 분산을 위한 신도시 개발과 행정기관 지방 이전 등으로 서울 통계 인구가 1천만 아래로 줄었지만, 정점이던 1992년에는 1094만 명에 달했습니다.

너무 큰 도시 서울은 1990년대에 세계에서 인구가 가장 많은 도시 다섯 손가락 안에 꼽히곤 했습니다. 도쿄(東京), 멕시코시티Ciudad de México, 상하이(上海) 등이 서울과 순위를 다투곤 했죠.

인구가 백만 명 이상 줄었지만 그리고 그 사이 인구 증가에 가속도가 붙은 개발도상국 도시들이 '제일 큰 도시' 리스트에 이름을 올리게 되었지만, 서울의 이름은 여전히 세계 최대 도시 순위 상위권에서 찾아볼 수 있지요.

그렇다면 서울보다 큰, 세계에서 가장 큰 도시는 어디일까요?

통계를 찾아보면 쉽게 답할 수 있을 것 같은 이 질문에 명쾌한 답을 구하기는 생각보다 쉽지 않습니다. '도시'의 정의와 경계를 정하는 기준이 나라마다 너무나 다르기 때문이지요!

베이징 인구가 서울 두 배라고?

2021년말 기준으로 서울특별시 인구는 약 976만 명인데 비해, 중국 베이징(北京)직할시의 인구는 약 2189만 명(2020년)입니다. 베이징의 인구가 서울보다 두 배 넘게 많네요.

하지만 이 비교는 온당하지 않습니다. 드넓은 대륙을 구분하는 직할시의 크기 기준과 한국의 시도 구분의 그것에는 규모 차이가 있을 수밖에 없거든요. 베이징의 면적은 1만 6410㎢로 거의 강원도 크기[43]에 달합니다! 605㎢인 서울의 27배가 넘는 크기죠. 서울특별시, 인천광역시, 경기도를

---

43 북한에 속한 지역을 제외한 강원도의 면적은 1만 6830㎢입니다.

모두 더해도 면적은 1만 1704㎢에 불과합니다. 수도권의 인구는 2600만 명이 넘습니다.

자, 이렇게 보면 서울이 더 큰 도시일까요, 베이징일 더 큰 도시일까요?

행정구역administrative district과 시계city proper를 정하는 기준은 나라마다 다릅니다. 행정에 적합하다고 판단하는 기준으로 가르는 편의 중심 구분이지요. 우리가 마주하는 인구통계는 행정구역을 기본으로 한 숫자이고, 그 숫자를 바탕으로 이곳이 더 인구가 많다, 저기가 더 크다, 판단하게 됩니다.

마산, 창원, 진해가 합쳐져 통합창원시가 되었다고 창원시의 본질이 더 커졌다고 할 수는 없겠지요. 다른 예를 들어볼까요?

런던은 900만 명, 파리는 200만 명?

유럽을 대표하는 두 도시는 아마 런던과 파리일 겁니다. 로마, 베를린, 모스크바가 아쉬워해도 어쩔 수 없습니다. 런던과 파리는 유럽뿐 아니라 '도시'가 가지는 정치적, 경제적, 사회문화적 상징으로 인해 유럽에서 딱 두 곳만 골라야 한다면 꼽힐 곳이죠.

런던의 인구는 896만 명(2021년)입니다. 런던은 19세기 중반 베이징의 인구를 넘어선 이후 1차대전 전까지 세계 최대 도시이기도 했습니다. 유럽연합EU과 이별하기 전까지는 EU 역내 최대 도시란 타이틀도 가지고 있었죠.

그런데 런던의 라이벌이라는 파리의 인구는 겨우 217만 명(2020년)이에요. 구 EU 영역 내에서 런던, 베를린, 마드리드, 로마 다음이고, 2021년 추정치 216만 명인 루마니아 부쿠레슈티Bucharest와 엇비슷합니다. 런던이 파리보다 큰 도시라는 정보는 그렇게 정답처럼 백과사전에도 올라있습니다.

하지만 비교는 공정해야지요. 런던의 면적은 1572㎢로 서울의 2.5배 크

런던 타워브리지(왼쪽)와 파리의 발상지 시테섬(오른쪽).

기입니다. 반면 파리의 크기는 105㎢로 서울의 1/6, 런던의 1/15에 불과합니다. 서울의 구 4~5개 크기인 파리 인구가 런던보다 적은 건 당연하겠죠.

프랑스 통계(INSEE)에 따른 파리 도시권Unité urbaine 2853㎢의 인구는 1079만 명(2017년)으로, 파리는 EU 최대의 도시권을 형성하고 있습니다.

세계 최대 도시, 충칭?

많은 경우, 편의상 또 정의상 '가장 큰 도시'의 순위를 정하는 건 행정구역입니다. 그럼 행정구역 기준, 인구가 가장 많은 도시는 어디일까요? 도쿄? 상하이? 멕시코시티? 뉴욕?

답은, 예상 밖으로 중국의 충칭(重慶)입니다. 1997년 중국의 네 번째 직할시(베이징, 상하이, 톈진 그리고 충칭)가 된 충칭의 인구는 3205만 명(2020년)으로, 상하이(2487만 명)보다도 많습니다.

충칭이 상하이보다 인구가 많은 이유는 무지막지하게 크기 때문입니다. 충칭직할시의 면적은 8만 2403㎢로 대한민국 면적의 82퍼센트가량입니다! 세계에서 면적 기준으로 가장 큰 도시 중 하나죠. 다르게 말하면, 충칭의 인구밀도는 대한민국보다 낮습니다.

행정구역 기준 세계 최대 도시, 충칭의 낮과 밤.

하지만 한국보다 인구밀도가 낮은, 어마어마하게 넓은 땅을 세계에서 인구가 가장 많은 도시라 부르기는 무리가 있지 않을까요?

또 다른 의미의 최대 도시: 가장 넓은 도시들

중국에는 사실 충칭보다 훨씬 큰 면적을 가진 '시市'들도 있습니다. 직할시가 아닌 지급地級의, 우리나라 기준으로 하면 '시군구'급[44]의 행정구역으로, 인구가 아닌 면적을 기준으로 세계 최대인 도시들이에요.

네이멍구 자치구의 후룬베이얼시(呼论贝尔市, Hulunbuir)의 인구는 255만 명입니다. 큰 '도시'라고요? 후룬베이얼의 면적은 26만 3953㎢로 남북한을 합친 것보다도 큽니다! 중국의 웬만한 성省들보다도 크죠. 하이라얼(海拉尔) 등 일부 도시 지역이 포함되어 있긴 하지만, 후룬베이얼은 세계 평균 인구밀도(52명/㎢)에도 훨씬 못 미치는, 몽골의 초원 지역입니다.

---

44 충칭의 도시권Urban area 9개 구區(중국의 구는 한국의 구보다 훨씬 큽니다)의 인구는 800만 명 정도입니다. 면적은 5473㎢로 상하이직할시(6341㎢)와 비슷하지만 인구는 훨씬 적지요. 중화민국시절, 국민당의 수도(1938~1945)이자 직할시였던 충칭은 중화인민공화국 수립 이후 격하되었다가, (충칭이 고향인) 덩샤오핑에 의해 직할시로 승격되었습니다. 직할시 승격 때 주변 지역을 흡수했기 때문에 다른 3개의 직할시보다 면적이 훨씬 넓습니다.

나취와 티베트의 성도 라싸시[45]의 경계에 위치한 남초Nam co. 티베트어로 '하늘의 호수'를 의미합니다(해발 4718m).

    한 곳 더, 티베트 자치구의 나취시(那曲市, Nagqu)는 면적이 무려 45만 537㎢로, 한반도의 두 배 크기입니다. 하지만 인구는 50만 명도 안됩니다. 도시라기보다는, 중국 기준으로는 물론 세계 기준으로도 인구 희박 지역이지요. '지구'였던 나취가 2017년 '시'로 승격되면서, 후룬베이얼을 제치고 지구에서 가장 넓은 도시가 되었습니다.

    나라마다 다른 행정구역의 기준을 보완하기 위해, 도시권Metropolitan area/Urban area 인구로 비교를 하기도 합니다. 하지만 도시권이라는 게 행정구역처럼 명확하게 구분되는 것이 아니다 보니, 도시권의 기준도 그 안에 사는 사람의 수도 나라마다, 통계의 출처마다 다릅니다.

---

45 티베트 자치주의 성도 라싸Lhasa는, 티베트어로는 "하싸"에 가까운 발음이라 합니다(place of gods). "라싸"는 "하싸"의 옛이름으로, 염소의 땅goats' place이란 의미를 담고 있습니다. 누군가의 의도대로, 신들의 땅을 염소의 땅으로 격하시키진 말아야겠습니다.

도시권은 '인구가 집중된 행정구역으로서의 도시 그리고 도시와 도로 및 통근 수단으로 연결된 도시 주변의 인구가 조밀한 지역' 정도로 정의 (UNICEF)됩니다. 중국, 인도, 방글라데시, 인도네시아 자바나 우리나라처럼 도시화된 거주지가 연속적인 곳에선 도시권을 구분하고 통계를 잡기가 애매할 수밖에 없지요.

'광역시' 면적 기준 가장 큰 도시: 탈락 후보

행정구역은 제각각이고 도시권은 정의하기 힘들지만, 언제나 '비교'는 가능합니다. 그래서 익숙하게 피부로 느낄 수 있는 것을 기준으로 비교를 해보려 해요. 우리 기준으로 말이지요.

우리나라의 7대 도시(특별시와 광역시) 중 가장 좁은 광주광역시가 501㎢, 가장 넓은 인천광역시와 울산광역시가 1060㎢가량 됩니다. 특별시나 광역시 정도의 면적을 기준으로 했을 때, 세계에서 가장 큰 도시는 어디일까요?

최대 도시 아닐까 싶지만 사실은 아닌, 떨어뜨릴 후보부터 찾아보죠.

도쿄도(東京都)의 면적은 2,194㎢, 인구는 1404만 명(2021년)입니다. '도시권'을 기준으로 한 통계들에선 도쿄 수도권을 세계 최대로 보는 경우가 많아요. 한국의 수도권처럼 주변 광역행정구역(도쿄도, 가나가와현, 사이타마현, 지바현)을 묶은 기준으로 1만 3555㎢의 땅에 3609만 명(2015년)의 사람들이 살아갑니다.

한국 행정구역 기준으로 보면 어떨까요? 도쿄도 서쪽의 녹지 및 외곽 지역과 동쪽의 도시 지역이 완전히 구분되지는 않지만, 동쪽 23개의 특별 자치구 지역(東京23区, 1942년까지는 도쿄시였던 지역)만 떼어 보면 서울과 비슷한 면적(619㎢)과 인구(973만 명)를 가지고 있습니다.

미국 최대 도시 뉴욕NYC의 5개 자치구(맨해튼, 브루클린, 퀸스, 브롱크스, 스태

튼 아일랜드)는 서울보다 조금 크고(778㎢) 인구는 더 적지요(880만 명).

멕시코시티Mexico City, Ciudad de México를 생각할 수도 있겠습니다. 도시권 인구로는 역시 세계 최대 중 하나(약 2200만 명)인 멕시코시티는, 인구가 조밀하고 생활환경이 낙후된 위성도시들이 행정구역 밖에 있어서, 넓은 면적(1485㎢) 대비 인구는 아주 많지 않습니다(921만 명).

남미에서 가장 큰 도시 상파울루São Paulo도 있습니다. 인구가 1240만 명이나 되는 거대 도시 상파울루는, 하지만 면적이 1521㎢에 이릅니다. 서울특별시에 인천광역시만 붙이면 (강화군 제외) 상파울루보다 땅은 좁고 인구는 많으니 여기도 세계 최대 도시에서는 탈락입니다(모두 2020년 기준입니다).

그럼 진짜 후보는 어디일까요?!

'광역시' 기준의 가장 큰 도시: 진짜 후보

한국의 대도시 기준으로 세계에서 가장 큰 도시는 인도의 뭄바이Mumbai 일 겁니다. 서울과 거의 비슷한 603㎢ 면적의 뭄바이시에 살아가는 사람들은 2011년 인구센서스 기준 1248만 명입니다. 서울보다 약 300만 명이 많지요!

이 숫자는 인구센서스 이후 10년간의 증분과, 센서스에 답할 수 없는 길거리에서 살아가는 사람들의 수를 제외한 값이에요. 뭄바이에 가보신 분들, 다라비 슬럼Dharavi을 돌아보거나 차트라파티시바지국제공항 Chhatrapati Shivaji International Airport 주변의 겹겹이 쌓인 빈민가를 목격한 분들은 뭄바이의 심각한 인구 집중 문제를 이해하실 수 있을 겁니다.

뭄바이섬 남단 길쭉한 반도에 위치한 도시 뭄바이는, 지리적 환경 탓에 도시권이 사방으로 형성되지 못했습니다. 뭄바이의 핵심인 사우스뭄바이(또는 뭄바이시티)의 67.79㎢ 크기의 작은 땅에 사는 인구는 2011년 인구센서스 기준으로도 무려 315만 명에 달합니다.

사우스뭄바이의 화려한 타지마할호텔 및 인디아게이트와 뭄바이의 슬럼은 같은 곳에 위치한 다른 세상입니다.

서울 인구밀도의 약 3배인데요, 뭄바이 시내의 대부분이 서울같은 아파트 숲이 아니라 저층 또는 층을 알 수 없는 겹겹이 쌓인 건물의 합이라는 걸 고려하면 더더욱 엄청난 (그리고 가슴 답답한) 밀도입니다.

한국의 행정구역보다 면적이 작아 인구가 적어 보이지만, 주변 도시권을 포함하여 보면 세계 최대 도시일 수도 있는 곳을 두 개 정도 꼽을 수 있습니다.

그중 하나는 방글라데시의 다카Dhaka입니다.

다카의 행정구역상 면적은 306㎢로 서울의 절반 정도에 불과하지만, 인구는 2011년 인구센서스 기준 891만 명입니다. 지난 10여 년 간의 인구 유입과 통계에 잡히지 않을 인구를 고려하면 서울 반만 한 다카에 이젠 서울보다도 더 많은 사람들이 살아가고 있으리라 생각됩니다.

다카의 외곽을 포함하는 다카 디스트릭트 1463㎢의 인구는 2100만 이상(역시 2011년 기준)으로 추산되며, 다카의 랄바타나Lalbagh Thana는 세계에서 가장 인구밀도가 높은 행정구역 단위입니다. 2.2㎢에 인구 37만 명, ㎢당 인구 약 17만 명이니, 서울의 10배 이상이네요!

다른 한 곳은 필리핀의 마닐라Manila입니다. 마닐라는 두 가지 측면에서

하늘에서 바라본 메트로마닐라. 1300만의 사람들이 서울 크기의 땅에 모여 사는 곳입니다.

통계적으로 놀랍습니다.

하나는 마닐라시City of Manila의 인구가 185만 명(2020년)밖에 안된다는 겁니다! 필리핀의 많은 행정구역이 아주 잘게 나누어져 있기 때문이에요. 마닐라시의 면적은 42.88㎢에 불과합니다. 서울의 1개 구 크기 정도죠.[46] 두 번째로 마닐라시는 인구 100만 명이 넘는 도시 중 세계에서 인구밀도가 가장 높은 곳(4만 3000명/㎢, 서울의 약 2.7 배)입니다. 놀랄 만하죠.

그래서 마닐라시 등 16개 시City와 1개 읍Municipality을 포괄하는 메트로마닐라Metro Manila가 한국 행정구역과의 비교에 보다 적합할 수 있겠습니다.

서울과 비슷한 크기(620㎢)의 메트로마닐라에는 1348만 명(2020년)의 사람들이 살아갑니다. 여러모로 뭄바이와 비슷한 환경의, 세계 최대 도시라 하겠습니다.

마지막으로, 서울-부산-대구-인천-광주-대전-울산의 합과 비슷한 도시 하나를 뽑아봅니다.

---

46 서울 강남구의 면적이 39.5㎢입니다. 마닐라의 '구'로 생각되곤 하는 마카티Makati, 케손시티 Quezon City 등도 필리핀 행정구역상 별도의 '시'입니다.

중국 상하이(上海)는 행정구역 기준, 충칭에 이어 세계에서 두 번째로 인구가 많은 도시(2487만 명)입니다.

중국의 다른 직할시들은 앞에서 확인한 것처럼 인구가 그리 조밀하지는 않은 넓은 땅을 포함하고 있지만, 상하이는 다릅니다. 상하이직할시는 그 자체로 확실히 하나의 도시권을 이루고 있어요.

상하이를 구성하는 16개 구 중 면적이 작은 황푸강 서안 상하이 다운타운 푸시(浦西, Puxi)의 7개 구[47] 면적은 289㎢, 인구는 668만 명(2020년)입니다. 다운타운 밖의 옛날 상하이 외곽에 해당하던 지역도 상하이의 확장에 따라 인구가 조밀해져서, 푸시 밖 9개 구 중 최남단 진산구(金山区)와 양쯔강 하류 삼각주에 위치한 충밍구(崇明区)를 제외[48]하고는 7개구 각각이 한국의 광역시만 한 규모를 가지고 있습니다.

위에 언급한 14개 구만 분리해보면, 4569㎢ 넓이에 인구는 약 2341만 명입니다. 한국 7대 도시의 면적은 약 5423㎢, 인구는 2272만 명(2019년)입니다. 인구 700만의 도심 하나를 7개의 광역시가 둘러싸고 있다고 볼 수 있

황푸강(黃浦江) 건너에서 바라보는 상하이의 야경과 골목 풍경.

47 황푸黃浦区, 쉬후이徐汇区, 창닝长宁区, 징안静安区, 푸퉈普陀区, 훙커우虹口区, 양푸扬浦区.
48 진산구와 충밍구의 인구도 각 80만 명, 70만 명 수준으로 적지 않습니다. 상하이 외곽의 다른 7개 구가 모두 인구 100만 명을 훌쩍 넘기기 때문에 제외했을 뿐이지요.

겠네요!

인구가 많은 도시 순위의 상위권에 드는 건 상징적인 의미일 뿐 자랑스러운 일은 아닐 겁니다. 도시민들의 삶의 질 향상과 전체 국토의 균형 발전이 훨씬 더 중요한 일이지요.

세계 최대가 아닌 세계 최고의 길로 우리의 도시들도 언젠가 나아갈 수 있겠지요. 가장 큰 도시, 물가가 가장 비싼 도시가 아닌, '세계에서 가장 살기 좋은 도시' 순위에서 한국의 도시 순위를 찾을 수 있을 날을 고대합니다.

세계에서 가장 작은 수도

'제일 큰 도시'라는 궁금증 뒤로 따라붙을지 모를, '가장 작은 도시는 어디인가'라는 질문에 대한 답을 찾기는 조금 더 막막합니다. 세상에는 아무도 살지 않는 빈 땅이 많으니까요!

다만 '세계에서 가장 작은 수도'에 대해서는 정답을 살필 수가 있겠습니다. 언뜻 생각하면 답이 정해져 있는 것도 같습니다. 세계에서 가장 작은 나라 바티칸 Vatican City이 가장 작은 수도를 가질 것만 같으니까요.

놀랍게도 바티칸(인구 약 900명)보다 더 작은 수도를 가진 국제연합 가입국이 있습니다. 주인공은 태평양의 다이빙 천국, 팔라우Republic of Palau예요.

바티칸보다는 훨씬 큰 나라 팔라우(면적 459㎢, 인구 약 2만 명)에는 이 나라 인구 2/3가 모여 사는 도시 코로르Koror가 있습니다만, 2006년에 거의 공터라고 할 수 있는 응게룰무드Ngerulmud로 수도를 옮겼습니다.

대만으로부터 받은 차관으로 건설한 의회와 대통령궁 등이 들어선 응게룰무드의 인구는 270명가량입니다.

The Most and Least 5.

외로움 증폭 여행
– 가장 외로운 여행지

솔리테어, 나미비아.

이번 이야기는 앞의 이야기들과는 조금 다를 수 있겠습니다. 숫자로 표현이 되지 않는, 정성적이고도 감성적인 여행도 떠나봐야지요. 거리 색이 변하고 바람이 겨울내를 품기 시작하는 늦가을에 어울릴 만한 이야기랄까요.

가지에 붙은 잎사귀보다 떨어진 것들이 많아 보일 때, 가슴뼈 안쪽 쇄골 아래 명치 위쪽 어딘가가 아려올 그맘때, 차가워진 날씨만큼 풍성해진 감성으로 기억의 페이지를 넘기며 찾는 풍경은 외롭고 황량하고 끊임없이 바람이 부는 그런 시간 안에 있습니다.

지구별에서 가장 붐비고 바쁜 곳 중 하나일 대한민국과는 많이 다른, 이 행성에 사실 흔하고 흔한, 외롭고 황량한 바람의 땅을 찾아가봅니다.[49]

모래 없는 사막: 나미비아 솔리테어

솔리테어Solitaire는 이름마저 외로운 곳입니다.[50]

양을 치기 위해 이곳에 정착했던 농부의 부인은, 이 쓸쓸한 땅에 '고독'이란 이름을 붙였습니다. 나미브Namib 사막 입구에 자리한 이 땅에 꽤나 잘 어울리는 이름입니다.[51]

다 같은 사막이래도, 봉우리 진 사구가 이어지는 모래사막은 덜 외로운 느낌입니다. 해 뜨고 질 무렵 사구에 걸리는 붉은 빛은 말할 수 없이 황홀하고, 그런 풍경에 이끌리는 사람들이 그곳을 찾으니까요. 그리고 사람들은 사막을 사구가 있는 풍경으로 상상하고 기억하니까요.

누군가 기억해주고 갈망하여 찾아주는 곳은 그리 외롭지만은 않을 테

---

49 버스커버스커가 부릅니다. 〈외로움 증폭 장치〉.

50 Solitaire(프랑스어) 1. 「형용사」 홀로인, 외로운, 아무도 없는. 2. 「명사」 혼자 사는 사람, 은둔자.

51 원주민 나마족의 언어로 나미브는 '아무것도 없는 곳'입니다. 아무것도 없는 땅, 나미비아는 3장에서 한 번 더 다가가봅니다.

나미브 사막의 사구와 데드블레이.

지요. 솔리테어에서 두 시간 거리에 있는 나미브-나우크루프트 국립공원 Namib-Naukluft National Park의 듄45[52]와 소서스블레이Sossusvlei는 붉은 모래와 아름다운 언덕과 말라붙은 나무들로 여행자를 불러들입니다.

하지만 솔리테어는 아름다운 모래언덕을 갖지 못했어요. 스바코프문트 Swakopmund에서 오는 차들과 빈트후크Windhoek에서 오는 사람들[53]이 나미브 사구를 보기 위해 잠시 들러가는 이 외로운 땅에는 거친 모래바람만이 휘날립니다.

솔리테어는 마을도 되지 못했습니다. 지나가는 사람들을 위한 주유소와 정비소와 카페와 베이커리와, 지나가는 사람들을 위해 일하는 사람들

---

52 국립공원의 입구 세스리엠Sesriem에서 45㎞를 달리면 만날 수 있는, 170m 높이의 붉은 빛 사구입니다.

53 빈트후크는 나미비아의 수도이며, 스바코프문트는 대서양 연안의 관광도시입니다. 예쁜 마을 스바코프문트는 4장에서 다시 만날 예정입니다.

나비비아의 버려진 마을 콜만스코프Kolmanskop.

의 숙소가 있을 뿐, 가뭄과 전력난에 시달리는 이 대지는 사람들이 모여 사
는 마을이 되는데 실패했습니다.

먼 모래길을 달려온 오래된 차들 중 몇몇은 나미브로 스바코프문트와
빈트후크로 가지 못하고 솔리테어에서 최후를 맞습니다. 재활용 고철도
되지 못한 자동차 무덤이, 이 터가 솔리테어란 걸 알립니다.

솔리테어에선 두 가지 바람을 맞을 수 있습니다. 한낮의 강렬한 햇살과
함께 불어오는 뜨거운 바람. 저녁 노을이 지면 인적이 사라지는 땅에 흐린
불빛이 들면 들이닥치는 사늘하고 쓸쓸한 바람. 두 바람 모두 언덕이 되지
못한 모래를 잔뜩 품고 외로운 땅을 스쳐갑니다.

왁자지껄한 단체 여행객들이 빠져 나간 뒤 밤낮 불어온 바람에 버려진
놀이터만큼의 모래만 쌓인 솔리테어에서, 여행자는 그저 커다란 애플파이
에 커피 한잔하며 스쳐가는 추억을 쌓고 가지요.

　전 세계에서 한국과 크기가 가장 비슷한 나라는 아이슬란드입니다. 대한민국에 제주도가 하나 더 있다면 아이슬란드와 거의 같은 크기입니다.

　제주도 하나 만큼을 더 붙였는데도 이 나라에 사는 사람 숫자는 경기도 광명시 인구 정도입니다. 달리 비교하면, 제주도 절반 정도의 인구가 제주도가 두 개인 대한민국에서 살아간다고도 할 수 있겠습니다.[54]

　그렇게 비어 있는 땅 아이슬란드에서도 인적이 가장 드문, 그러니까 인구밀도가 제일 낮은 곳이 외이스튀를란드Austurland, Austfirðir(동부 지역이라는 뜻)입니다.[55] 많은 여행자들이 그러하듯이 링로드를 시계 반대 방향으로 달릴 때 아이슬란드의 거대한 얼음덩어리 바트나이외쿠틀Vatnajökutle(바트나요쿨)이 시작되는 곳이 외이스튀를란드예요.

　〈프로메테우스〉, 〈인터스텔라〉, 〈월터의 상상은 현실이 된다〉부터 〈왕좌의 게임〉까지. 위도에 비해 푸르른 대지 아이슬란드가 '얼음 땅'을 품고 있음을 부인할 수는 없습니다.[56]

　충청남도 크기의 빙하 바트나이외쿠틀은 해변까지 덮칠 듯 기세를 부리며 그곳에 들어차 있습니다. 사람들이 빙하의 가장 작은 끄트머리에 빙하 트레킹을 한다며 기웃거리기는 하지만, 얼음덩어리 그 자체는 완벽히 비어 있는 땅이지요.

54　아이슬란드는 짧게 다루기 아쉬운 곳입니다. 4장에서 또 만날 거예요!

55　외이스튀를란드는 전라남북도에 제주도를 합친 크기이지만, 인구는 겨우 1만 2000명(0.55명/㎢)입니다. 아이슬란드의 인구는 조금씩 늘고 있지만(동유럽에서의 이주자 증가), 그건 수도 레이캬비크 주변에 한정될 뿐, 시골 지역은 점점 더 빈 땅이 되어가고 있습니다. 외이스튀를란드의 인구도 10년 간 3000명가량이 줄어들었다고 합니다.

56　〈월터의 상상은 현실이 된다〉에서 그린란드라고 했던 곳도, 아프가니스탄의 모습도 모두 아이슬란드입니다. 아이슬란드의 장면들은 당연히 아이슬란드에서 촬영된 것이고요. 월터가 스케이트보드를 타고 내려가던 언덕은 외이스튀를란드의 항구 마을 세이디스피외르뒤르Seyðisfjörður에 가는 길입니다. 〈왕좌의 게임〉에서 장벽 너머의 장면들은 모두 아이슬란드의 풍경을 담은 것이라 합니다.

스비나펠스요쿨과 아이스라군 요쿨살론, 외이스튀르란드.

얼음산과 중간중간 드러난 빙하는 왼편으로 다가서다 멀어지며 이어지다 회픈Höfn 근처 니푸가르다르Nýpugarðar에서 드디어 뒤로 물러납니다. 물러간 빙하를 머금고 들어선 것은 초원이며, 초원을 차지한 것은 양들과 조랑말입니다.

니푸가르다르, 외이스튀르란드.

빙하, 초원, 양떼, 무너진 건물이 모인 장면에 저무는 햇살이 들면, 링로드에 서 있다는 것이 꿈결 같은 순간이 찾아옵니다.

인적 없는 해변: 호주 태즈메이니아

호주는 외로운 대륙입니다. 인간이 거주하지 않는 남극대륙을 제외하면, 다른 대륙들은 붙을 듯 떨어질 듯 서로를 마주하고 있습니다. 단 한 곳 호주를 빼고는 말이지요. 외로운 이 대륙엔 사는 사람도 많지 않은데, 그나마도 몇 개 도시에 몰려 비싼 집세를 내가며 살아갑니다.[57]

5만㎞가 넘는 해안선을 가진 호주에는 1만 개가 넘는 해변이 있습니다. 그중 대부분이 사람 손길이 자주 닿지 않는 곳이라는 건 당연한 이야기겠지요.

그저 가슴 후련해지는 아름다운 해변 석양 드는 고운 모래밭에 아무도 없는 풍경을, 이 대륙은 곳곳에 흔하게도 품고 있습니다. 혼자만의 혹은 나와 당신만의 바닷가를 오롯이 가질 수 있다는 말이에요.

퍼런 하늘을 그윽한 눈빛으로 바라보다, 젖은 모래 위 작은 게들이 남긴 자욱을 바라보다, 눈을 감고 바람을 만날 수 있다는 뜻이기도 하지요.

외로운 대륙 호주에서도 홀로 떨어져 있는 하트 모양의 섬 태즈메이니아Tasmania는 빙하기가 끝날 무렵 해수면 상승으로 호주 대륙에서 분리된 이후, 1772년 유럽인이 발을 들일 때까지 약 1만 년간 고립되어 있었다 합니다.[58]

머나먼 대륙에서도 홀로 떨어져 있는 섬이기에, 여행하기에 적합한 날씨와 풍경에도 불구하고, 아주 오랫동안 사람의 손길이 닿지 않은 장소들

---

57 우리나라 면적의 대략 77배쯤 되는 거대한 나라이며, 그 자체로서 대륙이 되는 유일한 나라인 호주는 남극 다음으로 비어 있는 대륙입니다. 이 드넓은 나라에 사는 인구는(약 2590만 명) 우리나라의 절반밖에 안되는데, 그중 60퍼센트 이상이 단 다섯 개의 도시—시드니, 멜버른, 브리즈번, 퍼스, 애들레이드—에 몰려 살고 있습니다.

을 가지고 있습니다.

　와 인 글 라 스　베 이
Wineglass Bay처럼 비교적
잘 알려진 곳들도 있지만,
태즈메이니아엔 '이름도
없는 멋진 곳'이 더 많습니
다. 온대우림에 갇혀 쉽사
리 닿을 수 없는 남서 태
즈메이니아의 국립공원
Southwest National Park과 여
러 보존 지구의 해변은, 춥
지도 덥지도 않은 환경에
서 완벽하게 외로울 수 있
는 지구상 흔치 않은 장소
입니다.

무니 비치 보호구역Moonee Beach Nature Reserve, 뉴사우
스웨일즈.

세레니티 베이(왼쪽)와 피더먼스 비치(오른쪽), 뉴사우스웨일즈.

58 U2가 노래한 Van Diemen's Land. 호주가 영국의 유형지로 개척되었다는 사실은 잘 알려져
있지요. 호주 본토도 받아들이길 원치 않는 죄수들은 'Van Diemen's Land', 즉 태즈메이니
아로 보내졌습니다. 유형지의 유형지로 간주되었던, 추방자들로부터도 추방되었던 사람들이
보내졌던, 세상의 끝이 곧 태즈메이니아입니다.

와인글라스 베이, 태즈메이니아.

망망대해 끝 섬: 칠레 이스터 섬

섬보다 외로운 곳은 없습니다. 아무리 외로워도 대륙을 달리고 달리면 누군가와 마주할 수 있지만, 달리고 달려봐야 제자리로 돌아오는 섬은 태생이 외로운 곳입니다.

가장 외로운 섬으로 알려진 곳[59]은, 외딴섬을 더 외롭고도 미치도록 신비하게 만드는 모아이Moai 석상이 부르는 이스터섬입니다. 남미 대륙에서 무려 3500㎞ 이상 떨어진 대양 가운데 자리하지만, 이스터섬은 칠레의 영토이지요. 이스터섬에서 가장 가까이 사는 이웃은 2100㎞ 태평양 건너의 핏케언 제도Pitcairn Islands에 거주하는 단 48명(2015년 기준)의 사람들입니다.

이스터의 원주민들은 섬을 커다란 땅(라파누이Rapa Nui)라 부릅니다.

끝없는 대양을 헤치고 도착했을 섬은 바다에 지친 외로운 사람들에게 정말 거대해 보였을지도 모르지요.[60]

모아이. 이스터 섬.

바쁜 일상에 지치고 사람에 치여 작아진 우리에겐, 조그만 섬 이스터를 크게 만드는, 솔리테어란 이름을 기억하게 만드는, 물리적 고독이 종종 필요하지 않을까 합니다.

떠날 수 있을 때가 돌아오면, 아주 외로운 땅을 다시 찾아 조금 더 큰 사람이 되어보고도 싶습니다.

59 '가장 외로운 섬' 타이틀은 기준에 따라 달라지긴 합니다. 남대서양의 남미와 아프리카의 거의 중간 지점에 위치한 영국령 트리스탄다쿠냐 제도Tristan da Cunha는 나폴레옹의 유배지였던 세인트헬레나섬에서도 2400㎞ 이상 떨어진 끔찍하게 외로운 섬입니다. 하지만 다행히(?!) 400㎞ 남서쪽의 고흐섬Gough Island에 유인 관측소가 있습니다. 고흐섬을 무인도로 본다면, 지구에서 가장 외로운 섬은 이곳입니다. 트리스탄다쿠냐는 실제로 이스터섬보다 훨씬 더 외딴곳이에요. 주민 수는 250명에 불과하고, 공항은 당연히 없으며, 1년에 몇 번 연락선만이 외로운 섬에 들러 필요한 물품을 가져다줍니다.
60 이스터 섬의 면적은 164㎢로, 강화도의 절반 크기예요.

바람이 불어오는 곳

무수히 많은 땅을 스쳐왔습니다. 꽤나 많은 땅의 이름들을 기억합니다.

넓은 세상 위 흔한 이름들 중에서, '바람이 불어오는 곳', 그런 곳의 이름을 찾는다면 저의 기억은 푸에르토나탈레스Puerto Natales를 향합니다.

칠레 파타고니아Chilean Patagonia에선 꽤 큰 마을인 나탈레스는, 도시인의 관점에선 비어 있는 곳입니다. 이곳을 둘러싼 (한국의 절반이 넘는) 5만 5444km²의 땅에 사는 사람은 2만 명이 채 되지 않습니다. 나탈레스가 수도 인 이 주의 이름은 울티마 에스페란사Provincia de Última Esperanza입니다. 마지막 희망의 땅Last Hope Province이란 의미예요.

사람 대신 이곳에 가득한 것은 바람입니다. 결코 멈출 일 없이 불어오는 바람에 늘어진 몸을 맡겨보는 건, 늘 품었던 꿈이며 희망이었는데 말이지 요.

푸에르토나탈레스에서 불어온 바람은 바람길을 따라 토레스델파이네 Parque Nacional Torres del Paine로 이어집니다. 파타고니아라는 이름에 마음 설렌 적이 있다면, 당신의 가슴에 이미 담겨 있는 풍경일지도 모르겠습니 다.

자연이 선물하는 감동의 여운을 문명의 품에서 즐기고 싶은 당신이라 면, 파타고니아를 늘 달리는 칼바람에서 잠시 벗어나 따뜻한 커피 한 잔으 로 손을 녹이고 얼음 같은 생맥주로 가슴을 태우고 싶은 여행자라면, 오텔 라고그레이Hotel Lago Grey는 천국에 가까운 곳입니다.

창밖에 걸린 구름이 어떤 모습으로 흘러 토레스를 덮고 하루 해의 움직 임이 어떤 빛으로 호수에 비치는지를 안주 삼으면, 몇 리터의 라거도 맹물 만 같을 겁니다. 에스프레소 한 잔에도 취할 수 있을 겁니다.

몸이 덥혀지면, 저무는 해를 아쉬워하며 다시 바람을 맞이하러 나아갑 니다. 손은 녹았고 가슴이 뜨거우니 찬바람도 따스합니다. 나무 사이 물가 의 일렁임으로 바람을 봅니다.

마음 한 품에 여전히 엉겨 있던 오래된 자갈돌은, 어둠이 찾아오는 그레 이호수 모래톱에 가만히 내려놓을 수 있겠지요.

국가와 국경 사이, 정의 하나:

육지의 섬, 월경지와 위요지

일본이 아무리 우겨도, 독도는 대한민국 영토입니다. 고문헌상 증거부터 안용복의 활동, 대한민국이 실효 지배 중인 현상 모두가 독도가 우리 땅임을 밝히고 있지요.

하지만 독도가 '당연히' 한국의 고유영토라는 우리의 인식과는 달리, 일본의 지속적인 문제제기 속에 국제법상 다툼의 여지가 있는 것이 안타까운 현실입니다. 다수의 해외자료들은 한쪽의 편을 드는 상황을 피하기 위해 독도를 리앙쿠르 암초Liancourt Rocks라 칭하고 있습니다.

꽤나 넓은 바다 동해[61]를 경계로 한, 게다가 다수의 사료와 현상이 증빙하고 있는 독도가 그러하니, 육지에 경계를 두고 마주하고 있는 수많은 나라들이 영토 문제로 다투어왔거나, 확정되지 않은 경계를 두고 아직까지 다투고 있다는 건 특별한 일도 아니겠습니다. 확정된 경계가 특이한 상태나 성격을 가진 곳인 경우도 찾아볼 수 있지요.

'국경'의 정의는 사실 간단하고 명확합니다. 사전에 있듯 「명사」나라와 나라의 영역을 가르는 경계'이지요. 하지만 국경 위 현실은 복잡하고 때로 애매하지요.

육지 위 한국의 국경은 어디에 있을까요?

대한민국은 '조선민주주의인민공화국'을 나라로 인정하지 않기에, 한국

---

61 다만 '동해East Sea'의 명칭은 독도와는 상황이 다릅니다. 한반도와 일본열도 사이의 바다의 이름은 국제사회에서 행정 실효적으로 'Sea of Japan'(1929년부터)입니다. 한국 외교부의 공식 입장도 '동해와 일본해의 병기'이며, 그동안의 노력으로 해외에서 '동해' 병기 비율이 높아지고 있습니다.

대한민국 최동단. 독도.

의 헌법상 국경은 자연 국경인 압록강과 두만강 그리고 백두산 정상 부근의 육상 국경[62]이 맞습니다.

　대한민국의(실질적으로는 북한의) 국경은 총 1353㎞ 길이로 이어지고, 그중 두만강 하구의 짧은 구간(19㎞)은 러시아와, 나머지는 중국과 접하고 있습니다.

　통일이 된다면 압록강과 두만강이 우리의 진짜 국경이 되겠지만, 대한민국의 사실상의 국경De facto boundary은 군사분계선Military Demarcation Line: MDL(휴전선) 248㎞입니다.

　남북한을 제외한 대부분의 나라들에게 국경Border으로 받아들여지는

62　한국전쟁 이후, 김일성이 중국에 참전의 대가로 백두산을 내주었다는 '썰'이 광범위하게 퍼져 있으나, 백두산을 내주려했던 건 북한이 아닌 일본제국입니다. 조선의 외교권이 박탈된 상황에서, 일제는 청나라와 '간도협약'을 맺어 조선과 중국의 국경선을 천지 남동쪽 4㎞ 지점에 있는 백두산정계비로 정합니다. 백두산 정상과 천지를 중국에 넘겨준 것이죠.
　일제 패망으로 간도협약이 무효화된 후, 1962년 북한 김일성은 중국 저우언라이와 '조중변계조약'을 체결하여 국경선을 확정합니다. 직선에 가깝게 그어진 국경선으로, 천지의 54.5퍼센트는 북한에, 45.5퍼센트는 중국에 속하게 됩니다. 압록강과 두만강의 하중도와 모래톱도 264개는 북한에, 187개는 중국에 귀속됨을 명확히 합니다.

휴전선은 '국경' 이상의 장벽인 듯합니다. 나라 간의 경계는 막혀 있을지언정 넘나드는 것인데, 휴전선은 특수한 경우가 아니면 통행 자체가 불가능하니까요.

국군 13만 명, 민간인 52만 명을 포함한 137만의 목숨을 앗아간 끔찍한 전쟁 끝에 남겨진 잔인한 이 경계는 세계에서 가장 넘기 힘든 국경일지도 모르겠습니다. 곧, 달라질 수 있기를 희망합니다.

매일 넘어야만 하는 국경

휴전선이 넘어서는 안 되는, 넘고자 한다면 모든 것을 걸어야 하는 국경이라면, 세상에는 그 반대의 국경도 있습니다. 매일 국경을 넘지 않고서는 기본적인 생활 자체가 불가능한 곳들이지요.

지구별에는 이런 곳도 존재합니다. 단 한 집을 위한 국경선. 대문 밖은 다른 나라인 곳, 독일의 후크슈라크Rückschlag[63]입니다.

우리 집 대문과 담벼락이 국경인 곳! 후크슈라크의 면적은 집 한 채와 정원, 집 주위의 작은 초지를 포함하여 단 0.016㎢에 불과합니다. 대문을 나서면 바로 벨기에 땅이고, 다시 독일 땅으로 들어서려면 나무 몇 그루와 자전거길을 지나 20m 정도를 걸어가야 됩니다.

어떻게 이런 국경이 생길 수 있었을까요?

벨기에는 네덜란드어를 사용하는 지역(플란데런Vlaanderen)과 프랑스어를 사용하는 지역(왈롱Wallonie)으로 나누어진 나라로 알려져 있지만, 사실 세 개의 언어 공동체로 이루어진 나라입니다. 벨기에의 동쪽에 작은 독일어 공동체(오스트벨기엔Ostbelgien)가 존재하거든요.

1차대전 직후, 패전국인 독일은 베르사유조약을 통해 상당 부분의 영토

---

63 Rückschlag. 알파벳 10개 중 모음은 2개뿐인 이 지명의 발음은 '후크슈라크'와 '비슷'합니다. 편의상 이하 후크슈라크로 표기합니다.

를 독립시키거나 주변국에 할양합니다. 벨기에에는 오이펜Eupen과 말메디Malmedy 지역—현재의 벨기에 독일어 공동체—을 양도했는데, 이때 두 지역과 함께 벤반Vennbahn 철로와 역사, 부속 건물들까지 벨기에에 속하게 됩니다. 철로에서 한쪽 약 10m씩만 벨기에에 땅이 된 것이죠!

이로 인해 벨기에 국토 내에는 벤반 철로로 독일과 떨어진 여섯 개의 섬과 같은 독일 땅이 생겨버렸고, 그 여섯 개중 가장 작은 하나가 바로 후크슈라크입니다.

경계 너머의 땅, 월경지

예능 〈꽃보다 누나〉 이후 우리에게도 친숙한 여행지가 된 나라 크로아티아. 크로아티아의 수도 자그레브Zagreb나 달마티아의 도시들에서 '아드리아해의 진주' 두브로브니크Dubrovnik를 찾아가다 보면, 잠깐 사이에 넘어야 하는 국경 두 개와 마주칩니다.

크로아티아에서 보스니아헤르체고비나Bosnia and Herzegovina 국경을 넘었다가 다시 크로아티아로 들어가는 두 개의 경계입니다. 유럽 대륙에 위치한 크로아티아의 땅이 연결되지 않고 나누어져 있기 때문입니다.[64]

두브로브니크나 벤반 철길에 의해 구분된 독일 땅처럼, 한 나라(국가 내행정구역인 경우도 마찬가지)의 땅 일부가 주변의 다른 나라에 둘러싸여 격리된 곳을 월경지越境地, exclave라고 합니다. 한자어를 풀면, *경계 너머의 땅*이겠지요. 국경 너머의 땅. 매력적으로 들리는 말입니다. 호기심을 자극하기도 하구요.

---

64 크로아티아 본토와 남쪽 월경지를 잇는 펠레샤츠Peljesac 대교가 4년간의 공사 끝에 2022년 7월 개통되었습니다. 크로아티아 총리가 '크로아티아가 하나가 되었다'라 표현할 만큼, 두 개의 국경을 넘는 일(크로아티아는 EU가입국이고 솅겐 지대에도 편입될 예정이지만, 보스니아는 비가입국입니다)은 거주자와 여행자 모두에게 상당히 번거로운 일이었습니다.

'국경 너머'란 말은 금기를 깨는 것처럼 호기심을 자극합니다. 안데스 최고봉 아콩카과 근처의 칠레와 아르헨티나의 국경.

월경지에 사는 주민들이 본국의 다른 곳으로 가기 위해서는 이웃나라를 통해야 합니다. 그나마 두브로브니크는 항구 도시이기 때문에 배를 통해 크로아티아의 다른 곳으로 갈 수 있지만, 후크슈라크 같은 곳은 국경을 넘지 않으면 살아갈 수 없는 땅이지요.

월경지로 가장 유명한 곳은 아마 벨기에(와 네덜란드)의 바를러Baarle일 겁니다. 바를러는 어떤 의미에서 후크슈라크보다 더한 곳이에요. 국경선이 집 위에 있어 두 나라에 걸친 수십 채의 집이 있는 곳이거든요.

바를러에는 무려 16개의 벨기에의 작은 월경지가 네덜란드 국토 안에 파편처럼 박혀 있습니다. 벨기에의 바를러헤르토크Baarle-Hertog가 네덜란드의 바를러나사우Baarle-Nassau 군데군데에 붙어 있는 땅이랄까요. 벨기에의 월경지 안에는 더 작은 5개의 네덜란드 2차 월경지도 있습니다!

워낙 특이하다보니 바를러는 여러 TV프로그램에서도 소개되었어요. 바를러는 대부분이 습지였던 이 지역을 다스리던 브라반트 공작이 자신의 영지 중 일부를 브레다 백작Lord of Breda에게 넘기는 과정(무려 서기 1198년)에서 습지가 아닌 비옥한 땅을 자기 몫으로 남김으로써 이런 모양새를 가지게 되었습니다.[65]

'브레다 백작'은 이제 네덜란드 국왕이 가진 호칭이 되었고, 벨기에의 영주로 남은 '브라반트 공작'의 땅은 벨기에 것이 되었지요.

격리된 나라, 위요지

월경지는 한 나라(또는 행정구역)의 일부가 격리된 곳입니다. '국가' 단위의 월경지만 따져도 20여 곳 정도가 있어요.

월경지 중에서도, 일부가 아닌 나라 자체가 다른 한 나라에 의해 격리되어 있는 경우는 지구상에 딱 3곳 존재합니다. 나라(또는 행정구역)의 전체가 오롯이 격리된 곳은 위요지圍繞地, enclave라 합니다.

위요지 세 나라 중 두 곳은 이탈리아 안에 있습니다. 하나는 세계에서 가장 작은 주권 국가, 바티칸시국이에요. 그리고 다른 하나는 현존하는 가장 오래된 공화국이라는, 꽤 멋진 수식어를 가진 산마리노Repubblica di San Marino입니다.

산마리노는 이탈리아 동부, 아드리아 해에서 약 20㎞가량 떨어진 내륙에 있는 나라입니다. 서울 강서구와 양천구를 합쳐놓은 정도의 크기에 한 개 동洞 정도의 인구(3만 명)를 가진, 아주 작은 나라이지요.

---

65 바를러선 대문의 방향으로 그 집이 속한 국가를 정합니다. 바를러에서 태어난 사람은 네덜란드 국적과 벨기에 국적 중 하나를 선택할 수 있구요! 그런데 1198년의 소유권 경계가 현재까지 유지되고 있다는 것이 더 신기하기도 합니다.

여전히 스위스 용병이 교황을 지키는 곳. 바티칸시국의 면적은 성베드로성당 안쪽과 성전 뒤쪽의 정원을 포함하여 0.44㎢입니다. 여의도 면적의 1/6이 채 안 되지요. 한강의 무인도 밤섬과 선유도 를 합친 크기와 비슷합니다!

　동서남북 모두가 이탈리아에 막힌 위요지 산마리노는, 이탈리아를 통하지 않고서는 생존할 수 없습니다. 다행히 이탈리아어를 쓰고 유로화를 사용하며 이탈리아 TV를 보고 이웃 이탈리아 도시 리미니Rimini에서 쇼핑하는 산마리노 사람들은 이탈리아 사람들과 특별한 갈등 없이 살아가고 있습니다.

슬픈 이해관계 속 육지의 섬

　많은 국경은 여전히 상생과 발전보다는 갈등과 상처의 상징에 가깝지요. 이동과 교류 없이 살아갈 수 없는 월경지와 위요지에도, 슬픈 이해관계가 없을 수 없습니다.

아드리아해를 향한 멋진 절벽 위에 산마리노의 성채가 있습니다. 서기 301년 성 마리노가 세운 공동체가 산마리노의 시초라 하며, 고대 로마의 전통에 따라 집정관 두 사람이 이 나라의 국가 원수가 됩니다.

마지막 위요지는 아프리카에 위치합니다. 아프리카의 경제 대국 남아프리카공화국의 지도를 보면, 중간에 감자처럼 생긴 구멍 두 개가 있습니다. 하나의 구멍(에스와티니eSwatini)[66]은 그래도 동쪽이 뚫려 있으나(모잠비크 국경), 다른 구멍은 사방이 남아프리카공화국에 막혀 있습니다.

구멍의 이름은 레소토왕국Lesotho입니다. 네, 앞에서 살펴본 '하늘 왕국' 그곳이죠.

레소토의 운명은 주변국, 즉 남아프리카공화국에 좌우될 수밖에 없습니다. 벨기에와 비슷한 면적(3만㎢)에 슬로베니아 또는 라트비아 정도(200만)의 인구를 가진 레소토는, 산마리노나 바티칸과 비교할 수 없을 만큼 크

---

66 스와질란드로 조금은 더 익숙한 나라입니다. 2018년 4월, '스와질란드'가 영국 식민지 시절의 이름이라는 점과 스위스와의 혼동 가능성을 이유로 에스와티니로 국명을 바꾸었습니다.

세계 최대의 위요지 레소토는 남아프리카공화국에 의존할 수밖에 없습니다. 일부 시골 마을에는 여성과 아이 들만이 살아갑니다.

지만, 국제사회에서의 존재감은 그들보다 미미합니다. 독자적인 목소리를 낼 수 없고, 홀로 설 수 있는 경제를 가질 수 없으니까요.

때로 생존마저 위협하는 국경

2015년 7월 31일 자정, 인도와 방글라데시 간의 영토 교환 조약이 체결 및 발효되었습니다. 세상에서 가장 복잡한 국경선이었던 인도 쿠치비하르 Koch Bihar와 방글라데시 랑푸르Rangpur의 영토 교환이 드디어 성사된 것이 지요.

이것으로 방글라데시 영토 안에 있던 102개의 인도 월경지와 인도 영토 안에 있던 71개의 방글라데시 월경지, 인도 월경지 안에 있던 방글라데시 의 21개 2차 월경지(섬 속의 섬)와 방글라데시 월경지 내 3개의 인도 2차 월경지, 그리고 세계에서 유일했던 방글라데시 영토 내부 인도 월경지 내 방글라데시 2차 월경지 안에 있던 인도의 3차 월경지 땅(섬 속 섬 속 섬)까지가 깔끔히 정리되었습니다.[67]

이곳에서 살던 약 5만 명의 사람들은, 자신들의 선택과 무관하게 정해진 국경과 국적 때문에 고통받으며 살았습니다. 인도와 방글라데시의 관계는 이탈리아와 산마리노의 그것과 달리 적대적이었기 때문이죠. 2001년에는 군사적인 충돌을 빚기도 했는데, 월경지의 주민들에게는 치명적이었습니다.

자잘한 크기의 월경지에는 행정기관이나 학교, 병원이 존재하지 않습니다. 시장과 상점조차 존재하지 않는 경우도 많죠. 그런데 충돌 이후 월경지의 주민들이 타국의 시설을 이용하는 것이 제한되었고, 전기와 도로마저 통제되기도 했습니다. 생존에 필요한 기본적인 물건들을 구매하려면 국경을 넘어야 했으나, 여권이 없어[68] 갇혀 지내는 끔찍한 나날을 보내기도 했다 합니다.

영토 교환 후 쿠치비하르와 랑푸르 월경지의 주민들 대부분은 '국적'보다 '고향'을 선택했습니다.

여행자의 꿈은 장벽 너머의 탐험

유럽 대륙을 여행하다 보면, 국경이 이렇게 넘기 쉬운 것이었나 싶기도 합니다. 셍겐조약[69] 가입국들 사이에선 아무런 제재나 표기 없이 넘어가는

---

67 그렇게 정리를 해도 하나가 남아 있기는 합니다. 바로 인도 영토 내 방글라데시 월경지 다하그램Dahagram입니다.

68 바로 눈앞의 상점을 가기 위해서도 여권이 필요해졌는데, 여권을 받으려면 국경을 두 번 넘어야 하는 기막힌 상황이었죠.

69 서로 붙어 자주 왕래하는 유럽 국가들이 사람과 물자의 이동을 자유롭게 하기로 한 '국경 개방 조약'입니다. 회원국 국민은 여권 검사, 세관 검사 없이 이웃 국가를 드나들 수 있도록 하

국경이 흔했지요. 버스나 기차 혹은 렌터카에서 국경을 넘고 나서야 통과했음을 깨달았던 기억들이 있을 겁니다.

크로아티아와 보스니아는 셴겐 회원국이 아니기에 국경에서 세관 검사가 이루어지지만, 벨기에와 네덜란드, 이탈리아와 산마리노는 셴겐 지역이기 때문에 물자와 사람의 드나듦에 제한이 없습니다.[70]

과거의 서베를린이 대표적이었을 거예요. 이동이 제한된 육지의 섬.

동독 속에 파묻혀 있던 서베를린 사람들이, 또 '철의 장막' 안에 갇혀 있던 서유럽 사람들이 장벽 없이 다닐 수 있기를 희망했으리란 건, 늘 벽 너머를 꿈꾸는 한 사람의 여행자로서 공감하고 이해할 수 있습니다.

최근 몇 년 동안 발생한 테러와 난민 문제에 이어, 자유로운 이동이라는 '대세'를 완벽하게 거슬러 버린 코로나19의 창궐[71]로, 보장되었던 자유왕래가 '옛날 일'이 될까 염려스럽기는 합니다만, 유럽인들이 수십 년간 만들어 놓은 열린 마음과 그 결과물을 존경합니다.

섬이 아님에도 섬처럼 살아가는, 가장 큰 육지의 섬은 이제 대한민국이 아닐까요?

장벽을 넘어, 경계 너머의 땅을 자유로이 여행하는 세상을 희망합니다. 지구에서 가장 넓은 유라시아 대륙을, 휴전선을 넘어 두만강을 건너 탐험할 수 있는 날을 함께 꿈꾸어 봅니다.

였고, 회원국 외의 국민은 역내 첫 입국 기준 180일 동안 최대 90까지 체류가 허용됩니다. EU 회원국 대부분(영국, 아일랜드, 크로아티아, 루마니아, 불가리아, 키프로스 제외)과 EU에 가입하지 않은 4개 서유럽 국가(노르웨이, 아이슬란드, 스위스, 리히텐슈타인) 등 26개국 역내에서 유효합니다.

70 코로나19 이전의 기준입니다.

71 코로나19는 벨기에 바를러 주민들이 한동안 집 앞 네덜란드 상점을 방문하는 것도 어렵게 만들었습니다.

2장

여행하기 좋은 곳,
그런 나라

*

Travel and Destination

조금 멀리, 찾아가기 어려운 곳에 있지만
발 딛고 부딪혀 경험하면 반드시 만족할 만한 나라.
여행하기에도 좋지만 이야깃거리도 풍부한, 그래서 다시 찾아가 더 많이 알아가고픈 곳들.
지금, 만나러 갑니다.

Episode 04

루타 콰렌타

대륙은 넓지만 기차 여행이 제한적인 남미[1]에서, 열 시간을 훌쩍 넘는 버스 이동은 흔한 일입니다.

돈을 더 주고 항공 이동을 선택할 수도 있지만, 숙박과 이동이 함께 해결되고 호젓한 풍경까지 오롯이 내 것이 되는 남미 버스 여행은 한 번쯤 해볼 만한 도전이기도 합니다.

스무 시간은 아 좀 길구나 싶고, 스물여덟 시간쯤 되면 허리가 살짝 돌아갈 것 같지만, 돌아온 뒤 남은 기억은 스무 해를 갈 수도 있겠지요.

남미 육로 여행에 가슴이 설렐 말한 단어를 더한다면, '루타 콰렌타Ruta Nacional 40' 아닐까 해요.

루타 콰렌타는 체 게바라Ernesto "Che" Guevara의 팬이거나 바이크를 좋아하거나 〈모터싸이클 다이어리The Motorcycle Diaries〉 같은 영화를 보고 가슴이 뜨거워지는, 마음이 청춘인 사람들이 가슴속에 간직한 길이기도 하지요.

볼리비아의 고산 땅과 작별하고 라키아카La Quiaca(하지만 여전히 3,442m)로 내려와 아르헨티나 소고기와 처음 마주했던 날의 눈앞 도로도, 엘칼라파테El Calafate의 눈부신 빙하의 추억을 간직하고 '연기를 내뿜는 산' 피츠로이Cerro Fitz Roy를 찾아 엘찰텐El Chaltén을 향할 때 마주한 것도, 루타 콰렌타였습니다.

루타 콰렌타를 만끽하는 가장 좋은 자리는, 체와 알베르토[2]처럼 바이크

---

1   남미는 남극과 호주 다음으로 인구밀도가 낮은 대륙(21.4명/㎢)이며, 인구가 비교적 조밀한 곳이 험준한 안데스 산지이기 때문에, 승객 수송을 위한 철도 네트워크가 발달하지 않았습니다.

2   알베르토Alberto Granado는 체와 함께 여행한 친구이자, 〈모터싸이클 다이어리〉의 레퍼런스인 Con el Che por Sudamerica의 저자입니다. 체와 알베르토의 여행 중 루타 콰렌타를 달린 시간은 아주 짧습니다만, 그런 사실관계는 묻어두시죠. 로드 트립이라는 매력적인 단어에 체의 환상이 더해져 낳은 루타 콰렌타에 묻은 여행자의 꿈을 '팩폭'으로 망가뜨리고 싶진 않거든요.

를 타는 게 아니라면 침대버스 카마Cama의 2층 첫 번째 줄일 겁니다.

넓은 전면창에 다리를 올리고, 내 두 양말 사이로 펼쳐지는 아르헨티나의 풍요롭고도 메마른 풍경을 석양, 일출, 발냄새와 함께 즐길 수 있는 진짜 명당이지요.

이 자리에선 누구나 마음속으로 가득 외치게 될 겁니다.

어디라도, 멀다 해도, 가 보자.

Travel and Destinations 1.

프로메테우스를 찾아서, 조지아

츠민다사메바Tsmina Sameba, 카즈베기.

- 국가명 Georgia / Sakartvelo
- 위치 서아시아—동유럽 경계,
  남캅카스 흑해 연안
- 인구 | 밀도 373만 명 | 54명/㎢
- 면적 69,700㎢
- 수도 트빌리시Tbilisi
- 언어 조지아어(공용어)
- 1인당 GDP $5,014(106위)
- 통화 라리Lari | 1GEL=약 500원
- 인간개발지수(HDI) 0.802(63위)
#동화마을_옛성당_좋은음식

작지만 많은 이야기를 간직한 나라들이 있습니다. 많이 알려지지 않았지만 오랜 역사를 가진 나라들도 있지요. 요 몇 년 이름이 들리기 시작한 조금 새로운 여행지 중에 그런 곳을 찾는다면, 조지아Georgia, Sakartvelo를 빼놓을 수 없을 것 같습니다.

'유럽 대륙'과 '아시아 대륙'은 인위적으로 갈라진 것입니다. 지리적으로 유라시아는 거의 완벽히 하나[3]이지요. 유럽을 아시아와 구분 짓고 싶어하는 사람들이 유럽과 아시아는 문화적이고 역사적인 구분이라 강변하기도 합니다만, 문화적이고 역사적인 구분의 경계 역시 모호합니다.

관습적으로, 러시아 서부의 우랄산맥Ural Mts.[4]과 튀르키예의 보스포러스해협Bosphorus Strait의 서쪽을 유럽, 동쪽을 아시아로 보기는 합니다만, 흑해와 카스피해 사이의 경계는 이해관계에 따라 달라지는 듯합니다.[5]

그 애매한 자리에 자리한 나라들을, 역시나 관습적으로 묶어 코카서스 3국이라 부릅니다.

지구별에서 흔히 '3국'[6]으로 묶이는 지역—베네룩스 3국, 발트 3국, 스칸디나비아 3국, 인도차이나 3국, 코카서스 3국—중에 가장 이질적인 게 코카서스 3국입니다. 유럽과 아시아 사이에 위치한 코카서스의 세 나라—조지아Georgia, 아르메니아Armenia, 아제르바이잔Azerbaijan—는 언어, 종교, 역사에 큰 차이가 있고, 서로의 관계도 상당히 좋지 않습니다.

---

3   유럽을 유라시아 대륙의 커다란 반도로 보기도 합니다.

4   유럽과 아시아의 구분이라는 우랄산맥은 최고봉(나로드나야산Mt. Narodnaya, 1894m)의 높이가 한라산보다도 낮으며, 심지어 러시아의 지역 구분에서는 경계로 보지도 않습니다.

5   카스피해와 흑해 사이를 굳이 지리적으로 구분하고자 한다면 캅카스산맥Kavkaz Mts.이 자연 경계가 될 수 있겠으나, 보다 북쪽의 케르치Kerch해협 및 돈강 유역을 경계로 보기도 하고, 코카서스 3국의 남쪽 국경을 유럽의 경계로 보기도 합니다.

6   '3국'과 같은 표현은 사실 서구에서는 잘 쓰지 않습니다. 발트 3국은 'Baltic States', 베네룩스 3국은 'Benelux Union', 스칸디나비아 3국은 그저 'Scandinavia'가 가장 흔한 영문 표현이에요. 뭐든 3개를 한 세트로 묶는 습관(3대 폭포, 3대 축제 등)은 일본의 영향이 큽니다. 이 책에서는 편의와 이해 및 재미를 위해 사용하겠습니다.

신비한 매력을 가진 작은 나라, 조지아.

조지아 수도 트빌리시, 올드타운과 나리칼라 성곽.

문화적, 역사적 경계가 모호하다는 말이 이 지역의 다양성과 복잡성을 대변할 수도 있겠습니다. 같은 캅카스산맥을 배경으로 하면서도 많은 면에서 다르다는 것이 세 나라 여행의 매력이기도 하지요.

조지아는 과거에 '그루지야'로 알려졌던 나라입니다. 소련 해체 후 러시아와 전쟁[7]을 경험하고 사이가 틀어지면서, 러시아식 발음으로 알려졌던 나라 이름을 영어식으로 바꾸었습니다.

캅카스(또는 카프카스)와 코카서스Caucasus도 마찬가지입니다. 러시아어냐 영어냐의 차이이지요. 산맥의 외래어 표기법상 옳은 표기가 '캅카스'인데 반해, 3국을 일컫는 표현으로는 대개 '코카서스'를 사용합니다.

조지아인들이 자국을 부르는 말은 사카르트벨로საქართველო, Sakartvelo입니다. '조지아인의 땅'이란 의미예요. 와인을 따라주는 청년에게, 산책길에서 마주친 촌부에게 카르트벨리, 사카르트벨로라 부르면 무뚝뚝한 얼굴이 풀리며 손을 이끌며 집으로 끌고 갈지도 모릅니다!

색깔과 느낌이 매우 다른 코카서스의 3개국 중 가장 다양한 매력 또는 사람을 잡아 끄는 마력을 가진 나라를 뽑는다면 주저할 것 없이, 조지아를 꼽겠습니다.

---

7 베이징 올림픽이 개막하던 2008년 8월 1일부터 12일까지 남오세티아전쟁Russo–Georgian War이 발발합니다. 미승인국 남오세티아를 두고 벌어진 두 나라의 전쟁에서 조지아는 크게 패배했어요. 수백 명이 군인과 민간인이 사망(대부분 조지아 측)하였고, 전쟁 직후 러시아가 압하지야와 남오세티아의 독립을 인정하자, 조지아는 러시아와의 외교 관계를 단절합니다.

조지아 소개 페이지의 사진 눈에 담으셨나요?

한 장의 사진으로 조지아를 소개한다면 아주 개인적이고도 주관적으로, 그것을 꼽겠습니다.

어떤 표현보다도 사진 한 장이, 어느 설명보다도 바람 소리 한 자락이 큰 의미로 다가올 때가 있지요. 파란 하늘 차가운 공기를 가르는 바람 소리 가득 품은 곳, 카즈베기Kazbeki입니다.

캅카스의 봉우리들은 때로 5000m를 훌쩍 넘곤 합니다. 유럽에서 가장 높은 알프스보다 수백 미터 높은 봉우리[8]들이 조지아와 러시아의 경계에 서 있습니다. 캅카스의 고봉 중에서도 가장 많은 사람들이 찾는, 인기 있는

석양에 물든 카즈베기와 아침이 시작되는 츠민다사메바.

8   캅카스 최고봉(유럽 최고봉)은 엘브루스Elbrus(5,642m)입니다. 조지아에서 가장 높은 봉우리는 쉬카라Shkhara(5193m)구요.

봉우리의 이름은 카즈베크Mt. Kazbek(5047m), 조지아 말로 '얼음산'입니다.

카즈베크 아랫마을 스테판츠민다Stepantsminda[9]에서 꽤나 가파른 등산로를 타고 한 시간 반을 올라가야 하는 성당, 츠민다사메바Tsminda Sameba, Gergeti Trinity Church(삼위일체 성당)의 바람은 매서웠습니다.

하지만 그 바람이 혹 더 차고 서슬 퍼랬어도 꼬옥 올라갔을 겁니다. 그만큼 가슴이 트이는, 아, 할 수 있는 순간이 있었거든요.

착한 프로메테우스Prometheus는 사기꾼이자 욕심꾸러기이며 호색한인 제우스의 뜻을 어기고, 인간에게 불을 가져다주었습니다. 프로메테우스는 인간에게 호의를 보인 죄로 세상 끝 산에 묶여, 낮에는 제우스의 독수리에게 간을 쪼여 먹히고 밤에 회복한 후 다시 산 채로 간을 쪼여 먹히는 형벌을 3000년간 당했다고 하지요.

조지아 사람들은 프로메테우스가 묶여 있었다던 전설 속의 카우카수스 산이 카즈베크라 말합니다. 신화 속의 산이 카즈베크인지는 모르겠으나, 카즈베기의 풍경은 전설 속에 나올 것처럼 신비롭습니다.

얼음산 배경의 눈 쌓인 등선과 푸르른 대지와 느닷없이 불어와 덮이는 안개와 안개 속 드러나는 성당을 기억에 담으며, 그 안에서 살아가는 사람들이 따라주는 와인 한 잔을 마음에 품을 수 있는 곳, 이곳은 카즈베기입니다.

대부분의 조지아인(약 90퍼센트)은 독실한 기독교도입니다. 그중 약 85퍼센트는 동방정교의 일파인 조지아정교교회Georgian Orthodox Church를 믿습니다. 길을 지나가다가 성당을 향해 머리를 조아리는 조지아 사람들을 보는 건 흔한 일입니다. 이들은 이슬람제국들을 물리치고 조지아 땅과 종교를 지켜온 역사를 자랑스러워합니다. 멋진 산속이나 절경의 계곡에는 어김없이 성당이 자리하고 있지요.

9   스테판츠민다의 옛 이름이 카즈베기입니다. 카즈베크산 아래 지역의 중심으로, 여전히 카즈베기라는 이름으로 훨씬 많이 불립니다.

사페라비, 시그나기

이왕 나온 와인 얘기를 계속해봅니다. 조지아는 주장합니다. 지구별에서 와인을 가장 먼저 만들어낸 땅이 조지아라고.

같은 주장을 하는 나라들이 더 있지만, 어디가 먼저라고 증명하기에는 그 어느 나라도 증거가 부족하지만, 마음으로 응원하며 한 번 믿어봅니다.

확실한 건 약 8000년 전의 포도씨가 흑해 연안 조지아 땅에서 발견되었다는 사실과, 조지아의 전통 양조법 크베브리Qvevri는 유네스코 무형문화유산에 등재되었다는 것, 스탈린이 사랑하여 처칠에 선물할 만큼의 양질 와인 산지가 조지아라는 것입니다.

(믿어주기로 했으니) 세계 최초로 와인을 만든 나라 조지아에서, 긴 여운을 태워내며 와이너리를 바라보며 한 잔 즐기기에 가장 적합한 땅은 카헤티 Kakheti일 겁니다. 조지아 와인 70퍼센트 이상이 생산되는 곳이 카헤티거든요.

▲ 힌깔리, 므츠바디 그리고 시그나기.

◀ 다수의 조지아 와인은 가격 대비 놀라운 만족감을 선사합니다.

107

카헤티 지방에서 여행자들이 선호하는 마을 이름을 하나 댄다면, 단연 시그나기Sighnaghi겠지요. 시그나기의 어느 작은 식당에서, 무뚝뚝한 대로 이상하게도 친절한 종업원이 가져다주는 므츠바디Mtsvadi(조지아 케밥), 힌깔리Khinkali(조지아 만두)에 영어 한 마디 못하는 가게 주인이 따라주는 사페라비Saperavi(조지아를 대표하는 와인 품종)를 마시다 보면, 흥에 향기에 맛에 기분에 취할 수밖에 없는 겁니다.

다 마신 후 계산하다 한 번 더 놀랄지도 모릅니다. 와인, 힌깔리, 므츠바디 값이 다 합쳐 단돈 몇 천 원이었음을 알게 된다면요!

> 조지아는 작은 나라입니다. 대한민국의 2/3 크기에 인구는 부산보다 조금 많습니다(약 373만 명, 2021년).
> 하지만 8000년 전 포도씨가 발견되었듯, 조지아 땅은 오래 전부터 인류의 경작지였습니다. 이 나라의 뿌리인 콜키스Colchis와 이베리아Iberia 왕국의 역사는 기원전을 한참 거슬러 올라갑니다. 조지아는 기독교를 4세기경 받아들여, 세계에서 가장 오래된 기독교 국가 중 하나로 꼽히기도 합니다.
> 포도 줄기 모양을 본뜬 조지아 문자는 기원전 284년에 만들어졌다 합니다.

힌깔리, 트빌리시

음식 이야기를 따라갑니다.

조지아 음식은 훌륭합니다. 가격 대비 음식의 질을 생각하면 더욱 그렇습니다. 음식과 술에 대해 평가하는 웹사이트(Thrilist.com)의 유럽 국가별 순위에서 조지아는 전체 48개국 중 4위[10]에 올랐습니다. 프랑스, 이탈리

---

10 아주 객관적인 순위랄 수는 없겠지만, 음식과 술, 여행에 대해 평가하는 에디터들이 유럽 전체 국가의 '고유의 음식'에 대해 고민한 순위이니 참고할 만합니다. 조지아보다 높은 순위에 있는 나라는 이탈리아, 프랑스, 스페인뿐이었어요!

아, 스페인, 그리스 등 음식으로 세계 최고를 겨루는 유럽 국가들 사이에서 조지아 음식의 경쟁력을 실감할 수 있는 순위이지요.

다양하고, 신선하고, 꽉 차 있고, 가끔은 우리 입맛에 맞게 매콤하기도 한 조지아 음식은 이 나라의 환경 그리고 사람들과 닮았습니다.[11]

분위기가 넘치고 마실 곳도 충분한 트빌리시.

11 러시아의 문호 푸시킨Aleksandr Pushkin의 말로 알려진 '조지아 음식들은 하나하나가 시와 같다'가 자주 인용되곤 합니다.

조지아 음식을 가장 잘 즐길 수 있는 곳은 아무래도 수도 트빌리시Tbilisi 입니다. 티플리스Tiflis란 이름으로 오랜 기간 널리 알려졌던 유서 깊은 도시 트빌리시는 이 나라 인구 1/3에 해당하는 150만가량의 사람들(인구 117만 명, 도시권 149만 명)이 살아가는 작지 않은 도시입니다.

트빌리시는 오랜 역사와 깊은 문화를 간직한 분명 아름다운 도시지만, 도시 곳곳은 어둡고 사람들의 표정도 밝지만은 않습니다. 도시 규모에 비해 시가지도 작고 노후된 것처럼 느껴집니다. 수십 년의 소비에트 지배 기간 잃어버린 표정에 독립 이후의 어려운 경제 사정이 더해진 것이겠지요.

하지만 도시 곳곳 보석 같은 장소들이 존재합니다.

성벽 아래 구시가 뒷골목을 흐르는 시간 따위 잊은 채 탐험하거나, 서편 카페에 앉아 쿠라Kura강변의 절벽 위 오밀조밀한 집들을 바라보고 있노라면, 조지아가 더 많은 사람들에게 알려지지 않기를 바라는 마음이 생기기도 합니다.

이오안샤브텔리거리Ioane Shavteli St.를 걷기 좋아했습니다. 더 아래쪽의 여행자 거리도 좋지만, 덜 붐비고 더 로컬스러운 거리의 한 카페에서 다른 식당으로, 또 다른 와인 가게로 옮겨 다니다 보내버린 하루를 강렬한 음식들로 기억합니다.

'가장 가까운 유럽' 블라디보스톡Vladivostok의 맛집으로 조지아 음식점이 유명세를 치르고 있다지요. 트빌리시에선 더 맛있는 음식을 내는 많은 레스토랑들을 훨씬 더 저렴한 가격에 만날 수 있습니다!

조지아는 네덜란드(암스테르담, 헤이그)나 볼리비아(라파스, 수크레)처럼 두 개의 수도를 가진 나라입니다. 행정 및 사법 수도는 최대 도시 트빌리시지만, 입법부는 서부 제 2의 도시 쿠타이시Kutaisi에 소재합니다. 쿠타이시는 유럽의 저가 항공들이 취항하는 공항을 가지고 있기도 해요.
하지만 수도 기능을 수행하는 정치, 경제, 문화 중심지는 트빌리시입니다.

대한민국 여권은 세계 최고를 다투는, 자랑할 만한 여권 파워를 가지고 있습니다. 아주 많은 나라들을 관광 목적 무비자로 15일, 30일, 60일, 90일, 180일[12] 여행할 수 있지요.

그리고 지구에서 단 한 나라, 한국인이 여행 왔다고 하면 비자 없이 무려 360일간 체류를 허가하는 나라가 바로 조지아입니다.

길고 복잡한 역사를 가지고 있는 만큼, 조지아는 주변국들과 관계가 어지럽습니다. 많은 이해관계를 공유했던 러시아와의 사이가 특히 좋지 않아요. 러시아와의 전쟁 이후 조지아는 러시아 외 국가와의 관계 개선과 관

흑해 석양 아래 스카이라인, 바투미.

---

12 아르메니아, 영국, 캐나다, 파나마가 180일(또는 6개월)까지 여행할 수 있는 나라입니다. 한국 여권의 무비자 여행 관련된 이야기는 3장에서 만나봅니다.

광산업 확장을 통한 경제 성장을 꾀하고 있습니다. 한국과 다수의 서방 국가들에 360일 무비자 입국을 허가한 것도 그런 정책의 하나였을 거예요.[13]

코카서스 3국 밖에서 조지아로 이동하는 가장 일반적인 육로 통로는 트라브존Trabzon 쪽에서 넘어오는 튀르키예 국경입니다. 이 국경을 넘으면 내륙과는 완전히 다른 모습의 조지아, 바투미Batumi를 발견할 수 있습니다.

조지아 최대 항구이자 여름 수도라고도 표현되는 바투미는, 조지아 내 자치공화국 아자라Ajara의 수도이기도 합니다. 아자라 자치공화국은 이슬람교를 믿는 조지아인들의 지역이었어요. 많은 이들이 조지아 독립 이후 조지아정교로 개종하였지만, 여전히 이 지역 인구의 30퍼센트가량이 무슬림입니다.

흑해의 바다와 상대적으로 따뜻한 날씨, 음주와 도박이 허용되는 환경, 무슬림 인구라는 배경을 이용하여 바투미는 주변국의 오일머니를 끌어들이고 있습니다. 고층 건물 가득한 화려한 조명의 빛 도시로 탈바꿈하고 있어요. 자유를 찾아 날아온 돈이 모이는 곳이랄까요!

그리스 신화에서 콜키스의 황금 양털가죽을 가져오기 위해 이아손Jason 왕자는 헤라클레스, 오르페우스 등의 영웅들과 함께 원정대를 꾸립니다. 이아손을 향한 사랑에 빠진 콜키스의 공주 메데아Medea는 가족과 나라를 배신하고 이아손이 황금 양털가죽을 얻을 수 있게 돕고는 함께 떠나버리죠.

쫓아오는 남동생을 죽이고 나중에는 이아손에게 배반을 당하는 비극적인 이야기지만, 조지아 사람들은 메데아의 콜키스가 조지아라 믿습니다. 이아손과 메데아가 배를 타고 떠났을 바투미 해변에는 황금 양털을 든 메데아 동상을 만들었어요.

---

13 2020년 3월 외국인의 조지아 입국이 금지되기 전 기준입니다. 코로나 시대가 끝난 뒤의 정책 변화는 아직 알 수 없습니다.

바투미가 속한 아자라는 조지아 내부의 자치공화국입니다. 하지만 국제사회가 조지아로 인정하는 영토 내에는 조지아 행정의 힘이 닿지 않는 사실상의 독립국이 2개나 존재합니다!

조지아는 내부에 하나 이상의 UN 회원국이 인정한 두 개의 미승인국[14]이 있는 세계 유일의 국가입니다. 흑해 해변에 있는 상대적으로 큰 미승인국의 이름은 압하지야Abkhazia, 내륙에 있는 작은 나라의 이름은 남南오세티야South Ossetia[15]입니다.

압하지야는 전라북도 크기에 인구 약 20만 명, 남오세티야는 압하지야 절반 크기에 인구는 5만 명에 불과합니다. 아주 작은 두 나라를 조지아가 실질적으로 지배하지 못하는 건 두 미승인국의 뒤에 러시아가 있기 때문입니다.

압하지야는 오랜 역사를 가진 압하스인의 자치공화국, 남오세티야는 오세트인의 자치주였으나, 조지아인과 아르메니아인, 러시아인이 함께 살아가는 땅이었습니다. 압하지야 인구의 다수를 조지아인이 차지하기도 했지요. 조지아 독립 이후 민족 간 갈등이 고조됐고, 특히 압하지야에서는 인종청소에 준하는 끔찍한 사건들이 발생합니다.

두 차례의 전쟁 이후 압하지야와 남오세티야의 인구는 절반가량으로 줄었고, 남오세티야에는 러시아군이 주둔하게 되었으며, 러시아 루블을 쓰고 원하면 러시아 여권을 발급받을 수 있는 두 개의 미승인국이 생겨났습니다.

조지아는 여행하기에 아주 안전한 나라이지만, 이 두 개의 미승인국 지

---

14 압하지야와 남오세티야를 인정한 나라는 러시아, 베네수엘라, 시리아, 니카라과, 나우루 5개 국 뿐입니다. 러시아와 친러국가들이지요.

15 크기는 작지만 이름은 긴 남오세티야는 2017년 국민투표를 통해 정식 국명을 남오세티야공화국─알라니야국Republic of South Ossetia-State of Alania으로 개칭하였습니다. 여전히 미승인국이지만 말예요. 캅카스 산맥 너머에는 같은 민족(오세트인)이 살아가는 러시아 내부의 자치공화국 북오세티야─알라니야가 있습니다.

조지아 사람들. 투박하지만 대개 순수합니다.

역은 황색경보(2단계) 유의지역이며, 특히 압하지야는 치안이 안정적이지 않습니다.

어두운 이야기만 잔뜩 늘어놓고 말았지만, 압하지야는 다른 방면으로 유명한 곳입니다. 세계 3대 장수촌으로 꼽히는 캅카스의 장수촌이 압하스(압하지야)에 있거든요!

메치니코프 요구르트 아시나요? '생명 연장의 꿈', '코카서스 전통 발효유'로 홍보하며 요구르트에 조지아 지도를 그려 넣을 만큼 조지아는 건강한 땅의 이미지를 가진 곳이기도 합니다.

조지아는 전쟁을 최근에 겪은 나라입니다. 남오세티아 전쟁은 2008년 8월에 발발했어요.

전후 안정이 이루어진지 얼마 안 되었기에 위험하지 않을까 걱정되기도 하지만, 세계은행과 FBI 통계를 참조한 자료에서 세계에서 여덟 번째로 안전한 나라로 꼽혔을 만큼 치안이 안정적입니다. 여행 애플리케이션(Use Bounce, Solo Travel Index)의 2021년 안전 순위에서도 세계 4위(스위스, 일본, 슬로베니아 다음. 무려 아이슬란드 앞 순위)를 기록할 정도이니, 치안 걱정은 덜어도 좋겠네요.

가끔 반러시아 시위가 발생하는 경우를 제외하면 여행하기에 아주 안전한 편이라고 할 수 있습니다.

시그나기, 카즈베기, 바투미, 트빌리시. 입안에 착 감기는 그 발음이 묘하지 않나요? 조지아 곳곳의 지명은 동화 속 어느 나라의 그것만 같습니다.

조지아 중부로 가도 혀 주위를 간지럽히는 지명이 그득합니다. 조지아의 옛 왕국 이베리아의 수도였던 므츠헤타Mtskheta도 그러하고, 조지아의 유명한 생수 산지인 보르조미Borjomi도 말을 담는 입을 왠지 조금 기분 좋게 만듭니다.

우리나라에 잘 알려져 있지 않지만, 동구권에서 조지아는 오랜 기간 휴양지로 사랑받아왔습니다. 특히 러시아 로마노프왕가의 휴가지였던 보르조미는 힐링타운으로 알려져 있어요. '치유의 물'로 이름 높은 광천수가 휴양지 보르조미를 있게 했지요.

러시아 황제에게 진상된 뒤 왕가의 별장이 들어섰고, 대중화를 위해

조지아의 옛 수도, 므츠헤타.

115

가장 높은 마을, 우쉬굴리.

1890년에는 공장이 생겼습니다. 구 소련 시절 꼽히던 3대 제조업 보물이 볼가Volga 자동차,[16] 아에로플로트Aeroflot 항공사 그리고 보르조미 광천수였다 합니다. '캅카스 산의 빙하가 녹아 60여 종의 미네랄을 담은 자연의 물'이라는 보르조미, 궁금하지 않으신가요?

유럽에서 가장 높은 마을도 조지아에 있습니다.

우쉬굴리Ushuguli는 겨울에도 사람들이 주거하는 마을 중 유럽에서 가장 높은 곳(해발 2100m)에 위치합니다. 우쉬굴리가 속한 스바네티Svaneti 지방은 조지아의 스위스로 불릴 만큼 아름다운 경치를 자랑합니다.

산머리에 눈이 그득 남은 볕 좋은 봄날에, 산중턱까지 첫눈 내려 덮인

---

16 구소련의 고르키 자동차 공장Gorkovsky Avtomobilny Zavod, GAZ에서 만든 '프리미엄 세단'의 이름입니다. 1950년대 후반부터 1970년대까지 동구권에서 인기를 끈 차종이지요.

카즈베기 아랫마을, 스테판츠민다.

머무를 만한 곳, 트빌리시.

청명한 가을날에, 다시 찾아 취하고 싶은 곳.

기분이 좋아지는 발음과 기분을 좋게 하는 음식, 기분 맑아지는 공기를
담은 작은 나라, 조지아입니다.

Travel and Destinations 2.

그려왔던 세상의 모든 풍광, 아르헨티나

카니발, 괄레과이추.

엘칼라파테, 페리토모레노 빙하.

살타

이과수

괄레과이추

부에노스아이레스

바릴로체

엘칼라파테

우수아이아

- 국가명 República Argentina
- 위치 남아메리카 남부
- 인구 | 밀도 약 4700만 명 | 17명/km²
- 면적 2,780,400km²(8위)
- 수도 부에노스아이레스Buenos Aires
- 언어 스페인어(공용어)
- 1인당 GDP $10,658(70위)
- 통화 아르헨티나 페소Peso | 1ARS=약 10원
- 인간개발지수(HDI) 0.842(47위)

#지구_반대편_풍요의_땅

세상 어디에도 완벽한 곳은 없고, 한국 사람이 살기 가장 좋은 곳이 한 국땅임은 말할 나위 없습니다. 다만 여행을 하다 아름다운 풍경, 멋진 사람들, 좋은 음식을 고루 갖춘 곳을 만날 땐 어쩔 수 없는 충동에 사로잡히게 됩니다.

'여기에서 살고 싶다.'

그런 마음이 종종 들었던 나라 하나를 꼽아 불러봅니다. 저 멀리 지구 반대편에 위치한 거대한 땅, 아르헨티나Argentine Republic, República Argentina 를.

아르헨티나는 먼 나라예요. '지구 반대편'이라는 심장 떨리는 말에 가장 적합한 나라는 아르헨티나(그리고 이웃나라 우루과이)가 맞습니다. 지구 온 반대편, 서울의 대척점은 아르헨티나의 마르델플라타Mar del Plata 동쪽 대서양 바다에 위치합니다. 아르헨티나 수도 부에노스아이레스의 대척점은 서해 바다에 있지요.

먼 나라 아르헨티나는 세계에서 여덟 번째로 큰 나라입니다.

한국의 27배가 넘는 넓은 땅에 살아가는 사람의 숫자는 4600만 명에 불과합니다. 물론 캐나다, 호주, 러시아 같은 아르헨티나보다 크면서도 인구 밀도가 낮은 나라들이 있지만, 얼음 땅과 사막이 대부분인 나라들과 달리

부에노스아이레스의 라보카와 파타고니아의 피츠로이.

아르헨티나 국토의 많은 부분은 사람이 살기 적합한 기후를 가집니다.

풍요로운 환경과 아름다운 풍경을 가진 드넓은 평원에 대략 우리나라 인구에서 경상남북도 인구를 덜어낸 만큼의 사람들만이 흩어져 살아가지요. 세계에서 남북으로 두 번째로 긴 나라 칠레는 북에서 남으로 주욱 훑을 수 있었지만, 훨씬 큰 이웃 아르헨티나는 아무래도 한 바퀴를 돌아야 할 것 같습니다. 지

아르헨티나 최북단 라키아카La Quiaca의 표지판. "남쪽 우수아이아까지 3650km"!

구 반 바퀴를 돌아 찾은 잊지 못할 순간, 기억에 남은 장면을 짧고 굵게 남겨볼까 합니다.

아르헨티나의 핵심 부에노스아이레스를 맨 뒤로 남겨두고 반시계 방향으로 돌아봅니다. 먼저 북쪽을 향합니다.

축제, 괄레과이추

카니발이라고 하면, 일단 리우Rio de Janeiro와 브라질이 떠오릅니다. 세계 3대 카니발 중에서도 리우의 명성은 다른 두 곳(니스와 베니스)을 압도합니다. 북반구에 비해 축제를 즐기기 좋은 2~3월의 날씨[17]와 함께, 브라질 사람들의 타고난 흥 덕분 아닌가 합니다.

괄레과이추의 카니발. 음악이 뛰고 가슴이 뛰면 몸도 따라 뛰기 시작합니다!

사우바도르Salvador, 헤시피Recife, 올린다Olinda 같은 다른 브라질 도시들의 카니발도 리우에 뒤지지 않을 거예요. 다만, 늘 발목을 붙잡는 브라질과 리우의 문제는 물가 그리고 치안이지요.

(사실 과장된 면이 있지만) 괴담이 난무하는 브라질의 치안 문제를 피해 남미의 카니발을 즐기고자 한다면 아르헨티나에 대안이 있습니다. 아르헨티나 사람들도 사순절이 시작되기 전 폭발하는 흥을 축제로 승화시키는 남미인의 능력을 나누어가졌고, 아르헨티나에는 괄레과이추Gualeguaychú가 있거든요!

부에노스아이레스에서 북쪽으로 230km, 버스로 세 시간 거리에 있는 괄레과이추는 인구 10만의 소도시입니다. 조용하고 심심하고 볼 것도 할 것도 많지 않은, 그래서 위험할 일도 없는 곳이지요.

일 년에 한 번, 한 달 동안, 카니발 빛으로 잠시 돌변할 뿐.

---

17 사육제謝肉祭, 카니발은 부활절 이전까지 40일(사순절)의 금욕 및 금육 기간 직전에 마음껏 먹는 날에서 비롯되었습니다. 이젠 화려함의 극치로 오늘을 즐기는 일탈과 방탕의 축제로 변모했지요. 카니발 날짜는 빠르면 2월 중순, 늦으면 3월 초순에 찾아옵니다.

일 년에 한 번, 한 달 동안 정신줄 놓고 쌓인 흥
을 발산하는 시간.

지구 반대편, 아르헨티나의 축제

아르헨티나에서 카니발로 손꼽히는 또 하나의 도시는 파라과이 국경 근처 코리
엔테스Corrientes입니다. 코리엔테스 카니발에는 아르헨티나에선 흔치 않은 흑인
및 인디헤나(과라니) 문화와 결합된 흥겨움이 있다고 합니다.

카니발이 지나고 나면, 멘도사에서는 와인 축제가 열리며(대개 3월 초), 부에노스아
이레스의 겨울(8월)에는 탱고 축제를 즐길 수 있습니다!

아르헨티나의 푸에르토이과수Puerto Iguazú와 브라질의 포스두이구아수Foz do Iguaçu 사이, 이과수 폭포. 브라질 쪽은 폭포의 전경을, 아르헨티나 쪽은 폭포의 힘을 담을 수 있습니다.

이과수Cataratas del Iguazú는 그냥 폭포가 아니에요. 소리로 담을 수 있는 전율 또는 감흥의 끝판이랄까요.

폭포수가 떨어질 굉음과 떨어진 공간을 채우는 흡인력에 압도당한 게 처음은 아니었습니다. 예전 나이아가라Niagara Falls에서 빠져들 것 같은 소리와 모습에 숨이 멎었던 적이 있고, 아이슬란드에선 유럽 최대 규모인 데티포스Dettifoss와 굴포스Gullfoss의 웅장함을 귀를 열어놓고 바라보았어요. 몇 달 뒤엔 '천둥 치는 연기Mosi-oa-Tunya'라 불리는 짐바브웨 빅토리아 폭포도 가슴에 담아보았습니다.

시각적인 측면과 감상적인 부분에서는 다른 폭포들이 때로 나을지도 모르겠습니다. 하지만 그 어느 폭포의 소리도 아르헨티나 이과수, 악마의 목구멍Garganta del Diablo의 그것에 비할 바는 못되었습니다.

몸과 마음을 실제로 흔드는 공기의 움직임. 모든 에너지가 급작히 저 아래로 빨려 들어가고 물안개와 천둥소리만이 폭포 위 악마의 목구멍으로 돌아옵니다. 가까워 오는 소리에 발걸음을 재촉하다 아래로 쏟아지는 물덩어리를 마주하면 아무것도 할 수 없게 됩니다.

울리는 몸 안쪽 어딘가에서 웃음만이 터져 나올 테지요. 어린아이처럼.

은나라 아르헨티나
아르헨티나는 그 시작부터 '은나라'였습니다.
스페인 정복자들이 오늘날의 부에노스아이레스에 처음 도착했을 때, 아르헨티나와 우루과이 사이의 강 상류에 은으로 된 산이 있을 거라 믿고 이 땅에 라플라타La Plata, The Silver라는 이름을 붙였습니다.
식민지 시대 줄곧 라플라타였던 이 땅을 부르는 이름은 아르헨티나 독립 시기에 스페인어 대신 라틴어로 바뀌었습니다. 은銀, Argentum(화학 기호 Ag)의 땅, 아르헨티나가 된 것이지요.

물보라를 뒤집어쓰고 미친 듯이 웃어봅니다.

풍경, 살타와 후후이

아르헨티나 북서부 1150m의 적당한 높이에 자리한 인구 60만의 도시 살타의 별명은 'Salta la Linda(Salta the beautiful)'입니다.

살타는 아르헨티나에서도 손꼽히는 중세의 성당들을 담은 조용하고 평탄한 시가지를 가지고 있고 조금 높은 산들로 둘러싸인 포근한 분지에 있어 편안한 느낌을 주는 곳입니다.

살타의 북쪽과 서쪽엔 다른 세상의 풍경들이 존재하지요. 볼리비아 우유니 소금평원 못지않은 소금호수 살리나스그란데Salinas Grandes와, 페루의 비니쿤카Vinicunca보다 낮지 않을까 싶은 후후이우마우아카San Salvador de Jujuy Humahuaca의 무지개산Cerro de los 14 Colores 오르노칼Hornocal이 아르

"Salta la Linda!" 살타의 시가지는 밤에도 생기가 넘칩니다(왼쪽). 무지개산, 오르노칼(오른쪽).

헨티나 북서쪽 외진 땅에서 낯선 이의 방문을 기다립니다.

남아메리카 독립의 땅

지도 위 아르헨티나의 북부는 이 나라의 외진 구석인 것처럼 보입니다. 하지만 아르헨티나의 독립은 북부의 뜨거운 땅에서 비롯되었습니다.

스페인의 지배로부터 벗어나기 위한 독립 의회가 살타에서 남쪽으로 200㎞ 떨어진 북부 최대 도시 투쿠만San Miguel de Tucumán에 있었으며, 1816년 남아메리카 연합주의 독립이 투쿠만에서 공식 선포되었습니다. 남아메리카 연합주에서 파라과이, 볼리비아가 분리 독립하고, 아르헨티나가 남았지요.

아르헨티나는 남미 다른 나라들의 독립에도 큰 영향을 주었습니다. 우루과이는 아르헨티나가 브라질과 전쟁을 치르며 독립시킨 나라이고, 칠레와 페루의 독립은 아르헨티나 출신의 남아메리카 독립운동가 산 마르틴José Francisco de San Martín이 주도했습니다.

와인, 멘도사

 20세기 초 한때 세계에서 가장 잘사는 나라 중 하나[18]였던 아르헨티나는 이제 포퓰리즘으로 망한 나라, '남미병' 환자의 대명사가 되어버렸습니다. 2000년대 후반 400원을 넘나들던 아르헨티나 페소화Argentine Peso: ARS의 가치는 이제 10원 수준으로 떨어졌고, 화폐에 대한 믿음이 부족하기에 이웃나라보다 상품의 수도 질도 떨어지는 느낌입니다.[19]

 하지만 두 가지 상품은 절대 예외입니다. 아르헨티나에서 가격도 저렴하고 품질도 훌륭한 두 가지는 바로 소고기 그리고 와인[20]입니다.

 프랑스 보르도의 주요 품종 중 하나였던 말벡Malbec은 포도뿌리진드기

아르헨티나 와인 수도 멘도사. 해마다 3월에 이곳에선 와인 축제가 열립니다.

---

18 1896년께 아르헨티나는 미국보다 잘살았고, 1차 세계대전 기간까지도 세계 10위 안에 드는 부국이었습니다. 1909년 아르헨티나의 1인당 GDP는 네덜란드, 독일, 스웨덴, 덴마크, 오스트리아보다 높았습니다.

19 페소 가치는 2015년 12월 초 120원 수준이었으나 2019년에는 20원대, 2022년 2월에는 11원까지 곤두박질쳤습니다. 머지않아 10원 아래로 떨어질 거구요. 2001년까지 페소화는 미국 달러에 1:1로 고정되어 있었어요. 2021년 11월에 1USD 가치는 100페소를 넘겼습니다. 20년만에 100분의 1로 가치 하락한 화폐에 믿음을 가질 수는 없을 테지요.

20 국제연합식량농업기구FAO의 2020년 출간 통계 기준, 아르헨티나의 1인당 소고기 소비량은 54.16kg으로 단연 세계 1위였습니다(2위 미국 37.08kg, 3위 브라질 37.05kg, 한국은 5.79kg). 다만 20세기 중반 100kg을 훌쩍 넘기던 아르헨티나의 1인당 소고기 소비량은 2021년 47.8kg까지 줄었고, 2022년 인플레이션의 영향(소고기 가격 70~100퍼센트 상승)으로 더 떨어질 것으로 보입니다.

(필록세라)에 당하고 경제성에 치이며 존재감이 옅어졌습니다. 이제 말벡 와인의 대명사는 아르헨티나 그리고 멘도사Mendoza가 아닐까 합니다.

멘도사에 가야 할 이유와 볼거리는 와인에 있습니다. 보데가Bodega들을 채운 와인과 와인이 익어가는 풍경과 와인과 함께할 스테이크를 축내는데, 발그레해진 두 볼로 광대 승천하며 보내는 여행자의 시간은 모자랄 수 밖에요.

타닌이 많고 색감이 짙은 어딘가 아르헨티나를 닮은 와인, 말벡. 말벡의 도시를 만나기 가장 좋은 계절은 멘도사에 가을이 찾아오는, 한국의 이른 봄입니다.

한일 월드컵의 숨은 산파

아르헨티나 하면 와인이나 소고기보다 축구 그리고 리오넬 메시가 떠오르는 분들도 많을 겁니다. 아르헨티나 축구계는 사실 2002년 한일 월드컵 한국 공동 개최의 숨은 주역이었습니다!

2002년 월드컵은 유치전 초반까지는 일본의 단독 개최로 기울어 있었어요. 일본을 제외하고 세계에서 가장 많은 일본계가 살아가는 나라는 브라질입니다. 때문에 브라질은 일본과 친밀한 관계를 유지하였고, 브라질 출신의 당시 FIFA 회장 아벨란제와 축구황제 펠레는, 한국보다 먼저 유치전에 뛰어든 일본의 월드컵 개최를 강력히 지지했습니다.

그런데 지구별에서 브라질과 사이가 가장 좋지 않은 나라가 아르헨티나입니다. 아벨란제와 펠레가 일본을 밀자, 아르헨티나와 디에고 마라도나는 한국의 개최를 강력히 지지하고 나섭니다.[21]

아르헨티나의 한국 지지 활동 이후, 일본보다 나은 한국의 축구 실력이 강조되고 아벨란제와 앙숙이었던 UEFA 요한손 회장이 한국의 공동 개최를 지지하며 분위기가 반전되면서, 일본 축구협회와 아벨란제도 한일 공동 개최를 받아들일 수밖에 없게 되지요.

21 이후 칠레가 추가로 일본을 지지하자, 칠레와 사이가 아주 좋지 않은 페루와 볼리비아가 한국의 유치를 밀어주기도 합니다.

호수, 바릴로체

안데스 자락, 커다란 호수와 울창한 숲을 가진 곳. 바릴로체.

평화롭다는 말이 떠오르는 장면들이 있어요.

따사로운 햇살 작은 그늘 아래 어느 바닷가에 드러누워 오른손에 들린 맥주를 입에 가져다 대거나, 그보다는 조금 덜 뜨거운 햇살과 더 포근한 바람결을 두 뺨으로 만끽하며 아무도 없는 호숫가를 산책하는, 그런 것입니다.

봄날의 호수 길 산책에 아주 꼭 어울리는 곳, 아껴두고 싶은 이름은 바로 산카를로스데바릴로체San Carlos de Bariloche입니다.

바릴로체는 커다란 호수 나우엘우아피Nahuel Huapi를 가졌습니다. 이 호수의 풍경은 안데스에 다가가는 서쪽으로 갈수록 아름다워지는 것 같아요. 그림 같은 풍경으로 이름난 샤오샤오Llao Llao[22]호텔도 시내에서 15㎞쯤 서쪽에 자리 잡고 있지요.

샤오샤오호텔보다 낫다고 주장하며 슬며시 추천하고 싶은 장소는 호텔 서쪽에서 이어지는 산책로들입니다. 커다란 나무들과 설산 아래 산줄기를 호수가 다시 잇는 곳이에요. '남미의 스위스'로 알려진 바릴로체는 그곳의 유명한 초콜릿, (아르헨티나 내에서 더 이름난) 소고기와 함께 휴식의 땅으로 기억될 만한 곳입니다.

109번 버스 종점 마을

바릴로체가 속한 리오네그로Río Negro 주 동쪽 내륙에 라마르케Lamarque라는 곳이 있습니다.

라마르케는 1965년, 머나먼 극동의 가난한 나라에서 처음 아르헨티나에 발 디딘 사람들에게 허락되었던 곳입니다. 이민을 장려하던 당시 한국 정부가 정보가 태부족한 상태에서 황무지에 가까운 땅을 임대하여 사람들을 이주시켰던 것이지요. 라마르케의 임대 농장은 농사에 적합하지 않은 땅이었기에 초기 이민자들은 많은 어려움을 겪었고, 부에노스아이레스 외곽의 허름한 곳으로 터전을 옮기게 되었다 해요.

옛 109번 버스 종점, 백구촌은 그렇게 아르헨티나의 코리아타운이 되었습니다.

---

22 'll(에예)'의 스페인어 표준 발음은 [이]에 가깝지만, 아르헨티나와 우루과이에서는 [시]로 발음합니다.

파타고니아란 말과 그 땅이 가진 상象을 그려봅니다. 바람 부는 곳에 자리한 호수, 눈 덮인 산, 습하지만 동시에 메마른 땅, 차갑고도 거친 그곳에 그대로 있어온 때묻지 않은 자연.

실제의 모습은 더욱 그러합니다. 끊이지 않는 바람과 그것이 옮기는 찬 기운에 묻어, 그려왔던 이미지가 가슴속에 각인되는 곳, 파타고니아.

파타고니아를 아마도 대표할 세 가지 그림 중 두 개를 아르헨티나가 가졌습니다. 엘칼라파테El Calafate의 빙하 페리토모레노Perito Moreno와 엘찰텐El Chaltén의 미봉美峯 피츠로이Fitz Roy입니다.[23]

페리토모레노가 세상에서 가장 아름다운 빙하는 아니겠지만, 빙하의 전경을 가장 쉽고도 웅장하게 접근할 수 있는 빙하라고 할 수는 있을 겁니다. 세계 몇 대 미봉이라 일컬어지는 피츠로이는 '찰텐Cerro Chalten(이곳 원주민의 언어로, 연기를 내뿜는 산)'이란 이름에 걸맞게 그 위용을 쉬이 드러내주지 않습니다.

피츠로이, 엘찰텐.

엘칼라파테의 아르헨티노호 주변 풍광.

23 나머지 하나는 1장에서 다룬 칠레 파타고니아의 토레스델파이네 국립공원이지요.

늘 그렇듯이 바람이 부는 숲길.

휘감아 돌며 불어주는 바람에 몸을 맡기고, 산과 빙하와 호수와 하늘을 함께 바라볼 수 있는 곳. 파타고니아는 당신이 그려왔던 모습의 그곳이 맞습니다.

거인의 땅, 불의 섬, 크고 잔잔한 바다

차가운 바람이 불어오는 설산과 빙하가 자리한 남미 대륙 최남단은 스페인 정복자들에게 두렵고 불편한 곳이었나 봅니다.

16세기의 유럽인들(마젤란과 그의 선원들)보다 한 자 가까이 키가 컸던 이곳의 떼우엘체족 원주민들 덕에, 이곳은 거인 '파타곤Patagón의 땅', 파타고니아가 되었습니다.

나중에 선장의 이름으로 불릴 좁은 바다에 의해 남미 대륙과 떨어져 있는 남단의 더 차가운 섬은, 원주민들이 피웠던 불의 연기 덕에 '불의 섬', 티에라델푸에고Tierra del Fuego가 되었지요.

불의 섬과 거인의 땅을 헤쳐나오면, 갑작스레 잔잔해져 마젤란에게 감격스러웠던 큰 바다, 태평양을 만날 수 있습니다.

땅끝, 우수아이아

'세상의 끝Fin del mundo'이라는 별명과 별명보다 더 뜨거운 모토로 우수

남극까지 1000km, 우수아이아.

아이아Ushuaia는 여행자들을 매혹합니다.[24]

대서양과 태평양 사이를 가르는 차가운 바닷바람에 마음이 남극에 가까워지는 이곳에선, 설산을 배경으로 한 난파선을 바라만 볼 수도, 페리에 올라 스스로 펭귄 섬의 배경이 될 수도 있습니다.

지나버린 일들을 털어버리고 새로운 무언가를 결심하러 가기 좋은 곳이랄까요.

반대, 바이아블랑카와 마르델플라타

'가도 가도 끝없는 길 삼만리~'. 만화 〈엄마 찾아 삼만리〉 기억하시나요?

이탈리아 제노바의 소년 마르코가 아르헨티나로 가정부 일을 하러 떠난 어머니를 찾아가는 여행담을 그린 애니메이션이지요. 마르코의 엄마가

물 반 사람 반. 해운대 아니고 마르델플라타.

---

24 세상 끝에 관한 이야기는 4장에서 더 다룹니다. 별명보다 더 뜨거운 우수아이아의 모토도 4장에서 다룰 거예요. 우수아이아가 진짜 남쪽 끝은 아니에요. 인구가 1만 명을 넘는 '도시' 중 지구 최남단일 뿐.

가정부 일을 하러 갔던, 마르코의 여행 목적지가 바이아블랑카였고, 그때의 아르헨티나는 이탈리아에서 일자리를 찾아 대서양을 건너올 만큼의 부국이었습니다.

오늘날의 바이아블랑카Bahía Blanca(하얀 만灣)는 아르헨티나의 주요 공업 지역이자 군항입니다. 예쁜 곳은 아니지요.

이탈리아에서도 삼만리, 멀고 먼 땅 아르헨티나이지만, 우리나라에선 더 먼 땅입니다! 서울에서 약 1만 9600㎞ 떨어진 곳[25]에 마르델플라타Mar del Plata가 있습니다.

똑같은 '부에노스아이레스 주의 바닷가 항구 도시'이지만, 마르델플라타는 바이아블랑카와 정반대의 풍경과 이미지를 가지고 있습니다. 아르헨티나 최대의 해변 휴양지, 아르헨티나의 해운대라고 할까요. 60만 명가량인 마르델플라타의 인구는 여름 한 철에는 두 배가 된다고 합니다.

이민자의 나라

19세기 중반부터 20세기 중반까지(1857~1950) 아르헨티나는 세계에서 두 번째로 많은 이민자를 받아들인 나라였습니다.[26] 원래 많은 수의 원주민이 거주하는 지역이 아니었고 이민자 거의 모두가 경제적 이유로 인한 자발적 이주였기에, 아르헨티나의 인종 구성은 다른 남미 나라들과 다릅니다.

원주민 인디헤나의 비율이 높은 볼리비아, 페루, 에콰도르 등 안데스 국가, 흑인 및 흑인 혼혈 비율이 높은 브라질 및 카리브 연안국과 달리, 아르헨티나는 유럽계 백인 비율이 월등히 높습니다.

스스로를 '백인'으로 인식하는 칠레 사람들이 외형적으로나 유전학적으로 원주민의 피가 상당 부분 섞인 반면, 아르헨티나(와 이웃 우루과이)의 주민은 다양한 유럽 국가에서 이주해온 백인의 피가 대부분이라 볼 수 있으며, 특히 (마르코의 엄마처럼) 이탈리아 이민자 비율이 높습니다.

25 지구 반바퀴가 약 2만㎞입니다.

26 미국 바로 다음이었습니다. 캐나다, 호주, 브라질보다도 많은 이민자가 아르헨티나를 향했습니다.

　드넓은 땅덩어리를 뒤로하고, 아르헨티나 사람들도 굳이 대도시에 모여 삽니다. 4600만 아르헨티나 인구 중 1500만가량이 경기도 절반 크기의 부에노스아이레스 광역권에서 살아갑니다.

　부에노스아이레스로 떠나고 싶게 만드는 제목의 영화 〈부에노스아이레스에서 사랑에 빠질 확률〉의 원제는 'Medianeras', 측벽Sidewalls입니다. 영화는 제목만큼 달달하지 않습니다. 다닥다닥 붙은 벽과 벽, 성냥갑 같은 아파트. '남미의 파리'로 불리는 부에노스아이레스도 사실 낭만적인 곳만은 아니에요.

　하지만 여전히, 여행하는 당신이 부에노스아이레스에서 사랑에 빠질 확률은 매우 높습니다.

다양한 색깔을 가진 도시, 부에노스아이레스.

부에노스아이레스.

오페라 극장을 개조해 서점으로 만들었다는, 누군가는 세상에서 가장 아름다운 책방이라 일컫던 엘아테네오El Ateneo와, 세상에서 가장 화려한 공동묘지 레콜레타Recoleta, 남반구에서 가장 화려한 오페라하우스였던 콜론극장 Teatro Colón에 묻은 백 년 전 영광의 흔적과, 산텔모 San Telmo의 악사의 얼굴과 라보카La Boca의 골목 곳곳에서 엿보이는, 옛 전성기를 향한 추억의 힘으로 오늘을 견디어 살아가는 몰락 귀족의 어떤 나른함이, 아련함으로 여행자를 이 도시에 물들게 합니다.

가끔 와인을 마시다, 어쩌다 소고기 등심을 자르다 문득 생각이 납니다.

아침에 시켜놓은 에스프레소 잔바닥에 남은 커피가 말라붙고 나서도 카페에서 신문을 두 번째 통독하고 있는 할아버지들의 멍한 표정과, 현실을 부정하듯 소리를 지르며 뛰어다니는 푸에르자부르타Puerza Burta 공연장 젊은이들의 잔상과, 어느 밀롱가milonga 무대 위 화려한 땅게라의 몸짓을 부르는 백발 보컬의 들끓는 목소리가.

《론리플래닛》은 이렇게 정리했습니다.

"부에노스아이레스와 사랑에 빠지게 되어도 놀라지 말자. 당신이 처음도 아니요, 마지막도 아닐테니."

팔레르모의 사진관

부에노스아이레스였어요. 긴 여행을 마치고 떠나기 전날, 오후 느지막한 시간이었죠.

수많은 사진들이 놓이고 얽힌 팔레르모Palermo 어딘가의 사진관이 지나던 발걸음을 묶었어요. 사진들은 폴라로이드의 그것처럼 인화되거나 나무판자 위에 출력되어 가게를 채우고 있었고요.

점원이 말했어요. 사진을 가져오시면 원하는 대로 출력해드려요, 이틀 안에.

실내를 채운 사진을 바라다보고, 미소를 지었죠. 네, 사진이 준비되면 다시 올게요.

다시 올 일이 없다고, 그럴 일은 없을 거라고 생각했어요. 그때 그 미소는 그런 의미였겠죠.

하지만 흘러가는 세상에서의 작은 선택들은, 나를 다시 이곳에 보내주었어요. 부에노스아이레스를 다시 만났죠.

몇 년 전과 꼭 같은 파란 하늘 아래, 꼭 같은 마음으로 잠시, 거리를 누볐어요.

비샤크레스포Villa Crespo의 거리에는 여전히 에어컨 냉각수가 떨어지고, 보도에는 여전히 개똥이 뒹굴었어요. 흐린 개똥 자욱과 차가운 물방울들을, 처음 그때와는 다른 기쁜 마음으로 맞이할 수 있었죠.

아는 식당, 다니던 슈퍼마켓, 낯익은 골목들을 걸었어요. 알던 풍경과 익숙한 공기의 무게가 기억과 현실의 경계에 내려앉으면, 현실감

이 바래어져요. 몽롱하게.

구루차가Gurruchaga 거리와 후안라미레스Juan Ramirez de Velazco 거리를 헤매다, 자주 가던 카페 앞에 멈추어 섰어요. 얼굴이 익은 가게 주인과 눈이 마주쳤고, 살짝 미소를 지었죠. 저기 2층 자리에 앉아 아메리카노와 메디아루나Media Luna[27]를 시키고 싶은 마음이 간절했으나, 하지 못했네요.

세라노 광장Plaza Serrano Palermo 맞은편 카페 옥상엔 늘 그렇듯 늦은 오후의 여유를 즐기는 사람들이 있었고, 그 여유를 바라보다 고인 구정물에 발을 담갔어요. 젖은 신발을 질질 끌고 가다 팔레르모의 사진관을 다시 만났죠.

---

[27] 아르헨티나식 크루아상이에요. 프랑스식보다 크기가 작고 대개 더 달콤하지요. 메디아루나는 '반달'이란 뜻입니다.

그때, 사진을 맡기고 갈 걸 그랬어요.

다시 오지 못하더라도 출력된 사진은 저기 한편을 채우고 있었을 테니.

몇 년 만에 나타나 나의 사진을 찾았다면, 나의 기억은 조금 더 풍요로울 수 있었을 테니.

다른 점원이 거기 있었어요. 사진을 가져오시면 원하는 대로 출력해드려요, 이틀 안에.

얼마간 바뀌었을 사진들을 찬찬히 바라다보고 말했어요. 네, 사진이 준비되면 꼭, 다시 올게요.

그렇게, 조금 더 따뜻한 미소를 지을 수 있었어요.

있을지 알 수 없는 다음엔, 아메리카노와 메디아루나를 먹을 거예요. 2층에서.

Travel and Destinations 3.

이상하고 아름다운 도깨비 나라, **쿠바**

말레콘, 아바나La Habana.

아바나 바라데로
시엔푸에고스
산티아고데쿠바

- 국가명 República de Cuba
- 위치 중앙아메리카, 카리브해 섬나라
- 인구 | 밀도 약 1100만 명 | 100명/㎢
- 면적 109,884㎢
- 수도 아바나La Havana
- 언어 스페인어(공용어)
- 1인당 GDP $9,478
- 통화 쿠바 페소Peso | 1CUP=약 60원
- 인간개발지수(HDI) 0.764(83위)

#늦기_전에_가야_할_20세기_섬

21세기에도 지구상엔 이상한 나라들이 존재합니다. '이상하다'의 기준에 따라서 모두가 어딘가는 이상하다고 할 수도 있겠지만, 보통의 눈을 가진 대부분의 사람이 느끼기에 정말 평범하지 않은 나라들이 꽤 있습니다.

하지만 동요 속 '도깨비 나라'가 되려면 이상하기만 해서는 안되죠. 이상하고도 아름다워야만 합니다. 이상하고, 특히 더 아름다운 21세기의 도깨비 나라를 찾는다면, 이 나라입니다.

카밀라 카베요Camila Cabello의 "내 마음의 반Half of my heart is in"이 있는 곳, "Havana ooh-na-na"의 땅, 쿠바죠!

참 이상하고, 꽤 독특한 나라

쿠바Republic of Cuba, República de Cuba는 이상합니다. 아프리카의 최빈국 도시에서도 사용 가능한 와이파이가 아바나La Havana의 길거리에서는 쉬이 잡히지 않습니다. LTE, 5G, 데이터 로밍이요? 와이파이도 잘 안된다니까요![28]

쿠바는 2020년까지 화폐가 두 종류(태환 페소CUC, 불태환 페소CUP)[29]였고, 진즉 폐차되었을 1950년대 미국산 올드카들이 말레콘Malecón 앞을 질주하며, 제대로 보수된 적 없어 무너지지 않을까 염려되는 건물에서 음악이 새어 나옵니다.

하지만 아름다워요. 바라데로Varadero, 카요산타마리아Cayo Santa María의 해변은 눈이 부시고, 석양 무렵 바람을 타고 귓가에 스미는 길거리 뮤지션의 음악에 마음이 벅차오르기도 합니다.

---

[28] 국영통신사 에텍사ETECSA가 설치한 지정 장소에서만 사용 가능합니다. 최근에는 자체 와이파이 기기를 갖춘 숙소가 늘어나고 있습니다.

[29] 2021년 1월부터 쿠바 정부는 CUC를 폐지하고 CUP만 남기기로 했습니다. 외부 시장경제와의 완충제 역할을 하던 CUC의 폐지 이후 쿠바는 하이퍼인플레이션과 극심한 생필품난을 겪었습니다.

▲ 화창한 아바나의 하늘 아래 뚜껑 열고 말레콘을 달리는 올드카를 보면 다시 보고 또 보아도 가슴이 설렙니다. 실제로 타면 사진에선 찾을 수 없는 매연과 소음이 함께 하지요!

◀ 쿠바의 수도 아바나에서는 누구나 잠시 사진 작가가 됩니다. 그럴 수밖에요! 아바나 센트로에 지는 노을.

　　무너지지 않을까 염려되는 건물들과 가다가 설듯한 올드카들은 레트로의 멋을 뿜어냅니다.

　　쿠바는 정말 독특한 나라입니다. 가장 빠른 인터넷망과 가장 훌륭한 전자제품을 생산해내는 기업을 가진 IT 강국 한국과 가장 먼 면모들을 가졌지요.

　　쿠바는 일단 UN 회원국 중 단 둘뿐[30]인 한국의 미수교국입니다. 오랫동안 북한과 우호관계를 가지고 교류해온 이 나라는 한국의 수교 제의를 거절하고 있어요.[31]

　　쿠바는 마르크스-레닌 사상을 따르는, 이제는 지구상에 5개국밖에 남

30　다른 하나는 시리아입니다.

31　쿠바 입장에서도 한국은 몇 안되는 미수교국입니다. 2015년에 미국과 국교를 정상화하면서 이제 주요국 중 쿠바의 미수교국은 한국과 이스라엘뿐입니다.

바라데로의 모래와 카리브의 바다와 플로리다 해협의 햇살. 맥주만 한 병 손에 쥐면, 이곳은 천국입니다.

지 않은 사회주의 국가Communist state 중 하나이기도 합니다. 마르크스-레닌주의를 기본으로 하는 단 하나의 정당이 국가를 통치하는 나라는 쿠바 외에는 중국, 베트남(이상 공산당), 라오스(라오인민혁명당) 그리고 북한(조선로동당)뿐이죠.

하지만 공산당 하면 떠오르는 극도로 경직된 분위기와 살사, 〈부에나비스타소셜클럽〉, 카리브 해변[32]이 낳은 쿠바의 이미지는 서로 반대편에 있습니다.

거리에서 피부로 느끼는 쿠바의 분위기, 곳곳에 울리는 음악과 자연스레 펼쳐지는 춤판은 그저 자유롭고, 아바나 오비스포Obispo 거리의 호객꾼

32 카리브해는 중남미 대륙과 쿠바를 포함한 앤틸리스제도Antilles Islands 사이의 바다를 부르는 말입니다. 쿠바의 남쪽 바다가 카리브해인 거죠. 다만 카리브해 바깥의 바하마 제도 등도 '카리브 제도', '카리브 지역Caribbean Region'으로 묶이기 때문에, 아바나, 바라데로, 바하마의 바다도 '캐리비언'의 것으로 봅니다.

쿠바 국기(왼쪽 벽화)에는 붉은 별이나 낫, 망치 같은 공산주의의 상징이 없습니다. 다른 사회주의 국가와는 다른 지점이지요(라오스도 없긴 합니다). 쿠바는 혁명 후에도 19세기 독립전쟁 시절의 국기를 그대로 사용하고 있어요. 쿠바 독립전쟁이 끝난 후 이 깃발은 스페인문화권의 독립·혁명운동가들에게 많은 영향을 끼쳤습니다. 바르셀로나와 카탈루냐 독립주의자의 깃발인 블루에스테라다Blue Estelada(파란별, 오른쪽)는 카탈루냐기(세녜라)와 쿠바 국기를 합친 것입니다.

(과 사기꾼)들은 자본주의자 중에서도 자본주의자지요.

쿠바란 나라에 한 걸음 다가서 보면, 한국과 비슷하고도 흥미로운 지점들을 발견할 수 있어요!

의사를 수출하는 의료 강국

세계 최고 수준의 의료서비스와 전 국민이 혜택을 받을 수 있는 의료보험 구조를 가진 대한민국의 공공의료 수준은 지구상 국가들 중 최고랄 수 있습니다.

북유럽이나 스위스, 일본 정도를 제외하면, 우리나라와 같은 '공공' 의료

흥, 예술적 재능 그리고 장삿속이 넘치는 아바나 사람들.

아바나의 장사꾼들은 무엇이 쿠바를 매력적으로 보이게 하는지를 꿰뚫고 있습니다. FAC(Fábrica de Arte Cubano)는 아바나 젊은이들의 핫플레이스예요.

수준을 갖춘 나라는 없습니다. 가진 자들을 위해 존재하는 특별(하고 비싼)한 의료 시스템만을 가진 나라들이 더 많지요.

코로나 19의 경험은 여행지를 선택할 때 '문제가 생겼을 때 적절한 치료를 받을 수 있는가'라는 질문 항목을 추가시켰습니다. 그리고 선진국이 아님에도 불구하고 의료 수준을 인정받는 나라로 쿠바를 빼놓을 수 없습니다.

아바나의 호세마르티국제공항José Martí International Airport으로 입국할 때, 이미그레이션에서 여행자보험 확인을 요구할 수 있어요.[33] 이는 쿠바

---

33   최근에는 거의 요구하지 않습니다만(코로나 상황 이전 기준), 쿠바에 입국할 때는 영문 여행자보험 증서를 준비하는 것이 좋습니다.

쿠바 최고 명문이라 할 아바나대학교(왼쪽). 아바나 서쪽 외곽에는 중남미 학생들의 의학 유학을 위한 라틴아메리카 의과대학도 있습니다(오른쪽).

의 저렴한 의료서비스를 이용하려 입국하는 주변 나라 국민 때문이라 합니다.

쿠바 국민에게 거의 무료[34]로 개방된 쿠바의 병원은 소득 수준과 관계없이 쿠바 사람들이 일정 수준의 건강 상태를 유지할 수 있게 합니다. 쿠바인의 기대수명은(CIA World Factbook, 2017) 78.8세입니다. 같은 통계의 한국(82.5세)이나 EU(80.2세)보다는 조금 낮으나 세계 평균(71.1세)보다는 훨씬 높죠.

쿠바와 기대수명이 정확히 같은 나라가 미국과 체코예요. 미국(6만 3414USD) 또는 체코(2만 2932USD)의 1인당 소득과 쿠바의 그것(9478USD, World Bank, 2020)을 비교하면 쿠바 보건의료 시스템의 힘을 느낄 수 있지요.[35]

슬로베니아, 헝가리 같은 동유럽 국가나 아랍에미리트, 쿠웨이트 등의 산유국도 쿠바보다 평균수명이 짧습니다. 쿠바는 세계에서 '소득 대비 의료 수준이 가장 높은 나라'라 말할 수 있을 겁니다!

다른 지표로 보면 인구 대비 의사 수가 가장 많은 나라가 바로 쿠바입니

---

34 약값, 식사 등 일부 서비스는 유료입니다.

35 쿠바의 최신 통계자료는 반영이 늘 늦습니다. IMF의 최신 자료에는 쿠바 통계가 빠지기도 합니다. 2021년도 통계에서도 빠졌어요!

미국의 경제재재로 인해 쿠바 경제는 확실히 어렵습니다. 낡고 버려진 것들이 많지요. 이방인의 눈에는 그것이 쿠바의 아름다움으로 기억되기도 합니다.

다. 쿠바에는 인구 1000명당 8.2명의 의사가 있습니다(World Bank, 2017). 지구상 그 어느 나라보다 높은 비율로, 스웨덴(5.4명), 독일(4.2명), 한국(2.4명), 일본(2.4명)을 압도하지요.

그래서 쿠바는 1960년대부터 자국의 의사를 해외에 파견해 왔습니다. 50년이 넘는 세월 동안 160개국 이상의 나라에 누적 인원 40만 명의 의료진이 파견되었다고 합니다.

니카라과, 볼리비아, 베네수엘라, 에콰도르 등 중남미의 좌파 국가들은 물론, 브라질처럼 쿠바보다 국력이 강한 나라들도 쿠바 의사들을 받았죠. 솔로몬제도, 바누아투, 투발루, 나우루, 키리바시 등 기초적인 병원 서비스를 받기 힘든 섬나라들에 의사를 파견하고 의료 교육을 지원한 나라도 쿠바입니다.

다만 단순한 숫자와 제도가 모든 것을 말하지는 못합니다. 쿠바는 오랫동안 이어지고 있는 미국의 경제제재로 인해 의료품 수급이 원활하지 못하고, 고가의 진단 및 치료기계를 수입할 형편도 되지 않으며, 무엇보다 낮은 처우와 열악한 환경 때문에 의료인의 역량이 극대화될 수 없는 상황입니다. 기본적인 보건교육과 무료에 가까운 시스템 덕분에 기초의료는 훌륭하나, 전반적인 의료의 질은 날이 갈수록 또 현재의 쿠바 체제가 계속될수록 세계적 수준에서 멀어지게 될 듯합니다.

쿠바가 지녔던 독특한 장점들이 이제는 조금씩 지워지고 있는 듯합니다.
오랫동안 지속된 미국의 금수조치로 피폐해진 경제 기반이, 앞서 다룬 이중화폐 제도 폐지와 코로나19 영향으로 인해 무너지면서, 2021년 쿠바엔 심각한 경제난이 찾아왔습니다. 최저임금을 5배 인상해도, 식재료를 정부가 배급해도, 새벽부터 줄을 서도 원하는 생필품을 구할 수 없는 상황을 막을 수는 없었습니다.
2021년 7월 11일, 코로나 위기에 생필품난이 겹치자 1959년 쿠바혁명 이후 처음으로 시민들이 거리로 나와 시위를 벌였습니다. 공산당 일당 독재국가에서, 전국 수십 개 도시에서 시위가 벌어지는 상황을 맞이한 겁니다.
'의료강국 쿠바'의 명성도 조금씩 흐려지고 있기는 마찬가지입니다. 의료장비와 의료품 수급이 원활하지 않기에 쿠바의 의료 수준 역시 떨어지고 있습니다. 2000년 이래 약 20년간 세계 기대수명이 6.5년, 우리나라는 7.1년, 아프리카 대륙은 11.8년이 늘어났지만, 쿠바인의 기대수명은 1.0년 늘어나는 데 그쳤습니다.

달콤한 유혹

아메리카 대륙을 '발견'하고 중남미의 대부분을 석권했던 스페인은 아메리카 대륙에 단 한 뼘의 땅도 가지고 있지 못합니다. 뒤늦게 진출하여 보다 작은 식민지를 확보했던 영국, 프랑스, 네덜란드는 카리브해 곳곳에 영광의 흔적들을 남겨 뒀는데 말이에요.[36]

스페인의 화려한 시절을 가능하도록 해주었던 남미와 중미의 식민지들이 하나씩 독립한 이후, 스페인에 남겨진 신대륙 식민지는 단 두 곳, 쿠바와 푸에르토리코Puerto Rico였습니다. 크리스토퍼 콜럼버스가 그의 1차 항해에서 바하마에 이어 두 번째로 도달한 곳인 쿠바는 스페인의 아메리카 대륙 정복의 첫 거점이었으며 마지막 거점[37]이기도 했어요.

멕시코나 페루처럼 약탈할 금이 있거나 알토 페루(볼리비아)처럼 은광이 존재하지는 않았지만, 이웃 아이티Haiti가 프랑스에서 독립하며 불안해진 이후 세계 최대의 사탕수수 생산지로 떠오른 쿠바는 충분히 생산적인 식민지이자 달콤한 유혹이었습니다.

이 달콤한 땅에 눈독을 들인 나라가, 드넓은 국토와 유입되는 이민자를 바탕으로 급성장하던 새로운 강대국 미국이었습니다.

19세기 말, 미국은 하루가 다르게 커지는 국력을 바탕으로 제국주의의 길에 들어섭니다. 조선도 찔러보고,[38] 하와이 왕국을 집어삼킨 뒤 (1893년 하와이 왕 추방, 1897년 합병), 카리브해로 손을 뻗습니다. 목표는 쿠바였죠.

미국은 훌륭한 설탕 생산지이자 카리브해의 요충지인 쿠바를 처음에 돈으로 사려고 했습니다.[39] 하지만 스페인은 자국의 일부라고 생각하던 쿠바의 매각을 거절했고, 미국은 커가고 스페인은 추락하던 와중에 쿠바에서 독립전쟁(1895~1898)이 일어납니다. 미국에게는 좋은 명분이 생긴 거죠.

---

36 영국은 버진아일랜드, 터크스케이커스제도, 앵귈라, 몬트새랫 그리고 아마 이 지역에서 가장 유명한 조세 피난처 케이맨제도를 해외 영토로 가지고 있습니다. 아메리카 대륙으로 넓히면 버뮤다와 포클랜드제도도 있지요. 프랑스는 마르티니크, 과들루프, 생바르텔레미, 생마르텡을 해외 레지옹 및 해외 집합체로 두고 있고, 남미 대륙에는 8만㎢가 넘는 면적의 프랑스령 기아나도 가지고 있어요. 네덜란드 역시 아루바, 퀴라소, 신트마르턴, 카리브네덜란드를 유지하고 있는 반면 스페인은 식민지의 영토적 유산이 전혀 없습니다.

37 가장 늦게까지 스페인의 식민지로 남은 쿠바는 'La Siempre Fidelisima Isla', 즉 '항상 가장 충성스러운 섬'이라 칭했습니다.

38 대동강을 통해 평양까지 거슬러 올라가 대포를 쏴댄 제너럴셔먼호사건(General Sherman incident, 1866년)과 강화도 침공(1871년 신미양요)이 있었지요.

39 1억 5000만 불에 쿠바 매입 제의, 1853년.

쿠바 사람들은 쿠바 국기를 사랑하며 그걸 아름답게 활용할 줄 압니다. 1850년 독립운동가 나르시소 로페스가 디자인한 후 지금까지 사용되고 있습니다.

'쿠바 내 미국인의 안전을 위하여' 파견된 미 해군 소속 메인함이 원인 모를 폭발로 아바나항 정박 중 침몰하고, 그렇게 미국-스페인 전쟁이 시작됩니다. 이빨 다 빠지고 약해져 유럽의 2류 국가가 된 스페인은 막 강대국으로 올라선 미국의 상대가 되지 못했습니다. 미국의 앞마당 카리브해는 이베리아반도에서 너무 멀기도 했구요.

쿠바를 획득한 미국은 곧이어 푸에르토리코도 접수(1898년)[40]합니다. 이어서 제국주의의 바람에 더욱 몸을 맡기며 스페인이 통치하던 태평양의 필리핀과 괌까지 차지합니다.

19세기 말과 20세기 초의 미국은 부인할 수 없는 제국주의의 색[41]을 띠

---

40 이로써 스페인 세력은 콜럼버스 이후 4세기만에 아메리카 대륙에서 사라지게 되죠.

여러 식민주의, 제국주의 세력의 각축장이었던 아바나항 입구 건너편에서 바라본 아바나 구시가와 센트로.

었습니다.

하지만 미국은 유럽의 제국주의 열강과 달라야 했습니다.

'모든 사람은 평등하게 창조되었고, 신은 몇 개의 양도할 수 없는 권리를 부여했으며, 그 권리 중에 생명과 자유와 행복의 추구가 있다', '정부의 정당한 권력은 시민의 동의에서 나온다', '새로운 정부를 조직하는 것은 시민의 권리'라 명시한 미국 독립선언서를 부정할 수는 없었던 거죠.

미국이 쿠바를 점령하고 스페인을 대신하면서 환영받을 수 있었던 것[42]은 독립을 약속했기 때문이었습니다. 그래서 미국은 쿠바를 독립시켜줍니다.

---

41 특히 필리핀에서는 미군이 필리핀인이 세운 제 1공화국을 무너뜨리고 저항하는 수십만의 필리핀 사람들을 학살했습니다.

42 쿠바 독립군이 미군에 합류하여 스페인군과 싸웁니다.

아바나 비에하의 지하 터널을 건너면 만날 수 있는 모로 요새는 요새가 담은 이야깃거리가 아니더라도, 아름다운 노을을 담기 위해서라도 꼭 찾아가야 할 곳입니다. 왜 쿠바의, 아바나의, 말레콘의 석양이 더 아름다운지는 이해는 할 수 없으나 인정은 할 수밖에 없는 겁니다.

그것이 허울뿐인 것일지라도 말이지요.

3년간의 미군정기를 거쳐, 1902년 5월 20일 쿠바 공화국이 독립합니다. 하지만 새로운 독립국 쿠바는 '헌법'으로 미국의 간섭을 인정해야 했고, 관타나모만Bahía de Guantánamo 일대를 미국에 영구 양도해야 했으며, 미국 시민권자이기도 했던 초대 대통령 토마스 팔마Tomás Estrada Palma와 후계자들의 부정선거 또는 쿠데타 시에 미국의 직간접적인 개입을 받아야 했습니다. 냉전 시기 미국의 지원을 받아 정권을 유지 및 재창출한 '자유진영'의 여러 독재정권의 전신이 쿠바였다 해도 과언이 아닙니다.

쿠바의 친미 정권은 활용 가능한 자산 대부분을 미국 자본에 내주었습니다. 여기에 군부독재자 바티스타Fulgencio Batista y Zaldívar 가문의 부패가 더해져 민중의 정치적, 경제적 불만이 누적되었어요. 민중의 불만은 곧, 쿠바 혁명(1959년)으로 이어지지요. 피델 카스트로Fidel Castro와 동생 라울 카스트로 그리고 체 게바라Ernesto "Che" Guevara의 혁명은 쿠바 민중의 열렬한 지지 속에서 성공하고, 바티스타 정권은 축출됩니다.

쿠바혁명은 반쪽짜리 성공이었습니다. 부패 정권과 미국 자본을 몰아내고 나라를 쿠바 국민에게 돌려주는 데는 성공했으나, 이어진 국유화와 친소 정책은 미국의 경제제재를 낳아 결과적으로 쿠바 경제를 침체의 길에 들게 했죠.

피델 카스트로와 그의 혁명 동지들은 쿠바 민중에게 교육의 기회를 열어주고 의료 복지국가를 만들며 인종차별 없는 나라를 이루었으나, 그 스스로가 독재의 늪에 빠져 반대할 '자유'가 없는 나라를 만들어버렸습니다.

피델 카스트로는 공과 과가 있는 인물입니다. 숱한 이야깃거리를 남긴 사람이기도 하죠. 피 끓던 혁명가 시절, 친미 독재정권의 법정에선 "역사가 나의 무죄를 입증할 것이다La historia me absolverá"란 멋진 말도 남겼지요.

어쨌든 최소한 쿠바의 공산당과 지배체제는 북한이나 중국의 그것과는 달랐습니다. 쿠바는 혁명 후에도 국기와 국장을 유지하는 등 이념을 위해 정체성을 죽이지 않았고, 혁명동지를 피의 숙청으로 죽음의 길로 몰아넣는 일은 없었어요.

동구권의 몰락으로 경제가 어려워지자 군비를 줄여 배급을 유지할 줄도 알았고, 무엇보다 피델 카스트로가 스스로에 대한 신격화 정책을 멀리했지요.

공산권 독재자 중 그래도 주변의 쓴 소리에 귀 기울일 줄 알고 국민들을

정치와 이념을 떠나 여행자의 시선으로 보는 쿠바는 부족하지만 자유롭습니다. 하지만 택시기사가 의사보다, 까사(민박) 주인이 교수보다 훨씬 유복한 쿠바의 왜곡된 현실은 불안정할 테지요. 자본주의 국가와 다를 바 없는 카테드랄 광장의 노천식당(위)과 FAC의 전시 사진(아래).

위하는 편이었기에, 체제는 권위적이지만 국민은 그 안에서 비교적 자유로울 수 있었습니다.

그 덕이랄까요? 쿠바는 세계 다른 어떤 곳에서도 찾아볼 수 없는 매력을 갖게 되었습니다.

중남미에서 가장 안전한 치안 아래 지난 세기의 풍경과 사회주의의 유산을 하얀 모래 푸른 바다와 함께 즐길 수 있는 곳. 합성조미료를 수입할수 없어 천연의 맛을 즐길 수밖에 없는 곳. 옛 보컬이 옛 악기를 들고 옛 무

체의 초상과 체의 기념품은 쿠바 어디를 가도, 혹 원치 않더라도 마주치게 됩니다.

대에서 옛 노래를 여전히 부를 수 있는 곳. 모로 요새에 앉아 아바나 비에
하를 적시고 말레콘에 지는 카리브의 석양을 넋 놓고 담을 수 있는 곳.

그런 곳은, 여기밖에 없습니다.

다시, "내 마음의 반"이 있는 곳, "Havana ooh-na-na"의 땅, 쿠바죠!

Travel and Destinations 4.

다채로운 나라, 남아프리카공화국

케이프타운.

- 국가명 Republic of South Africa
- 위치 아프리카 남부
- 인구 | 밀도 약 6000만 명 | 49명/㎢
- 면적 1,221,037㎢
- 수도 프리토리아Pretoria 등 3곳
- 언어 공용어 11개(줄루어, 코사어, 영어 등)
- 1인당 GDP $6,950(91위)
- 통화 랜드Rand | 1ZAR=약 80원
- 인간개발지수(HDI) 0.713(109위)

#아프리카+아프리카_이상

프리토리아
요하네스버그
클라렌스
블룸폰테인
레소토
피터마리츠버그
케이프타운
허마너스

수도가 3개인 나라, 국가國歌가 다섯 가지 말로 불리는 나라, '혼혈'이 범죄였던 나라. 이 범상치 않은 이야깃거리의 주인공은 아프리카의 남쪽 남아프리카공화국Republic of South Africa, RSA(이하 남아공)입니다.

아프리카 최대 경제국이자 브릭스BRICS의 끄트머리인[43] 남아공.

대한민국이 부부젤라Vuvuzela의 소음을 견디며 원정 최초 16강을 이루었던 2010년 월드컵을 치르며 여행자의 관심을 끌었으나, 길거리를 다니다 칼을 맞을 것만 같은 치안 불안으로 여행지로 보기에 조심스러워지는 곳.

하지만 말할 수 있습니다. 남아공은 당신이 알던 것보다 생각했던 것보다 또는 경험했던 것보다도 더 매력적이라고. 잊혀지지도 지워지지도 않은 채 기억을 잡고 늘어지는 여행 세포와 어느 순간 문득 찾아오는 그리움이 그곳의 이름을 부르고 있습니다.

따라 부를 수 없는 국가

남아공을 관통하는 하나의 단어를 뽑는다면, 그건 다양성 또는 다채로움이 아닐까 합니다. 다채롭다는 말의 사전적 의미[44]를 땅 위에 구현해놓은 나라라고도 할 수 있겠습니다.

남아공의 공용어는 무려 11개[45]입니다. 민족의 다양성과 복잡성을 상징적으로 보여주는 부분이죠.

흑인, 백인만 있는 게 아닙니다. 영국 식민지 시절 유입된 인도-말레이계와 흑-백-아시아계의 혼혈, 최근 추가 유입되는 중국인과 더 나은 삶을 찾아 국경을 넘는 다른 아프리카인들까지가 모두 남아공에 모여 살아갑

---

43 브릭스는 처음에는 남아공이 포함되지 않은 BRICs(브라질, 러시아, 인도, 중국 '들')이었으나, 네 나라의 정상회담에 2010년부터 아프리카 대표로 남아공이 추가(BRICS)되었습니다.

44 다채롭다: 「형용사」 여러 가지 색채나 형태, 종류 따위가 한데 어울리어 호화스럽다.

45 모어 화자의 숫자 순으로 줄루어, 코사어, 아프리칸스어, 영어, 북 소토어, 츠와나어Setswana, 남 소토어, 총가어Xitsonga, 스와지어Swazi, 벤다어Tshivenda, 남 은데벨레어Ndebele.

남아공의 대지는 풍요롭고 다채롭습니다. 야생동물 관찰부터 와이너리까지, 메마른 사막부터 대양을 품은 메트로폴리탄까지를 모두 담은, 자연환경만 보면 부럽기 그지없는 곳입니다. 케이프타운 롱스트리트(위), 예술가 마을 클라렌스(아래).

지브라산 국립공원(위), 가리엡댐 가는 길(아래).

니다.[46]

그래서 남아공의 국가도 무려 다섯 가지 말로 구성되어 있습니다. 하나의 국가에 다섯 말 버전이 있는 것이 아니라, 파트별로 코사어Xhosa, 줄루어Zulu, 소토어Sotho, 아프리칸스어Afrikaans, 영어로 불립니다. 국가를 끝까지 따라 부를 수 있는 사람이 거의 없겠지요!

예전에는 남아공으로 영어 어학연수를 가는 경우가 종종 있었어요. 남아공은 영국의 식민지였고 영연방 가입국이었으니, 왠지 영어 사용국 느낌이 나거든요.

이 나라가 영어 사용국이 맞긴 하지만, 그리고 정부와 공공기관에서 쓰이는 언어도 주로 영어지만, 영어는 화자가 네 번째로 많은 공용어 중 하나일 뿐이기도 합니다.

남아공의 백인이 쓰는 언어가 영어 아니냐구요? 남아공 백인 절반 이상의 모어母語는 아프리칸스Afrikaans입니다.

'아프리카너'와 '아프리칸스'

아프리카너Afrikaner는 우리가 흔히 생각하는 아프리카 흑인을 칭하는 말이 아닙니다. 아프리카 대륙에서는 소수인, 남아프리카에 거주하는 백인 중에서도 보어인들을 뜻하는 말이 아프리카너입니다. 그들의 말이 아프리칸스[47]죠.

---

46 남아공 인구(6014만 명, 2021년)의 약 80퍼센트는 다양한 민족의 흑인, 약 10퍼센트는 백인(아프리카너 약 60퍼센트, 영국계 약 40퍼센트)입니다. 인도, 버마, 중국 등 다양한 아시아 출신 인종이 2~3퍼센트 정도, 나머지는 흑–백, 황–백, 흑–황 등의 다양한 혼혈로 컬러드Coloured라 불립니다.

47 아프리칸스는 네덜란드어에 바탕을 둔 언어지만 문법에서 많은 차이를 보인다고 합니다. 그리고 아프리카너들은(프랑스와 독일 출신이 많이 섞이기도 했지만) 자신들을 네덜란드인이 아닌 아프리카인으로 인식하고, (토착 원주민들로부터 빼앗은) 남아프리카 땅을 아프리카너의 모국으로 인지했습니다. 농부의 삶이 '땅'을 근간으로 하는 것이었기에 남아프리카 땅에 살던 줄루족, 코사족 등 원주민과의 마찰과 전쟁이 끊이지 않았지요.

아프리카너들은 남아프리카 땅에 농장을 세우고 그들만의 문화를 가꾸었습니다. 멋진 와이너리와 농장에서 재배한 신선한 재료로 만든 요리를 제공하는 레스토랑들을 곳곳에서 찾아볼 수 있어요. 스텔렌보쉬 근처의 와이너리와 온러스 지역 농장의 식당.

　　남아공 땅에 영국인보다 약 150년 앞서 정착한 사람들은 네덜란드인이었습니다. 금욕적인 칼뱅파 기독교도가 주류였던 네덜란드 이주민에, 프랑스에서 신앙의 자유를 위해 피신해온 위그노Huguenot(프랑스의 신교도, 주로 칼뱅파)들이 합세하여 남아프리카에 식민지를 건설하며 스스로를 보어Boer(네덜란드어로 농부) 사람이라 불렀습니다.

　　시간이 흐름에 따라 남아프리카 땅에서 태어난 보어인들은 자신들의 정체성이 아프리카 대륙에 있음을 인식하고, 자신들을 '아프리카에 사는 사람', 즉 아프리카너로 칭하기 시작했습니다.

대서양에서 몰려오는 구름이 케이프타운을 덮는 모습을 테이블마운틴에서 바라보는 건 행운입니다.

남아공의 수도는?

남아공의 수도는 어디일까요? 최대 도시는 요하네스버그Johannesburg이고 가장 유명한 도시는 아마도 케이프타운이되, 이 나라의 행정수도는 요하네스버그 북쪽 40㎞ 지점에 위치한 프리토리아Pretoria입니다.

그걸로 끝이 아니죠. 케이프타운은 남아공의 입법수도(국회 소재)이며, 사법수도(대법원 소재)는 중부의 블룸폰테인Bloemfontein입니다.

남아공에 수도가 세 개씩이나 있는 이유는, 이 나라의 역사가 '남아프리카연방'으로 시작된 것에서 찾을 수 있습니다.

보어인들이 원주민들과 싸워 그들의 땅을 빼앗으며 남아공 땅에 농업국가를 세우던 19세기 초, 남아프리카에 큰 변화가 생깁니다. 영국이 남아프리카에 관심을 가지게 된 것이죠. 영국은 아프리카너가 세운 케이프 식민지Cape Colony를 빼앗고 줄루왕국이 지배하던 동쪽 인도양 해안에 나탈 식민지Natal Colony를 세웁니다.

아프리카너들은 영국에 쫓겨 내륙으로 이주해서 오렌지자유국Oranje Vrijstaat과 트란스발Transvaal, 두 나라를 건국합니다. 그리고 남아공의 역사를 뒤집어 놓는 사건이 발생합니다. 금 광산 그리고 다이아몬드 원석 발견이 그것이지요.

영국은 엄청난 규모(최대 50만 명)의 군을 투입시켜 남아프리카 동부의 강력한 흑인 왕국 줄루를 정복(줄루전쟁)[48]하고, 아프리카너의 두 나라를 공격(보어전쟁) 하여, 남아공 전역이 영국의 식민지가 됩니다(1902년).

1910년 영국령 남아프리카가 남아프리카연방(이름은 연방이지만 연방제는 아니었습니다)으로 독립합니다. 남아프리카를 구성하는 4개의 식민지(케이프, 오렌지, 트란스발, 나탈) 중 3곳의 수도에 행정, 입법, 사법 최고기관을 분할 배정했던[49] 것이지요.

사랑에 빠진 자, '유죄'

희망봉과 테이블마운틴으로 알려진 도시, 케이프타운은 입지와 환경면에서 정말로 아름다운 곳입니다.

테이블마운틴과 라이언스헤드Lion's Head를 병풍으로 두르고 남대서양을 끌어안은 케이프타운의 맑은 날에 좋은 바람이 불고 파도가 치면, 이곳이 지구별에서 가장 아름다운 도시임에 틀림없다는 생각이 아주 자연스

---

48 땅을 지켜내려는 아프리카너의 게릴라전에 영국군은 마을을 불태우고 민간인 강제수용소까지 동원합니다. 아우슈비츠 수용소의 원형이었다고도 하는 보어인 수용소에서 2만 명 이상의 16세 미만 어린이가 사망합니다. 만약 히틀러가 없었다면 유럽 근현대사에서 가장 잔인하고 사악한 나라는 독일이 아닌 영국으로 기억되었을 겁니다.

49 4개 중 가장 작은 식민지 나탈의 수도 피터마리츠버그Pietermaritzburg에는 기록보관소가 설치됩니다.

희망봉 가는 길. 채프먼스피크드라이브에서 보는 하우트베이(왼쪽)와 노르트후크비치(오른쪽).

레 들곤 했어요. 희망봉과 테이블마운틴은 아프리카의 남쪽 끝 땅, 대서양
과 인도양의 조우라는 그럴듯한 환상을 찾아간 이에게 만족감을 선사합
니다.[50]

하지만 케이프타운 공항에서 시내로 들어가는 길에 보게 되는 주변 풍
경은 전혀 아름답지 않습니다. 케이프타운 공항 주변 그리고 외곽의 많은
곳에는 남아공의 흑인 밀집 주거지 타운십Township이 자리합니다.

아파르트헤이트Apartheid. 아프리칸스로 '분리'를 뜻하는 단어입니다.

아프리카너가 주축이 된 남아공 국민당 정권이 폈던 이 '분리' 정책의 실
제는 명백하고도 아주 위험한 인종차별이었습니다. 남아공의 현상이자 실
제이며 축복일 수도 있는 '다채로움'에 최대한 역행하려는 시도였지요.

영국 식민지 정부가 백인 구역으로 흑인들이 들어오지 못하도록 제정
한 법에서 시작된 아파르트헤이트는, 1948년 아프리카너의 국민당이 집권
하며 본격화되었습니다. 인종 간 혼인 금지법(백인과 다른 인종 간의 혼혈을 막기
위함), 배덕법(백인과 유색인종의 성관계 처벌), 집단지구법(국토의 인종별 이용을 구
분), 홈랜드법(불모지에 흑인 집단거주지를 만들어 독립시키고 홈랜드 거주 흑인의 시민

---

50 희망봉의 환상과 실제에 관하여 4장에서 다뤄봅니다.

요하네스버그 주변 타운십의 모습.

권을 빼앗음) 등 각종 법률로 유색인종을 가두고 탄압하고 학대하였지요. 무려 1992년까지도.

아파르트헤이트를 모든 백인이 지지했던 것도, 남아공의 백인 사회가 행복했던 것도 아니었습니다. 칼뱅파 엄숙주의에 기반한 사회를 꿈꾼 국민당 정권은 도박, 낙태, 음란물, 동성애는 물론 텔레비전 보급마저 사악하다며 반대했고, 종교에 반하는 자, 공산주의자, 자유주의자들은 백인이라해도 탄압당하고 투옥[51]되었습니다.

타운십은 인종 간 소득 격차의 상징인 동시에 아파르트헤이트의 유산입니다. 아파르트헤이트 시절 흑인들은 백인들의 도시에 허가증 없이 들어갈 수 없었고, 허가증이 있는 흑인들도 일과 후에는 외곽 흑인 거주지로

---

51 대니얼 래드클리프 주연의 영화 〈프리즌 이스케이프Escape From Pretoria〉는 백인 자유주의자의 탈옥기이지요.

돌아와야 했습니다.

영화 〈디스트릭트 9〉 보셨나요? 지구에 불시착한 외계인의 수용 구역을 설정해 인간의 통제를 받게 하다 수용 구역마저 철거하는 인간의 행태는, 남아공의 실화(케이프타운 디스트릭트 6)에서 모티브를 얻은 것입니다. 이 영화의 배경도 남아공 요하네스버그 근처, 영화 속 말투도 남아공식 영어라고 합니다.

아파르트헤이트 시절, 남아공에는 '명예 백인Honourary White'이란 개념이 있었습니다. 백인이 아닌데 백인에 준하는 대우를 해주겠다는 것이죠. 인종차별로 인해 유럽 및 서방 세계와 교류가 중단된 상태에서 필요에 의해 생긴 개념이었습니다.

백인 구역을 다니고, 백인과 같은 시설을 이용할 수 있는 권한이었어요. 다만 백인과의 결혼, 성관계, 참정권은 여전히 주어지지 않았습니다. 남아공의 중요한 교역국이었던 일본인, 같은 영국 식민지였던 홍콩인들이 명예 백인 대우를 받았고, 아파르트헤이트 남아공과 수교를 한 대만인들은 아예 백인으로 인정받았다 합니다. 반면 본토 중국인들은 인도, 버마계와 같이 완전한 유색인종으로 차별받았습니다.

한국인들은 어떤 대우를 받았을까요? 한국인에 대해서 명확한 구분은 없었는데, 개별적으로 명예 백인 대우를 받는 경우가 많았다 합니다.

남아공의 이미지는, 그리 좋지만은 않을 겁니다. 차별의 현대사와 피비린내 나는 근대사를 가슴에 묻은 남아공의 풍경은 아름답기만 한데 말이지요.

남아공을 다루는 오늘의 소식들도 세상을 휩쓸고 지나간 오미크론과 정치 소요에 따른 폭동처럼 우울하고 답답한 것들이 대부분일 거예요. 한쪽의 무질서와는 다른 정돈된 다채로운 세상이 같은 나라에 존재한다는 건 잘 알려지지 않고 있습니다.

남아공의 풍경. 와인랜드, 골든게이트 하이랜즈국립공원. 프리스테이트 체리 농장. 케이프타운의 파도.

그럼에도 불구하고 남아프리카를 찾는 용기 있는 여행자들도, 대부분 짧은 일정에 케이프타운과 요하네스버그 근처만을 돌아보고 돌아서지요.

할 수 있다면, 돌아서는 발목을 붙잡고 소개하고 싶습니다.

고래의 꿈이 서린 마을 허마너스 Hermanus의 바다 풍경과, 위그노가 남아공에 남긴 위대한 유산이 익어가는 웨스턴케이프의 와인랜드 들판, 용의산 드라켄즈버그Drakensburg와 금빛 절벽 골든게이트 하이랜즈Golden Gate Highlands National Park국립공원, 자유주Free State의 진주로 불리는 아프리카너 예술가 마을 클라렌스Clarens 그리고 가든루트Garden Route에서 만나는 인도양의 파도를, 함께 기억하고 공유할 수 있는 사람들이 많아졌으면 좋겠습니다.

남아프리카의 풍경만이 아니라 그 풍경을 만들어 온 사람들의 시간과 배경까지를 조금 이해하고 돌아본다면, 케이프타운 워터프런트의 하늘과 샤도네이 와인의 향이 조금 더 특별해질지도 모릅니다.

Episode 06

어느 겨울 나의 살던 곳

　좋은 여행지로 기억되는 곳이 있습니다. 의미가 남고 여운이 남고 추억이 남는 곳이겠죠.

　하지만 때로, 그저 '좋은 여행지'라는 수식어만으로는 충분하지 않은 기억도 있습니다.

　긴 여행이 짧은 여행보다 좋은 몇 가지 이유 중 하나는, 어떤 좋은 곳이

176

'여행지'가 아닌 '살던 데'가 될 수 있다는 것입니다.

의미, 여운, 추억이 깊어지고 길어져 순간순간 묻어나고, 작은 일상으로 기억될 수 있다는 거예요.

시체스Sitges처럼.

시체스는 시체스 국제 영화제Sitges Film Festival, Festival Internacional de Cinema Fantàstic de Catalunya가 열리는 도시입니다. 시체스 국제 영화제는 판타스포르투 영화제, 브뤼셀 판타스틱 영화제 등과 함께, SF·호러·스릴러·애니메이션 등의 장르에서는 손꼽히는 권위를 가진 행사라해요. 이 영화제는 한국 영화를 좀 편애하는 느낌인데, 2004년에 〈올드보이〉가 작품상을, 2005년 이영애(〈친절한 금자씨〉)에 이어 2009년에는 김옥빈(〈박쥐〉)이 여우주연상을, 2016년에는 연상호(〈부산행〉)가 감독상을 수상했습니다. 2016년에는 감독상 외에도 촬영상(〈곡성〉), 관객상(〈아가씨〉)까지 한국 영화가 휩쓸기도 했습니다. 〈푸른 바다의 전설〉이란 드라마를 찍은 곳이기도 해요.

시체스는 유럽에서 꽤 알아주는 LGBT 타운이에요. 동성애자를 위한 해변, 바, 공연이 널려 있죠. 카디스Cadiz와 함께 스페인에서 카니발 기간을 보내기 가장 좋은 곳이랄 수 있어요. 카니발 행렬 앞에 일렁이는 진짜 공기 움직임을 느끼고 싶다면 카디스를, 카디스가 너무 멀다면 시체스를 향하면 되겠습니다.

바르셀로나에서 30분 거리(약 35㎞)에 있는, 인구 3만 명도 안 되는 이 작은 도시는 그 크기에 비해 세상에 꽤나 알려져 있습니다. 1층 골목으로 창이 난 '나의 집' 침대 위에서 때로 한국어로 떠드는 소리에 잠이 깨기도 했으니까 한국 사람들에게도 유명한 곳인 듯합니다.

하지만 시체스는 여전히, 바르셀로나의 번잡함이나 화려함과는 비교할 수 없는 편안함이 있는 곳입니다. 너무 순수하고 순박한 것보다 적당히 꾸며지고 적당히 까발려진 곳이 괜찮다면, 시체스에서 제대로 쉬어갈 수 있을 거라는 얘기겠죠.

여름의 시체스의 해변은 붐빌 거예요. 뜨거운 피가 흐를 것이고, 음악이 넘칠 것이고, 젊은 기운이 넘실대겠죠.

하지만 제가 다시 시체스를 찾을 계절은, 그때도 다시 겨울일 겁니다. 쉴 곳은 한적해야 하는 법이니까.

따스한 햇살 사이로 시린 바닷바람을 맞으며, 바 포르트알레그레Port Alegre에서 에스트레야 담Estrella Damm 생맥주 한 잔을 시킬 거예요. 그렇게 빈 모래 사변을 뒹구는 산책 나온 개 두 마리를 바라보다 노란빛에 자리를 내주는 파란 하늘을 바라보다 줄어들어 아쉬운 맥주잔을 바라보다 하는 거죠. 아쉬움이 커지면 한 잔만 더, 또 딱 한 잔만 더를 외치게 될 터이고, 그러다 보면 하늘엔 노을빛만 가득해질테죠. 낭만을 찾아 찬 바람을 무릅쓴 커플이 두 마리 강아지 자리를 대신할 때까지, 같은 자리에서 바라만 보고 있을 거예요.

바닷가, 햇살, 파도, 맥주가 혹시라도 지루해 지겨워지는 날이 오면, 때맞추어 찾아온 카니발 시즌에 환호할 겁니다. 늦겨울에 찾아온 짧은 여름의 정열은, 몸과 마음을 다해 즐길만해요. 순간을 위해 수개월을 준비한 카니발 팀들을 위해 손뼉치고 환호하며 놀아줄 의무도 있

고요.

    그래, 마법의 구두를 신고 꽃가루 사이를 날아보는 거예요.

    어느 겨울 나의 살던 곳, 시체스. 그 겨울은 내 가슴에 따스했고 내 눈가에 편안했습니다.

    꽃가루 사이를 휘감던 마법은 그렇기에, 그곳에 멈추어 풀리지 않고 있는 듯도 해요.

    의미, 여운, 추억만이 깊어지고 길어져 자꾸만 이렇게 눈앞에 묻어나니, 어쩌겠어요.

    언젠가 언제라도 그곳에 다시 찾아갈 수밖에.

Travel and Destinations 5.

한국과 닮은 나라, 아르메니아

캐스케이드Cascade Complex, 예레반.

세반

예레반

▲
아라라트산

- 국가명 Republic of Armenia /
  Hayastan
- 위치 서아시아–동유럽 경계,
  남캅카스 내륙국
- 인구 | 밀도 약 300만 명 | 100명/㎢
- 면적 29,743㎢
- 수도 예레반Yerevan
- 언어 아르메니아어(공용어)
- 1인당 GDP $4,701(111위)
- 통화 드람Dram | 1AMD=약 3.5원
- 인간개발지수(HDI) 0.759(85위)
#아라라트를_품은_민족

181

세반호수에 자리한 아르메니아 정교 수도원.

　2019년은 한국 법원의 일제의 강제징용 배상 판결에 대한 일본의 경제 보복으로 한국과 일본의 관계가 아주 냉랭해진 해로 기록될 겁니다. 코로나19 확산 방지를 위한 2020년의 대응 상황에서도 일본의 일방적인 한국 국민 입국 제한 조치가 우리 국민의 감정을 상하게 했지요. 2021년에는 도쿄올림픽 독도 영토 표기가, 2022년에는 사도광산 유네스코 세계유산 추천이….

　우리 가장 가까이에 있다는 이웃나라는 역사에 대한 이해와 이해에서 비롯된 감정의 표현 방식이, 우리와 너무나도 다른 듯합니다.

　세상의 많은 나라들 대부분이 이웃과의 사이가 좋지만은 않습니다. 국경을 맞대고 있는 나라와 으르렁거린 사건을 몇 차례쯤 경험하는 건 흔한 일이며, 대놓고 견원지간인 나라들도 꽤 많습니다.

　하지만 '사이가 좋지 않은' 것과 '가해를 하고 피해를 입은' 건 다르죠. 유럽과 아시아의 교차로 코카서스에도 이웃 가해국에 큰 상처를 입은 피해

52　조지아의 이웃 아르메니아는 코카서스 3국 중에서도 가장 작은 나라입니다. 경상남북도보다 작은 크기에 인구는 약 300만 명입니다.

국 한 곳이 있습니다. 상처 자욱을 가슴에 간직한 채 아름다운 산하로 여행자를 부르는 작은 나라, 아르메니아Republic of Armenia, Hayastan입니다.[52]

우리나라에 잘 알려지지 않은 나라 아르메니아는 유구한 역사를 가진 나라입니다. 이 나라의 역사는 몇 가지 중요한 지점에서 우리와 꽤나 닮았습니다.

외세의 침입 속에서 지켜낸 민족성

아르메니아인은 오랜 역사 속에서 가장 오랫동안 정체성을 지켜온 민족 중 하나입니다. 아르메니아인의 정신적 랜드마크인 아라라트산Mt. Ararat 인근에서 발굴된 문명의 흔적은 기원전 4000년경의 것이라 합니다. 아르메니아의 수도 예레반Yerevan은 기록에 의하면 기원전 9세기~6세기에 출현했던 우라르투Urartu왕국이 세운 도시입니다. 2018년이 예레반이 생긴지 2800주년이 되는 해였다니, 말 다 했지요.

아르메니아는 로마가 기독교를 인정(313년)하기 이전에 기독교를 국교로 삼은(로마 제국은 391년) 최초의 기독교 국가(301년)[53]이기도 합니다.

게다가 아르메니아인은 매우 오래된 고유의 문자를 가지고 있습니다. 메스로프 마시토프Mesrop Mashtots라는 아르메니아의 성인이 창제한 아르메니아 문자는 서기 405년 만들어진 이후 1600년 넘게 이 민족의 문학과 역사를 기록하고 있습니다.

---

53 아르메니아인들의 종교는 여전히 기독교입니다. 세계 최초의 기독교 국가이며, 온갖 외침에도 그들의 종교를 지켜온 사람들입니다. 이 나라의 기독교—아르메니아정교 또는 아르메니아 사도교회Armenian Apostolic Church—는 우리나라의 개신교와는 다른 종교예요. 가톨릭과도, 동방정교와도 다른 종교고요. 아르메니아정교는 주류 기독교(가톨릭-동방정교-개신교)의 교리가 '칼케돈공의회Council of Chalcedon'를 통해 확정되기 전 갈라져 성장한 것으로 이집트의 콥트교, 에티오피아의 정교회와 교리가 유사하다고 해요. 아르메니아정교의 크리스마스는 특이하게도 1월 6일입니다. 동방정교와 콥트교의 크리스마스는 1월 7일입니다.

민족만의 문화와 언어, 종교를 오랜 세월 지켜오는 일은 아르메니아인들에게는 정말 어려운 일이었을 겁니다. 아르메니아는 소아시아와 코카서스가 만나는 문명의 교차점에 위치해 있고, 이는 세계사를 빛낸 온갖 강대국들의 영향 아래 놓여 있었다는 이야기거든요.

페르시아, 동로마-비잔틴, 몽골, 투르크(셀주크, 오스만)와 러시아까지. 아르메니아 땅을 지배한 나라들은 서아시아와 동유럽을 제패한 당대 최강대국들입니다. 이들에 맞서 고유의 문화와 언어, 종교를 보존한 이 민족의 고집만큼은 알아줘야 합니다.

튀르키예의 가해, 아르메니아인 대학살

고유의 문자와 언어를 오래도록 간직한 고집스런 민족, 아르메니아인은 수백 년간 종교도 다른 오스만, 즉 튀르키예[54]의 지배를 받았습니다. 하지만 튀르키예인과 공존하며 정체성을 유지해 왔지요.

이는 오스만투르크Ottoman Empire의 관용적인 종교관 덕에 가능했다 생각해요. 다른 종교에 대한 이해와 공생의 여지는 찾아볼 수 없었던, 중세부터 근대까지의 기독교 국가들과 비교하면 특히 훌륭했던 정책이었다 할 수 있겠지요.

예레반의 박물관 마테나다란에 아르메니아의 역사를 말해주는 고문서들이 보관되어 있습니다.

건너편 튀르키예 영토에 있는 아라라트산은 아르메니아 민족의 영산입니다. 코르비랍수도원은 아라라트를 조망하기 좋은 곳입니다.

하지만 오스만이 쇠퇴하고 러시아가 성장해 남하하는 19세기 후반이 되자 두 민족의 평화로운 공존은 종말을 맞습니다. 동아르메니아(현재의 아르메니아공화국) 쪽이 러시아 영향권에 들며 민족주의가 강화되고 독립을 위해 무력 투쟁을 강화한 것입니다.

그리스가 독립하고, 발칸의 영토들이 떨어져 나가며 오스만제국 내 위기감이 고조됩니다. 특히 발칸과 그리스에 거주하던 많은 수의 무슬림들이 박해에 쫓겨 오늘날의 튀르키예 땅으로 들어오면서 기독교도에 대한 반감과 함께 사회 혼란이 가중되었고, 관용적이던 제국은 보수적으로, 다

54 원래부터 '터키'의 자국어 국호는 '튀르크Türk인의 땅'이란 의미를 담고 있는 '튀르키예Türkiye'였습니다. 민족주의 성향을 강화하고 있는 튀르키예의 에르도안 정부는 널리 알려져 인정하던 영어 국호(Turkey)를 2022년 초 대체하기로 하였고, 튀르키예 정부의 공식 요청에 따라 한국 외교부와 국립국어원 표기도 튀르키예로 바뀌었습니다(2022년 6월).

지금의 이스탄불, 과거 오스만제국의 수도 콘스탄티니예Constantinople, قسطنطينيه는 제국의 관용 아래 다양한 종교와 민족이 공존하던 도시였습니다. 19세기 후반, 나라가 기울고 무슬림 난민이 쏟아져 들어오며 상황이 달라집니다.

양성이 인정되던 사회는 보다 종교적으로 변해갑니다.

그렇게 패배하고 퇴보하던 오스만의 튀르키예인들은, 패퇴와 혼란의 원인을 내부의 적으로 돌립니다. 타겟은 아르메니아인들이었어요. 튀르키예 안에서 튀르키예인보다 잘살던 아르메니아인의 경제적 지위에 대한 시기와, 어려운 시기에 특히 다른 종교와 민족에 갖게 되는 배타성,[55] 이웃의 아르메니아 사람들을 적국 러시아인과 동일시하는 무지가 비극의 원인이 아니었나 싶습니다.

1894~1896년의 1차 학살은 오스만제국의 몰락 시기에 '혼돈 상황에서의 충돌'이었다고 설명할 수 있을지도 모릅니다.[56] 옛날에는 다 그랬다고, 그 시절 종종 일어나던 사고라고. 하지만 1차대전 중(1915~1916) 일어났던 2차 학살—제노사이드Genocide(집단학살)—은 튀르키예인들에게 면죄부를 쥐여줄 수 없는 성격이었다 생각합니다.

---

55 혼란의 시기, 섞여 살았지만 정체성이 다른 이웃을 향하는 비슷한 광기는 다른 곳에서도 종종 목격됩니다. 100년 전, 한민족도 겪었지요. 1923년 9월 일본 관동대지진 직후 쌓여가는 불만을 억누르기 위해 조선인을 향했던 분노와도 맥을 같이 합니다.

56 '혼란 상황에서의 충돌'은 아르메니아인 집단학살에 대한 튀르키예 정부의 입장입니다.

1915년 4월 24일 새벽, 오스만제국 정부는 이스탄불에 거주하는 아르메니아인 지식인, 종교인, 오피니언 리더 수백 명을 예고 없이 한꺼번에 체포합니다. 이적 행위와 반체제 운동이 체포 사유였죠. 그리고 이들 대부분은 그해 안에 죽음을 맞이합니다.

이날부터 아나톨리아[57]에 거주하던 수십만 명의 아르메니아인 남자들은 모두 살해 대상이 되었고, 여자들과 아이들, 노약자들은 시리아와 이라크의 사막으로 쫓겨납니다.

인간의 짓이라곤 믿고 싶지 않은 끔찍한 행위들에 대한 수많은 증언들이 있지만 굳이 인용하진 않겠습니다. 다만 다음만은 꼭 짚고 넘어가고 싶습니다.

독립을 원했던 오스만제국 내 아르메니아인들의 '이적' 행위에 대한 적개심, 무력 충돌에 대한 복수전, 어려운 시절 민족적 단합을 위해 정치적으로 필요한 '적' 규정 등은 세계사의 흐름 속에서 존재했던 내용입니다.

하지만 아르메니아인 학살이 용서받기 힘든 것은, 유태인에 대해 나치가 했던 그것과 마찬가지로, '아르메니아 민족'을 세상에서 지우려 했다는 의도가 분명한 흔적들에 있습니다. 지난 세기 초 오스만은 아르메니아인 남자들을 죽이고, 노약자들은 사막에 가두고, 아나톨리아에 남은 자들은 '튀르키예화'하여 한 민족을 물리력으로 사라지게 만들고자 시도했던 것입니다.

아르메니아인 학살 희생자의 숫자에 대해서는 의견이 분분합니다. 튀르키예 정부는 30~40만 명 정도가 '혼란' 중에 숨졌다는 입장이고, 아르메니아 정부는 200만 명 이상의 희생을 주장합니다. 유럽의 연구들은 20세기 초의 상황에서 60~150만 명이 목숨을 잃은 것으로 보고 있습니다.

아르메니아인 대학살이 더 슬픈 이유는 학살 이후의 근대사에 있습니

---

57 Anatolia. 오늘날 튀르키예 영토에 해당하는, 아시아에서 유럽 방향으로 뻗은 반도의 이름입니다. 소아시아Asia Minor라 불리던 땅이기도 하지요.

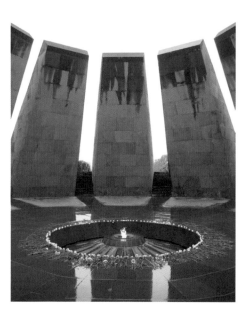

아르메니아인 학살 추모공원의 기념탑.

다. 대학살의 희생이 제대로 인정받지 못하고 있는 것이지요.

　인구 수백만의 작은 나라 아르메니아는 2차대전 후 소비에트연방에 속
하게 된 것에 비해, 중요한 지정학적 위치—소련을 막아서고 아랍 세계를
연결하는—를 가진 인구 8000만의 대국 튀르키예는 서방 세계에 중요한
나라였던 것이죠.

　냉전이 끝난 뒤에도 1억에 가까운 인구가 가지는 시장으로서의 매력과
이슬람 근본주의 전선에서의 중요성 때문에 튀르키예를 강력하게 비난하
고 아르메니아인들의 희생을 추모하는 국제사회의 행동은 여태껏 제대로
이루어지지 않았습니다.

　수백만 명이 죽임을 당한 것에 대해 튀르키예 정부는 한 번도 제대로 사
과한 적이 없습니다. 전쟁과 혼란 와중의 '불가피'한 희생이었다, '불행'한
일로 매우 '안타깝게' 생각한다, 는 것이 튀르키예 정부의 공식적인 입장입

니다.

어디서 많이 들어본 말 아닌가요? 아르메니아 학살에 대한 우리의 '형제국' 튀르키예의 정부 입장은 우리나라를 식민 통치했던 일본의 그것과 너무도 유사합니다.

오스만 붕괴 과정에서 학살된 민족은 사실 아르메니아인만이 아닙니다. 오스만 제국의 아르메니아인 학살은 종교적인 이유라기보다는 민족적인 이유, 즉 튀르키예–아나톨리아 땅을 다른 민족과 함께 사용할 수 없다는 의미가 강했기 때문에, 백만 명의 아르메니아인 뿐 아니라, 수십만의 그리스인과 아시리아인(기독교), 수만의 시리아정교도(기독교) 그리고 또 다른 수십만의 무슬림 아랍인들까지 함께 희생되었습니다.

이 학살을 비난하거나 피해자를 동정하던 양심적인 오스만 지식인, 언론인들도 '매국노' 또는 '아르메니아 놈'으로 몰려 살해당하거나 어쩔 수 없이 망명길을 택하게 됩니다.

그렇게 상황은 최악으로 치닫고 희생자 수는 늘어났습니다.

잃어버린 민족의 영산, 아라라트

현재의 아르메니아는 경상남북도를 합친 것에 살짝 못 미친 크기의 캅카스산맥 남쪽의 작은 나라입니다. 하지만 예전 아르메니아인들의 땅은 훨씬 넓은 것이었습니다. 튀르키예 동부 지역은 기원전부터 아르메니아 학살 시기까지, 아르메니아인, 튀르키예인, 쿠르드인 들이 어우러져 살아가는 터전이었습니다. 아르메니아인들은 지중해변(지금의 튀르키예 남부)에 300여 년간 킬리키아아르메니아왕국Armenian Kingdom of Cilicia(1080~1375)을 세우기도 했습니다.

비유하자면 아르메니아는 서쪽 국경 너머에 고구려의 광활했던 영토와

노아의 방주가 닿아 멈추었을 만큼 높은 곳. 아라라트산.

간도閒島 같은 땅을 가슴에 새기고 있습니다.

　노아의 방주가 머물렀다는, 아라라트산(5137m)은 현재 튀르키예 영토 내에 있지만, 역사적으로 아르메니아인들이 거주한 대大아르메니아의 중심에 위치했던 영산[58]입니다. 백두산과 간도 땅을 연상케 하는 들판을 국경 너머에 두고, 아르메니아는 쪼그라들어 작은 내륙국이 되었습니다.

58　아라라트산을 최종적으로 튀르키예에 넘긴 건 스탈린 시절의 소련입니다. 스탈린은 아르메니아의 강력한 민족주의 성향을 염려하여, (물론 튀르키예와의 우호 관계도 고려하여) 아르메니아의 영산 아라라트를 튀르키예 영토로 인정합니다. 소비에트연방의 일부였던 아르메니아로서는 어쩔 도리가 없었죠. 아라라트산 주변은 다른 민족들도 어우러져 살아가던 터전이기 때문에 쿠르드인 또한 아라라트를 민족 성지로 생각합니다.

튀르키예 동부에는 튀르키예 최대의 호수 반호Lake Van가 있습니다. 제주도의 약 두 배 면적(3755㎢)이나 되는, 사해처럼 하천의 유입은 있되 출구는 없는 염호이지요.

반호수에 떠있는 악다마르섬Akdamar Island엔 아르메니아 사람들에 의해 10세기에 지어진 성십자교회Cathedral of the Holy Cross가 있어요. 아르메니아정교의 주요 교회 중 하나인 이 예쁜 교회는 아르메니아인 학살 기간 파괴되었고(이후 재건), 반호수 주위에서 살아가던 아르메니아 사람들은 살해당하거나 동쪽으로 피신했습니다.

지금의 아르메니아에는 세반호수Lave Sevan가 있습니다. 제주도보다 조금 작은 (1239㎢) 세반호수는 바다가 없는 아르메니아 사람에게는 바다이며, 반호수를 대신하는 곳이기도 합니다. 세반은 '검은Se 반Van호수'란 의미입니다.

적국으로 막힌 나라의 지정학적 리스크

우리나라는 운이 없다는 이야기를 종종 합니다. 위치가 그렇다는 거죠. 서쪽에는 (미세먼지를 내뿜는) 인구 대국 중국이, 동쪽에는 (극우병이 심화되는) 경제 대국 일본이, 태평양 너머와 대륙 건너에는 물리적으로는 멀어도 강력한 직간접적 영향을 미치는 미국과 러시아가 있으니, 지정학적으로 불운한 것이 맞을 겁니다. 대한민국 정도의 국력이면 지역 강국으로 꼽힐만도 한데, 4강으로 둘러싸인 동북아에서는 약소국인 것이 현실입니다.

자리 잡은 땅의 위치가 우리보다 더 불운한 나라가 아르메니아일 수도 있습니다. 지난 2000년간 강대국들이 거쳐간 남코카서스에 자리잡고도 민족성과 자긍심을 지켜왔지만, 오늘날의 현실은 작은 나라 아르메니아가 자립하기에는 버겁습니다.

아르메니아는 내륙국입니다. 좁은 국토의 대부분은 산악지대이며, 300만 명에 못 미치는 저소득(1인당 GDP 4595USD, IMF, 2021) 인구로는 시장성

아르메니아는 민족적, 종교적 자부심으로 정체성을 지켜왔습니다. 게하르트의 수도원.

이 확보되지 못합니다.

　결정적인 건 주변국과의 관계입니다. 아르메니아의 서쪽엔 아르메니아인 학살로 거리를 둘 수밖에 없는 이웃 튀르키예가 자리하며, 동쪽과 남서쪽, 가장 긴 국경선을 맞댄 곳엔 튀르키예의 혈맹 아제르바이잔이 있거든요. 서쪽 튀르키예와 동쪽 아제르바이잔 양쪽 국경은 넘을 수 없는 막힌 경계입니다.

　아르메니아와 아제르바이잔의 관계는 튀르키예와의 관계 이상으로, 최악입니다. 원래 사이가 좋지 않던 두 나라는 1990년대 초반 나고르노-카라바흐Nagorno-Karabakh(아르차흐) 전쟁을 치렀고, 아제르바이잔에 속해있던 아르메니아인 자치주 나고르노-카라바흐가 독립을 선언한 이래 원수지간이 되었습니다.[59]

　아르메니아(및 아르차흐)-아제르바이잔 간 통행은 완전히 단절되어 있으

경제적으로 큰 매력이 없는 아르메니아와 달리, 사이 나쁜 이웃 아제르바이잔은 석유와 천연가스를 가졌습니다. 수도 바쿠 근교에서 세계 최초의 상업적 원유 채굴이 이루어졌습니다.

며, 제 3국 여행자가 아르메니아에서 산 물건을 아제르바이잔에 가져가는 것조차 압수될 정도로 사이가 좋지 않아요. 2020년 가을, 아르차흐를 두고 다시 피를 흘린 두 나라의 관계가 언제 회복될 수 있을지 짐작조차 가지 않습니다.

바다가 없는 남북으로 긴 나라의 동서가 완전히 막혔으니, 혈로는 북쪽 조지아와 남쪽의 짧은 이란 국경뿐입니다. 이란과의 국경은 험준한 산지인데다가 넓은 이란 국토 때문에 바닷길까지의 거리가 멀어 대부분의 아르메니아의 무역은 조지아의 바투미항을 통해 이뤄집니다. 사실 조지아와의 관계도 그리 부드러운 편은 아니지만, 조지아에 의존할 수밖에 없는 것

---

59 나고르노-카라바흐 전쟁으로 양측에서 전사자 약 4만 명, 난민 약 120만 명이 발생했습니다. 전쟁은 사실상 아르메니아의 승리로 끝났고, 나고르노-카라바흐는 독립 선언 후 2017년에 아르차흐공화국Republic of Artsakh으로 개칭했습니다.

이 아르메니아의 현실[60]입니다.

국제사회에서도 시장을 가진 튀르키예와 석유를 가진 아제르바이잔이 아르메니아보다 중요하기 때문에 아르메니아의 목소리는 묻히기 십상이며, 별다른 자원도 강력한 동맹도 없는[61] 아르메니아는 주변국과 비교하면 매우 가난합니다.

튀르키예-아르메니아 관계가 '가해국'과 '피해국'의 그것에 가깝다면, 아르메니아와 아제르바이잔의 관계는 '견원지간인 이웃'이 맞겠습니다. 나고르노-카라바흐 전쟁 기간 상대 민족에 대한 학살과 전쟁범죄[62]가 번갈아 일어났기에, 한쪽을 변호해주기 어렵습니다. 2020년 아르메니아-아제르바이잔 전쟁 때도 민간인에 대한 발포와 휴전 합의 위반이 끊이지 않았어요.

미승인국이자 아르메니아의 괴뢰국이었던 아르차흐는 2020년 전쟁 후 존립을 위협받게 되었습니다. 전쟁은 아제르바이잔의 실질적 승리로 돌아가 아르차흐의 면적은 기존의 30퍼센트 수준으로 줄어들었고, 아르메니아에서 아르차흐로 이동하려면 아제르바이잔의 영토를 거쳐야 합니다. 통행의 자유는 보장되었으나, 미래는 보장되지 않았죠.

국제법상으로는 여전히 아제르바이잔에 속하지만, 아르차흐를 여행하면 아제르바이잔 입국이 불가능합니다. 아르차흐가 외교부 여행경보 '철수권고' 지역이므로 여행은 권하지 않습니다.

---

60 조지아와 아르메니아는 주변 무슬림 세력에게서 자신들의 민족성과 종교를 지켜냈다는 공통적인 자부심을 가지고 있습니다. 하지만 조지아는 경제적인 이유와 반러 감정으로 아제르바이잔에 더 접근하고 있고, 2020년 전쟁에서도 중립을 지켜 아르메니아의 실질적 패전에 중요한 역할을 합니다. 조지아의 협조 없이는 살 수 없는 내륙국 아르메니아의 운명이 다시 한 번 증명되었죠.

61 아르메니아의 가장 큰 동맹은 러시아입니다. 튀르키예를 견제하고 코카서스에서 영향력을 키우기 위해, 러시아군이 아르메니아에 주둔하고 아르메니아를 지원하고 있습니다. 하지만 그 지원이 러시아의 국익에 부합하는 수준의 제한적인 것이라는 게 2020년의 아르메니아-아제르바이잔 전쟁에서 드러났습니다.

62 아제르바이잔 쪽에서 강조하고 싶어하는 가장 유명한 사건은 호잘르학살Khojaly Massacre (1992)입니다. 도망치는 아제르바이잔 난민들에게 아르메니아군이 발포하여 200~1000명이 사망한 사건이죠. 다만 비슷한 방식의 민간인 학살은 양쪽 모두에 의해 진행되었습니다. 심지어 2020년에도.

국경선을 맞대고 붙어 있지만, '코카서스 3국' 여행 중 아제르바이잔에서 아르메니아 또는 그 반대로 이동하려면 조지아 또는 이란을 통해야만 합니다.

그리고 아르메니아는

아르메니아의 인구는 300만에 불과하지만, 아르메니아 밖에서 흩어져 살아가는 아르메니아인이 70개국 약 500만 명에 달합니다. 유태인, 몽골인과 함께 본국보다 해외에 거주하는 인구가 더 많은 몇 안되는 사례에 해당합니다. 일찍 나라를 잃었으나 종교와 언어, 민족 정체성을 유지했다는 점에서 유태인과 비슷한 아르메니아인 사회는, 역시 유태인 다음가는 디아스포라Diaspora가 진행되었습니다. 러시아와 미국에 각각 100만 명 이상,

예레반의 공화국 광장의 야경.

국경마을에서 만난 귤이랑 밤을 팔던 아주머니의 웃는 얼굴에 기분이 같이 좋아져 버렸습니다.

프랑스, 이란, 레바논, 조지아, 브라질, 독일 등에 각 10만 명 이상의 아르메니아 사람들이 거주하는 것으로 보입니다.

아르메니아인들은 유태인 못지않게 상인으로 이름나, 특히 페르시아와 오스만제국에서는 많은 수가 부유층으로 살았다고 합니다(그래서 더 미움을 받았겠죠).

자원이 부족하고 지리적 여건과 전쟁으로 경제 상황이 녹록하지 않은 아르메니아의 최대 수입은 해외에 거주하는 아르메니아인들의 투자와 송금입니다. 미국 내 아르메니아계의 정치경제적 영향력도 만만찮은 걸로 알려져 있습니다. 셀럽 킴 카다시안Kim Kardashian과 가수 셰어Cher는 아르메니아계 미국인, 〈반지의 제왕〉의 골룸 앤디 서키스Andy Serkis는 아르메니아계 영국인이며, 스티브 잡스의 모친(양모)도 아르메니아계 미국인입니다.

해외 거주 아르메니아인들의 노력에도 불구하고, 아르메니아인 학살은

와이너리, 코르비랍, 아라라트, 아르메니아!

국제사회에서 제대로 인정받지 못하고 있습니다. 심지어 아르메니아 국내에서도 스탈린 시대까지는 자국민들의 대학살을 내놓고 말하지 못했습니다. 스탈린은 서아시아에서 혼란을 일으킬 수 있는 역사적 사실을 공론화하고 싶지 않았고, 당시 이 일을 언급하던 아르메니아인들은 '수용소'행이 있습니다.

공산주의에 맞서는 국제 단일대오가 중요했던 서슬 퍼렇던 시절, '위안부'와 강제징용에 대한 언급조차 하지 못했던 한국의 상황과 연계해 생각하면 쉬울 것 같네요.

돌고 돌아 다시 제노사이드를 말하게 되는 안타까운 아르메니아의 근대사를 뒤로 하고, 다시 보는 아르메니아의 풍경은 역시 아름답기만 합니다.

해발 1900m 짙푸른 호수를 마음껏 내려다볼 수 있는, 그림 같은 세반 수도원Sevanavank을 품은 마을 세반과, 슬며시 눈 남은 등선 풍경이 고즈넉한 산간 마을 딜리잔Dilijan, 아르메니아의 예루살렘이자 바티칸이랄 수 있는 곳 에치미아진Echmiadzin, 거대한 주상절리가 펼쳐지는 아자트 계곡Azat

예레반의 노천카페를 찾아다니는 건 꽤 큰 즐거움입니다.

Valley과 계곡 위 게하르트 수도원Geghard Monastery을 간직한 성채 도시 가르니Garni까지가, 모두 수도 예레반에서 한두 시간 거리에 모여 있습니다.

아르메니아 인구의 1/3이 살아가는 수도 예레반은 '가난한 나라'라는 현실과 괴리감이 느껴질 만큼 깔끔하게 정돈되어 있고, 시내에 즐비한 카페를 탐험하는 즐거움은 다른 어떤 유럽 도시들 못지않습니다. 아니, 대개 더 즐거운 경험이지요. 물가가 놀랄 만큼 저렴하니까요.

기원전 782년에 세워졌다는 예레브니Erebuni의 현신인 이 도시는 도무지 2800년 된 도시처럼 보이지 않습니다. 1920년대 중반 구 소련의 첫 번째 계획도시로 재설계되어 현대적인 것으로 바뀐 모습이기 때문입니다.[63]

예레반 공화국 광장Republic Square의 분수쇼는 더욱 놀라운 경험입니다. 이 작은 나라의 알려지지 않은 분수쇼가 이런 수준으로 펼쳐질 줄은 정말 몰랐습니다. 두바이 부르즈 칼리파의 그것보다는 못해도, 바르셀로나 몬주익 분수쇼Font Màgica de Montjuïc보다는 경험적으로 나았다고 생각합니다. 라스베이거스에 산다는 누군가가 〈트립어드바이저〉에 남긴 리뷰를 인용합니다.

---

63 그래서 안타깝게도 아르메니아 교회들과 모스크들과 바자르와 목욕탕과 페르시아 성벽과 카라반사라이Caravanserai들을 예레반에서 찾을 수는 없습니다.

분수쇼, 예레반 공화국 광장.

'벨라지오Bellagio Hotel는 잊어라!'

세계 몇 대 무엇, 이라는 게 본래 그리 신뢰가 가는 것이 아닙니다만, 어쨌든 세계 3대 분수쇼는 대개 두바이 부르즈 칼리파The Dubai Fountain, Burj Khalifa, 바르셀로나 몬주익 마법 분수Font màgica de Montjuïc, 라스베이거스 벨라지오 호텔 분수를 꼽습니다.
예레반 공화국 광장과 페루 리마의 마법 분수Circuito Mágico del Agua는 '3대' 명성과 별개로 추천할 만합니다.

가난하지만 예쁜 나라 아르메니아에서 평화로운 마을들의 목가적 풍경에 넋 놓다 예레반의 노천카페들을 탐험하는 여행. 그것이 어쩌면 끔찍한

아픈 역사를 뒤로 하고 오늘을 사는, 예레반 사람들.

근대사와 우울한 현실을 가진 이 나라 사람들을 응원하고 100년 전 벌어졌던 역사적 '사실'을 직시할 수 있는 괜찮은 방법일지도 모릅니다.

아르메니아 학살 추모공원의 비둘기.

아르메니아 학살 추모공원을 방문한 날엔 척척한 비가 꽤 많이 내렸습니다. 추모공원 기념탑의 불꽃은 꺼지지 않고 타고 있고, 빗줄기에 인적이 드물어진 공원에 하얀 비둘기 두 마리가 조용히 앉아 반겨주었습니다.

100년 전 피비린내나는 불합리한 분노의 물결에 유명을 달리한 아르메니아 사람들에게도, 일제의 강제징용과 위안소 강제 동원으로 한 많은 삶을 살다 간 우리 할아버지 할머니들에게도, 이제는 안식이 있기를.

21세기 술탄의 길을 가고자 인권을 짓밟고 민족-종교 우선 기치를 강화하는 튀르키예 우익AKP과, 비이성적인 보복과 일방적 조치로 정치적 이익을 노리는 일본 우익은 이제는 정신 차리기를.

어려운 국제관계의 현실 속에서, 바라봅니다.

시리다 따뜻하다 시꺼먼

여행을 하며, 종종 스스로에게 묻습니다.

나는 얼마나 자주 하늘을 바라보고 살았는가.

하늘보다 천장을 천장보다 모니터를 바라보던 일상 앞에는 늘 좋은 핑계가 있었습니다. 도시의 삶은 다 그런 거란 그럴듯한 핑계가, 나의 오늘의 초라함을 가리워 주었습니다.

하지만 이 도시의 하늘 앞에서는, 눈을 가리고 살았던 시간들을 아쉬워하고 안타까워할 수밖에 없었습니다.

이 아름다운 하늘빛을 잊고 지내었음이 잠시 후회되었던, 내가 사랑한 도시 포르투Porto의 하늘을 떠올립니다.

가슴이 트일 만큼 시린 하늘을 맞이한 날엔, 포르투 대성당 성벽에서 햇살을 받다 에스카다 바레두Escadas Barredo 골목길을 따라 길을 잃어봅니다. 시간을 잊고 골목길을 헤매다 보면 어느새 도우루Rio Douro에 닿게 됩니다. 도우루의 절벽 아래 시꺼먼 강물 앞에 말을 잃다 고개를 돌려 노랑 빨강 초록 건물 위를 올려다보면, 시린 하늘이 거기에 있습니다.

포르투를 찾는 거의 모두가 찾는 듯한 렐루서점Livraria Lello에서 시간을 적시다, 오후가 저녁에 몸을 누일 무렵 다시 도우루를 찾습니다.

이제는 따뜻하게 색을 바꾼 포르투의 하늘이 길어진 그림자 사이로 가슴에 새겨집니다. 사늘해진 바람에 가늘게 몸을 떨다 서쪽 저편을 바라보면, 벅차도록 따뜻한 하늘이 사그라지고 있었습니다.

시린 하늘 따뜻한 하늘이 저물고 어둠이 와도 하늘은 도시 위에 있었습니다. 내가 사는 곳과 같은 노란 불빛, 내가 걷던 것과 같은 아스팔트길에 서서 오래도록 하늘을 바라보았습니다.

포르투가 아니어도 좋을 겁니다. 미세먼지로 답답해도, 그런대로 나을 겁니다. 걸음을 멈추고 고개를 들고, 시리다 따뜻하다 시꺼먼 저 하늘을 자주 바라보아야 하겠습니다.

국가와 국경 사이, 정의 둘:

나라인 듯 나라 아닌 나라 같은, 미승인국

세상에는 몇 개의 나라가 있는 걸까요?

이 단순한 질문에 대한 완벽한 정답은 존재하지 않습니다.

'나라'의 기준은 모호하고 주관적이며 완벽하지 않거든요.

완벽한 국가의 형태를 갖춘 타이완은 나라일까요, 아닐까요? 주권과 국민은 있되 영토권이 불분명한 팔레스타인은 어떻게 판단해야 할까요? 북한은 당신에게 주권을 가진 국가인가요, 대한민국의 영토의 북반부를 불법 점유하고 있는 반국가단체인가요?

올림픽 참가 기준인 IOC 회원국은 206개국, FIFA 회원국은 211개국입니다. 온전히 나라의 형태를 갖추지 못했거나(미승인국, 자치령) 한 나라의 일부이더라도(스코틀랜드, 웨일즈, 북아일랜드) 회원국이 될 수 있기 때문입니다.

국가의 3요소는 교과서에도 정의되어 있습니다. 국민, 영토 그리고 주권이지요. 하지만 3요소를 갖추고 있는가에 대한 해석은 정치적으로, 상황에 따라 달라질 수 있을 겁니다.

그리고 또 한 가지, 국가냐 아니냐에 대한 중요한 판단 기준은 국제사회의 승인International Recognition 여부입니다.

앞에서 살펴본 조지아 영토 내의 두 미승인국 압하지야, 남오세티야-알라니야와 아제르바이잔 내부의 아르메니아인 미승인국 아르차흐는 아쉬운 대로 국가 3요소는 갖추었으나 국제사회의 승인을 받지 못한 나라들Unrecognized States이지요.

일반적으로 인정받는 '국가 수'의 가장 수월한 기준은 UN 가입 여부일 겁니다. 국제연합에는 193개의 회원국과 2개의 참관국(바티칸, 팔레스타인) 등 195개국이 등록되어 있어요.

하지만 '국제연합 가입국=지구상 나라 수'라는 등식은 대부분의 경우 성립하지 않습니다. 우리나라만 하더라도 국제연합 회원국 및 참관국 중 두 나라를 인정하지 않아요(북한, 팔레스타인). 반면 UN 가입에는 이르지 못했으나 다수의 서방국이 인정한 코소보는 승인했습니다. 대한민국 정부 입장에서는 세계에 194개국이 있다고 할 수 있겠네요.

아래 표의 나라들은 UN 가입국(참관국 제외 193개국) 중 하나 이상의 나라로부터 승인받지 못한 나라들입니다. 어쩌면 당연하게, 우리나라도 포함됩니다.

국가명	승인한 UN가입국 수	미승인한 UN 가입국
대한민국	191개	1개(북한)
조선민주주의인민공화국	184~188개	4개(한국, 일본, 이스라엘, 말레이시아), 묵시적 인정(미국, 프랑스, 에스토니아, 우크라이나)
중국	179개	13개(타이완 승인국, 하나의 중국 원칙 때문)
타이완(중화민국) •UN미가입국	13개	180개(중국 및 중국 승인국)

이스라엘	164개	28개(이슬람교도가 다수인 나라 중 25개국+ 북한, 쿠바, 베네수엘라)
팔레스타인 • UN 참관국	138개(중국, 러시아, 인도, 스웨덴, 대다수의 개발도상국)	55개(한국, 미국, 일본, 유럽 주요국, 캐나다, 호주 등)
코소보 • UN 미가입국	97개(한국, 미국, 일본, 유럽 주요국, 캐나다, 호주 등)	96개(세르비아, 중국, 러시아, 인도, 스페인, 그리스 등)
키프로스	191개	1개(튀르키예)
아르메니아	191개	1개(파키스탄, 아르메니아의 적국인 아제르바이잔의 우방)
서사하라아랍민주공화국 • UN 미가입국	45개(남아공, 나이지리아, 알제리, 이란, 북한, 멕시코 등)	148개
압하지야 • UN 미가입국	5개(러시아, 나우루, 니카라과, 베네수엘라, 시리아)	188개
남오세티야 • UN 미가입국	5개(러시아, 나우루, 니카라과, 베네수엘라, 시리아)	188개
북키프로스 • UN 미가입국	1개(튀르키예)	192개
트란스니스트리아 • UN 미가입국	-	193개
아르차흐 • UN 미가입국	-	193개
소말릴란드 • UN 미가입국	-	193개

자, 이 정도면 세계에 몇 개의 나라가 있는지에 대한 완벽한 답은 있을 수 없다는 모호한 답변에 대략의 설명은 된 듯합니다. 2장의 주제가 '여행하기 좋은 곳'이었으니, 나라인 듯 나라 아닌 나라 같은 미승인국 중 '여행자'에게 흥미로울 두 나라를 소개해봅니다.

트란스니스트리아를 아시나요

지구본에도, 심지어 구글맵에도 나오지 않는 나라[64] 트란스니스트리아Transnistria는 몰도바공화국Republic of Moldova의 동부, 드네스트르강Dnestr R. 동안을 실효 통치하고 있는 미승인국입니다. 끊어질 듯 끊어지지 않고 길쭉하게 이어지는 독특한 모양의 국토를 가진 나라지요.

옛 소련의 일부였던 몰도바 인구의 대부분은 민족과 언어 측면에서 루마니아와 동일한 몰도바인입니다. 반면, 드네스트르강 동안에 살던 사람들은 강 건너 사람들과는 조금 달랐습니다. 러시아인, 우크라이나인 그리고 러시아어만 사용하는 몰도바인이었던 것이지요.

몰도바가 구소련으로부터 독립하고 루마니아-몰도바 민족주의 바람이 불자, 위기를 느낀 동쪽 사람들은 1990년 5월 5일 독립을 선언합니다. 1990년 이래 거의 30년간, 트란스니스트리아는 독자적인 정부와 정치체계를 가지고 국방과 외교의 실권까지 소유하고 있지만, UN 가입국 중 그어느 나라도 이 나라의 독립을 인정하지 않았습니다.

몰도바인은 루마니아인과 민족과 언어 측면에서 거의 동일합니다. 티미쇼아라Timişoara, 루마니아.

64 미승인국 중 다수(타이완, 코소보, 압하지야, 남오세티야, 북키프로스 등)가 구글 지도에 표기되고 있습니다만 UN가입국 중 승인한 곳이 없는 세 나라는 한국 기준 구글지도에서 찾아볼 수 없습니다.

레닌 동상, 낫과 망치, 소비에트, 티라스폴, 트란스니스트리아.

　러시아의 속국[65]이 되거나, 러시아가 합병해 버릴지도 모르기에 유럽연합 국가들은 트란스니스트리아의 존재를 부정합니다. 실제로 트란스니스트리아에는 러시아군이 주둔 중이며, 수만 명의 트란스니스트리아인이 러시아 여권을 발급받았습니다.

　여행자의 관점에서, 트란스니스트리아는 소련의 흔적이 가장 강렬히 남아 있는 곳으로 꼽힙니다. 소련 테마파크Soviet Disneyland, 소련으로의 타임캡슐The Soviet Time Capsule로 불리기도 합니다. 수도 티라스폴Tiraspol에는 레닌 동상이, 국기에는 낫과 망치가, 의회의 이름에는 '소비에트'가 남아

65　심지어 러시아조차 이 나라를 공식적으로 인정하지 않습니다. 미승인국 압하지야, 아르차흐, 남오세티아만이 이 나라의 독립을 승인했지요. 그렇게 존재감이 없던 트란스니스트리아가, 우크라이나 전쟁으로 조명을 받게 되었습니다. 우크라이나 서쪽에 러시아로의 편입을 원하는 국가체가 존재하는 것이니까요. 몰도바와 루마니아, EU가 트란스니스트리아 리스크를 주목하고 있습니다. 소련 테마파크로의 여행은 잠시 접어두어야 하겠지요.

있지요. 트란스니스트리아는 외부인에 대한 체류허가증 발급, 숙박 시 거주등록 등 구소련 많은 곳에서 사라지는 사회주의식 '절차'들도 그대로 남아 있는 곳입니다.

이제는 지구상에서 사라진 소련이 궁금하다면, 트란스니스트리아 여행 어떠세요?

여행지로서의 매력이 있는 미승인국 코소보

한국에서의 '여행' 관점에서 가장 주목받을 수 있는 미승인국은, 코로나 상황만 아니라면 하루에도 십수 편의 직항편이 날아가는 타이완(臺灣)일 거예요. 그보다 나라답지 못한 나라가 널렸지만, 한때 UN 상임이사국(중화민국, 1971년까지)이기도 했던 타이완이 승인될 날은 다시 오지 않겠지요.

그 다음 순위는 동유럽을 여행하다 마주칠 수 있는 유럽의 작은 나라 코

프리슈티나의 랜드마크 뉴본NEW BORN 기념비.

소보Republic of Kosovo가 아닐까 합니다.

몬테네그로, 알바니아, 마케도니아 그리고 세르비아 사이에 끼어 있는, 울퉁불퉁하고 비뚤어진 정사각형 모양의 내륙국 코소보는 경상북도만 한 크기에 전라북도 정도의 인구를 가졌습니다.

코소보는 사실 많은 사람들에게 전쟁으로 기억되는 곳입니다. 20세기 마지막 전쟁, 코소보전쟁Kosovo War(1998~1999)[66]이 이곳에서 일어났지요. 유고슬라비아의 붕괴와 자치공화국들의 독립 물결 속에 '세르비아 민족의 성지'라는 이유로 알바니아계 주민이 살아가던 자치주의 자치권이 박탈되고, 독립하려는 알바니아계 코소보 주민과 저지하려는 세르비아계 주민 간에 학살이 일어났던 비극의 땅, 코소보.

빌 클린턴의 고향에서도 찾아보기 힘들 동상과 대형 사진. 프리슈티나, 코소보.

66 같은 전쟁이지만, 세르비아–러시아 측은 '코소보내전'으로 읽고 코소보–유럽연합 측은 '코소보전쟁'으로 읽습니다.

내전이 일어났던 곳인데 위험하지 않느냐 묻는다면 하나도 걱정할 필요 없다 말씀드릴 수 있겠지만, 내전의 흔적이 이제 지워졌냐 물으면 그건 아직 그렇지 않다고 해야 할 것 같습니다.

세르비아 베오그라드Belgrade의 길거리를 걷다 보면, 기념품 가게마다 블라디미르 푸틴Vladimir Putin의 얼굴이 대문짝만 하게 찍힌 티셔츠들을 볼 수 있습니다. 세르비아에서 가장 인기 있는 정치인이 푸틴이란 걸 쉽게 알 수가 있죠.

반면 코소보에서는 빌 클린턴과 성조기를 포개어 찍은 사진, 빌 클린턴의 이름을 딴 대로(Bulevardi Bill Klinton), 코소보 국기와 함께 휘날리는 성조기와 유럽연합기 같은 것들을 볼 수 있지요.

전쟁 이후 UN 관리 아래 있다가 2008년 2월 독립 선언을 한 코소보는 완전한 친서방 노선을 채택하고 있습니다. 독립과 재건 과정에서 정치적 역할을 한 클린턴의 동상도 그런 이유로 수도 프리슈티나Prishtina 중심에 자리 잡고 있지요.

종교의 해석이나 정치적 이용이 아닌 '이슬람교' 그 자체에 대해 막연한 두려움을 가지고 있다면, 코소보로 여행 한 번 다녀오시는 것도 좋겠습니다.

코소보는 인구의 95퍼센트가량이 이슬람교도입니다. 하지만 프리슈티

가벼운 주머니로도 고급 레스토랑을 드나들 수 있는 멋진 곳, 프리슈티나. 코소보의 다른 도시 페야에선 신선한 치즈와 맥주를, 프리즈런에서는 석양에 물드는 발칸 중세 도시 풍경을 즐길 수 있습니다.

211

나 거리에선 서방에 대한 동경을 가지고 미국을 칭찬하는 할아버지들과 핫팬츠를 입고 길거리에서 맥주를 마시는 젊은 무슬림들, 알바니아계 마케도니아인이었던 카톨릭교도 테레사 수녀Mother Teresa를 국모로 모시는 유연한 분위기를 만날 수 있거든요.

유럽에서 가장 저렴한 물가로 맛볼 수 있는 다양한 음식들은 덤입니다!

3장

불평등한 세상의
부자와 빈자

✳

Wealth and Poverty

아시잖아요, 세상은 공평하지 않습니다.
물질이 기준이 되는 자본주의가 이 세계의 공통 가치가 되었습니다.
어찌 됐건 이미 그렇게 생겨먹은 세상, 얼마나 불공평한지,
어디가 부자고 어디가 또 찢어지게 가난한지 여행 느낌 묻혀 가며 들어보자고요!

Wealth and Poverty 1.

1인당 GDP 1위,

동화 속 대공국의 현실판. 룩셈부르크

알제트Alzette골짜기, 룩셈부르크시티.

트리어

● 룩셈부르크

- 국가명 Grand Duchy of Luxembourg
- 위치 북서유럽, 내륙국
- 인구 | 밀도 63만 명 | 242명/㎢
- 면적 2,586㎢(168위)
- 수도 룩셈부르크Luxembourg
- 언어 룩셈부르크어(국어), 프랑스어,
  독일어
- 1인당 GDP $136,701(1위)
- 통화 유로Euro | 1EUR=약 1400원
- 인간개발지수(HDI) 0.930(17위)
#자그마한_유럽의_중심

룩, 룩, 룩셈부르크. 아, 아, 아리헨티나.

다 같이 노래하자, 룩셈부르크!

2006년 독일 월드컵을 앞두고, 밴드 크라잉넛이 뜬금없는 노래[1]로 알린 유럽의 작은 나라, 룩셈부르크대공국Grand Duchy of Luxembourg, Grand-Duché de Luxembourg(이하 룩셈부르크).

중세 배경의 동화나 게임에 나오던 '대공'국의 현실판 룩셈부르크는 그 크기에 비해 흥미를 끄는 이야깃거리를 꽤 많이 담고 있습니다. '작은 나라 중에 가장 큰 나라'라 할 수 있을 법한 곳, 룩셈부르크를 조금 들여다보면 말이죠!

작은 나라 중에 가장 큰 나라

북서유럽. 프랑스, 독일, 벨기에 세 나라 사이, 제주도에 서울특별시 면적을 덧붙인 정도의 크기(2586㎢)에 제주도보다 약간 적은 수의 사람들(약 63만 명, 2021년)이 사는 작은 나라 룩셈부르크. 룩셈부르크는 지구본에서 그 영토의 크기를 가늠할 수 없을 정도로 작은 미니국가Ministate 중의 하나입니다.

오랜 기간 국경을 맞대고 싸우고 화해하고 서로를 인정하고 번복하고를 반복한 유럽엔 작은 나라들이 꽤 많습니다. 프랑스와 스페인 사이 피레네 산중에 자리한 안도라공국Principality of Andorra, 스위스와 오스트리아 사이 알프스의 리히텐슈타인공국Principality of Liechtenstein, 이탈리아와 튀니

---

1 크라잉넛의 〈룩셈부르크〉는 흥겨운 멜로디와 단순한 가사 덕분에 여전히 많은 곳에서 응원가와 로고송으로 사용됩니다. 크라잉넛이 노래를 만들 때 아르헨티나를 진짜로 '아리헨티나'로 알았다는데, 훨씬 더 작은 나라 룩셈부르크의 이름은 다행히 틀리지 않았습니다!

룩셈부르크 시내의 밤거리. 룩셈부르크 국기는 네덜란드 국기와 거의 똑같습니다. 삼색기 마지막 단 파란색이 짙으면 네덜란드, 하늘색에 가까우면 룩셈부르크입니다.

지 사이 바다의 몰타공화국Republic of Malta, 아예 이탈리아 내부에 자리한 위요지 산마리노공화국Republic of San Marino과 바티칸시국Vatican City State, 프랑스 영토 내에 있는 모나코공국Principality of Monaco 등이 그들이지요.

하지만 '미니' 국가라고 다 같은 크기는 아닙니다.

큰 나라 국경 사이 또는 한 나라 안에 자리 잡고 있는 유럽의 소국들 중에서, 룩셈부르크의 크기는 압도적입니다. 안도라(468㎢), 리히텐슈타인(160㎢), 몰타(316㎢), 산마리노(61㎢), 모나코(2㎢), 바티칸(0.44㎢)를 다 합쳐도 룩셈부르크의 절반 크기에도 미치지 못합니다.

'작은 나라 중에 가장 큰 나라'라는 표현은 물리적 면적 때문은 아닙니다. 룩셈부르크는 아주 의미 있는 강렬한 타이틀을 가진 나라거든요. 이 작은 유럽의 소국은, 1인당 명목 GDP가 가장 높은, 다시 말해 세계에서 가장 잘사는 나라입니다!

2021년 IMF 통계 기준, 룩셈부르크의 1인당 명목 GDP의 값은 13만 6701USD에 달합니다. IMF 통계가 잡히는 193개국 중 1위는 물론이거니와 세계에서 유일하게 1인당 GDP가 10만 불을 넘는 나라가 룩셈부르크입니다.[2]

제주도보다 적은 인구의 이 나라 국가 소득 규모는 2021년 약 838억 달러로, 인구 1억 1500만 명(인구 180배)의 에티오피아나 5700만 명(인구 90배)의 미얀마와 비슷합니다. 크로아티아, 슬로베니아, 오만 등 인구 수백만 규모의 선진국 문턱에 있는 나라들조차 룩셈부르크보다 경제 규모가 작습니다.

룩셈부르크가 부유할 수 있었던 기초는 철강업에서 찾을 수 있습니다. 프랑스 국경 지역에서 산출되던 철광석을 기초로 룩셈부르크는 20세기 초 유럽 최고의 철강 생산지였습니다. 세계 최대의 철강 생산업체인 아르셀로미탈ArcelorMittal[3]의 시발이 된 아르베드ARBED가 룩셈부르크 회사였으며, 지금도 아르셀로미탈의 본사가 룩셈부르크에 있습니다.

---

2   아일랜드가 놀라운 성장세를 보이며 IMF 통계 기준 두 번째로 10만 불을 돌파(10만 1509USD, 2022)했습니다만, 다른 통계에선 아직 10만 불 이하입니다. 3위 스위스가 9만 3515USD, 29위 대한민국은 3만 5196USD. 모나코(인구 3만 8000명)와 리히텐슈타인(인구 3만 9000명)의 1인당 GDP가 룩셈부르크보다 높은 값을 보이기도 하나, 이 두 나라는 인구 규모가 너무 작고(민간이 아닌 국가의 소득을 나눌 분모가 지나치게 작죠) 주요 통계에서 자주 누락됩니다.

3   아르셀로미탈은 20여 년간 세계 1위의 철강업체로 군림해온 회사입니다. 조강 생산량으로 보면 세계 5위인 포스코의 두 배를 훌쩍 넘습니다(2019년 기준).

룩셈부르크시티 중심, 리베르테Liberté대로엔 멋들어진 건물들이 자리합니다. 아르베드빌딩으로 알려진 19번지의 이 고풍스러운 건물(1922년 완공)은 예전 아르셀로미탈의 본사였습니다.

이 작은 나라에 철광석 매장량이 무한일 수는 없었겠지요. 철광맥이 마르고 철강업이 하향세를 보이자 룩셈부르크는 다른 먹거리를 발 빠르게 탐색합니다.

주변국에 의지할 수밖에 없는 작은 국토를 가졌기에, 또 철강 생산을 위해 석탄을 수입하고 생산된 철을 수출해야 했기에, 룩셈부르크는 개방 경제를 채택할 수밖에 없었습니다. 유럽의 관세동맹과 경제공동체EEC 창설 멤버인 룩셈부르크는, 서비스 시장의 문을 일찍 열어 유럽의 금융 허브 중 하나로 발돋움합니다. 유럽 통합의 흐름 속에서 유럽연합의 주요 기관들을 유치하는데도 적극적이었죠.

현재 룩셈부르크의 경쟁력은 철강 등 제조업보다는 은행, 보험 등 금융업에 기반을 두고 있습니다. 유럽 외 기업의 유럽 법인 유치에도 열을 올리

아돌프 다리Pont Adolphe에서 바라보는 룩셈부르크 남쪽 시가.

고 있지요.[4]

　유럽연합의 두 기둥(독일과 프랑스) 사이에 자리한 지리적 장점을 살려 EU 최고 재판소인 유럽사법재판소European Court of Justice와 유럽투자은행 European Investment Bank, EIB 본부를 유치, 유럽의 인재를 끌어모으기도 했고요.

　룩셈부르크의 수도 룩셈부르크시티는 인구 13만의 소도시이지만, EU 본부가 위치한 브뤼셀, 유럽의회가 자리한 스트라스부르Strasbourg 다음가는 유럽의 중심 역할을 하고 있습니다.[5]

4　룩셈부르크시티 동북쪽 키르슈베르크Kirchberg(또는 키흐슈베흑)에는 아마존, 이베이, 맥도날드, 스카이프, 페이팔 등 글로벌 기업들의 유럽 본부가 들어서 있습니다.
5　룩셈부르크는 유럽의 국경 개방에 앞장섰고, 그 혜택을 가장 많이 본 나라 중 하나입니다. 1985년 독일, 프랑스, 네덜란드, 벨기에, 룩셈부르크 국경을 개방하기로 한 조약은 룩셈부르크

룩셈부르크의 역사는 아르덴 백작 지크프리트Siegfried, Count of Ardennes 로부터 시작됩니다. 지크프리트 백작은 서기 963년, 알제트강이 흐르는 절 벽 위 현재의 룩셈부르크성 자리에 고성을 세우며 룩셈부르크 지배를 시 작합니다. 중세에 룩셈부르크가家는 영토와 영향력을 확대해, 14세기에는 신성로마제국 황제(하인리히 7세)로 추대되기도 했다 해요. 룩셈부르크가의 황제 카를4세는 (룩셈부르크가 아닌) 체코 보헤미아왕국을 기반으로 했는데, 체코인들에게 '체코의 아버지', '가장 위대한 체코인'으로 사랑받고 있습니 다.

이후 룩셈부르크가의 대가 끊기고, 룩셈부르크는 부르고뉴, 합스부르 크가(스페인, 오스트리아), 부르봉가, 프랑스공화국, 네덜란드왕국의 지배를 차례로 받지만, 룩셈부르크성은 그 사이 더욱 공고해지고 아름다워졌으

절벽 위에 자리한 룩셈부르크 성벽과 보크 포대 쪽에서 보는 알제트강 골짜기.

의 남동쪽 끝이자 프랑스, 독일과의 국경 마을 셍겐에서 선언Schengen agreement(셍겐조약)되었 습니다. 유럽 내 가입국 국민과 입국한 외국인 및 물자 이동의 자유를 보장하는 조약의 이름 에 룩셈부르크의 시골 마을을 딴 것에서도, 유럽연합에서 룩셈부르크가 상징하는 역할과 위 치를 알 수 있습니다.

며 공국Duchy, 대공국Grand Duchy으로서 룩셈부르크의 지위[6]는 유지되었습니다.

알제트 강변에서 바라보는 절벽 위 룩셈부르크 보크 포대Casemates du Bock의 모습과 성에서 내려다보는 강가 마을의 모습은 유럽 중세 도시보다도 아름답습니다. 단단히 세운 성벽과 굽이치는 강물 사이로 노을이 물들고 가로등 불빛이 밝으면, 꼭 가봐야 할 유럽 소도시 리스트에 왜 룩셈부르크가 없었는지 의문이 들기 시작합니다.

지크프리트 백작이 세운 이 동화 마을은 심지어 관광객들로 붐비지도 않습니다![7]

룩셈부르크, 뤽상부르 또는 러처부어시

부르크Burg는 독일어로 성 또는 도시를 뜻합니다. 독일과 프랑스 사이에 자리한 룩셈부르크도 독일어권일 것만 같습니다.

하지만 룩셈부르크시티의 식당에 들어가면 점원들의 응대는 보통 프랑스어로 이루어집니다. TV를 틀어도 대개 프랑스어 채널이 먼저 나옵니다.

룩셈부르크에서 가장 많이 쓰이는 언어는 룩셈부르크어입니다만, 이 말은 독일어 방언으로 인식되어 구어로만 사용되다가 '룩셈부르크어'로 정립된 지 얼마 되지 않았다고 해요. 어휘도 부족하여 공적인 영역에서는 거의 사용되지 않습니다.[8]

---

6 공국은 공작Duke의 영지를 뜻합니다. 대공국은 공국 중에서도 세력이 강성한 곳의 군주만이 칭할 수 있는 이름이고요. 아르덴 백작이 세운 백국County이던 룩셈부르크는 영향력이 확대되며 공국, 대공국을 칭하게 됩니다.

7 잘사는 나라이기에 여행에 드는 비용이 만만치 않기는 합니다. 하지만 좋은 소식이 있습니다. 룩셈부르크 정부는 세계 최초로 2020년부터 모든 대중교통을 전면 무료화했습니다!

8 구어 룩셈부르크어의 문어로 독일어가 쓰입니다. 프랑스어는 구어와 문어 양쪽으로 쓰이지요. 룩셈부르크시티는 프랑스어 사용이 대세이며 그 다음은 영어로 느껴지는 반면, 북쪽으로 갈수록 독일어 구사율이 높아집니다.

파리 뤽상부르공원의 뤽상부르궁전. 현재는 프랑스 상원 의사당으로 쓰이고 있습니다.

학교 수업과 공문서 사용에 프랑스어가 주로 쓰인다고 하니, 룩셈부르크를 프랑스어권 국가로 봐도 크게 무리는 없을 듯합니다. 실제로 룩셈부르크는 프랑스어 사용국 모임인 프랑코포니Francophonie 정회원국이며, '룩셈부르크'만큼이나 프랑스어 이름 뤽상부르Luxembourg로도 흔히 불립니다.[9]

뤽상부르는 룩셈부르크 이름이기도 하지만, 룩셈부르크와 이웃한 (19세기 초까지 대공국의 영토이기도 했던) 벨기에 남동쪽 주의 이름이기도 하며, 그보다는 파리 중앙의 공원의 이름(Jardin du Luxembourg)으로 잘 알려져 있습니다.

물론 작은 나라 룩셈부르크 사람들은 룩셈부르크어, 프랑스어, 독일어 모두에 대부분 능통하며, 영어와 포르투갈어(포르투갈 이민자가 많습니다)까지

---

9   룩셈부르크어로 룩셈부르크는 '러처부어시Lëtzebuerg'입니다.

가능한 경우도 흔합니다.

로자 룩셈부르크 그리고 카를 마르크스

서슬 퍼렇던 군사정권 시절, 공산주의, 사회주의 비슷한 책들은 금서禁書가 되었죠. 사회주의를 비판했던 우파 학자 막스 베버Maximilian Carl Emil Weber의 책들도 '막스'라는 이름 때문에 금서[10]였다는 이야기도 있습니다.

하지만 가장 대표적이고도 과격한 급진 사회주의자 로자 룩셈부르크Rosa Luxembrug의 평전은 룩셈부르크 여행서에 묻혀 검열을 통과했었다지요. 폴란드인으로 스위스에서 공부하고 주로 베를린에서 활동한 로자 룩셈부르크는, 아마 룩셈부르크에 가본 적도 없을 겁니다.

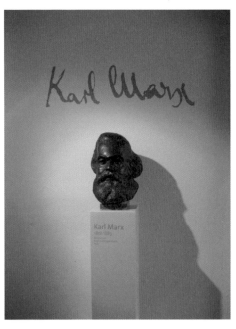

카를 마르크스 생가의 흉상, 트리어.

하지만 로자 룩셈부르크보다 훨씬 더 유명한, 20세기 세계사에 아마도 가장 강력한 영향을 끼쳤을 인물 카를 마르크스Karl Heinrich Marx는 한 번쯤 룩셈부르크에 가보았을 겁니다.

카를 마르크스는 룩셈부르크 국경 근처 독일 도시 트리어Trier에서 태어났

---

10 막스 베버의 역작은 《프로테스탄트 윤리와 자본주의 정신》입니다. 칼뱅주의와 자본주의의 상관관계를 긍정적으로 분석하고, 마르크스의 필연적 역사 진화론을 비판한 우파 학자이지요.

거든요.

독일 여행을 꽤 해본 여행자에게도 트리어란 이름은 생소할 수 있습니다. 도시 규모도 작고(인구 11만 명), 주요 여행 트랙에서 벗어난 곳이기 때문이지요.

하지만 룩셈부르크 여행에 관심이 생긴다면, 룩셈부르크에서 40분이면 도착할 수 있는 이 독일 도시에 꼭 들러보라 추천하고 싶습니다. 룩셈부르크 국경에서 트리어 시내까지는 10km, 룩셈부르크 시내 중심에서도 40km 거리니까요!

재밌는 대조, 트리어와 룩셈부르크

그다지 알려지지 않은 도시 혹은 마르크스의 출생지 정도로만 알려진

트리어의 상징과도 같은 포르타니그라Porta Nigra. 알프스 이북에서 가장 훌륭한 로마 유적으로 '검은 문'이라는 뜻입니다.

▲ 트리어 곳곳에 로마 제국 시절의 흔적이 남아 있습니다.

◀ 오랜 기간 강력한 영향력을 가졌던 트리어대성당.

도시 트리어엔 생각보다 훨씬 많은 여행의 이유가 있습니다.

트리어는 독일에서 가장 오래된 도시입니다. 또한 알프스 이북에서 가장 오래된 교황청 주교좌입니다. 기원전 4세기 후반 켈트족에 의해 창건된 이 도시는 로마인들에 의해 파괴되었다가 기원전 1세기에 로마식으로 재건됩니다.

서로마제국 시대에는 인구가 10만에 이르러(현재 트리어의 인구와 거의 비슷합니다) 제국에서 (그리고 아마 전 세계에서) 가장 큰 도시 중 하나였습니다. 로마 제국을 4분할했을 때, 프랑스-스페인-모로코-잉글랜드-라인강 서쪽 독일을 포괄하는 (어마어마하게 큰) 갈리아대관구Praetorian prefecture of Gaul의 수도[11]였고, 중세에도 신성로마제국 황제 선출권이 있는 단 3명의 선제후

---

11 4세기 트리어의 이름은 아우구스타트레베로룸Augusta Treverorum이었습니다. 프랑스어 이름 인 트레브Treves로도 알려졌고요. 갈리아대관구 수도는 400년경에 프랑스의 아를Arles로 옮겨집니다.

룩셈부르크역, 트리어행 기차가 출발합니다!

중 하나가 트리어대주교였습니다.

　그렇게 중요한 위상을 가졌던 트리어의 호시절은 흘러갔지만, 그 흔적은 트리어 곳곳에 남았습니다. 독일에서 가장 잘 보존된 로마 제국 건축물들과 독일의 3대 돔Dome성당[12]이라는 트리어대성당이 도시에 자리하고 있지요.

　오랜 역사를 가졌다 해도, 트리어에 여행자를 불러들이는 건 이곳이 마르크스의 출생지라는 사실입니다. 마르크스를 좋아하건 미워하건 인정하건 비난하건 간에, 지난 세기 가장 중요한 세계적 사건일 '사회주의 실험'을 위해 많은 이들이 뿌린 피 뒤에 남아있는 마르크스의 생가는, 과거를 돌아보고 미래로 나아가기 위해 방문할 만한 가치가 있다고 생각합니다.

12　다른 두 대성당은 쾰른과 마인츠Mainz에 있습니다.

동화 나라, 부자 나라에 달이 뜨고 밤이 찾아옵니다.

비슷한 크기의 도시 트리어와 룩셈부르크시티는 재밌는 대조가 됩니다. 로마 시대 모로코부터 잉글랜드까지를 아우르던 지역의 수도와 오늘날 유럽의 27개국 연합의 수도. 사회주의를 잉태한 철학자의 고향과 자유무역규제 철폐를 통한 생산성 향상 정책의 첨단에 선 도시. 2,000년 전 알프스 이북에서 가장 부유했던 곳과 21세기 세계에서 가장 부유한 나라. 그 둘을 함께 여행하는 데 단 40분밖에 걸리지 않습니다. 매력적이지 않나요?!

유럽의 미니 국가들
룩셈부르크만으로 끝내기는 아쉽죠! 유럽의 미니국가들은 꽤나 묵직한 이야깃거리들을 간직한, 한번쯤 찾아가 며칠쯤 보낼 가치가 있는 곳들입니다.

❖안도라(468㎢): 프랑스와 스페인 사이 피레네산맥 위에 위치한 이 나라는 평균 고도가 1996m에 달합니다. 국가 평균 고도 기준에서 세계 2위지요. 안도라는 나라 밖에 두 명의 국가원수를 두고 있어요. 1278년 이래 프랑스 측 1인(현재는 프랑스 공화국 대통령)과 스페인 카탈루냐의 우르젤 주교Bishop of Urge가 공동영주Co-Princes로서 안도라를 지배(현대의 개념으로는 대표)합니다.
❖리히텐슈타인(160㎢): 스위스와 오스트리아 사이, 알프스 산간에 위치한 이 나라는 세계에 단둘뿐인 이중내륙국Doubly Landlocked County(다른 하나는 우즈베키스

탄)입니다. 이웃나라도 모두 내륙국이라서 바다로 나가려면 두 개 이상의 국경을 넘어야 하는 나라란 거죠. 리히텐슈타인은 룩셈부르크처럼 예전에 강성했던 공작 가문(오스트리아-헝가리 제국)으로, 옛 주요 무대는 오스트리아 빈이에요. 체코 땅에 현재 공국의 몇 배나 되는 땅을 가지고 있었으나 2차대전 직후 체코 당국에 몰수(독일인 재산 몰수, 베네시 포고)당했습니다.

❖산마리노(61㎢): 현존하는 가장 오래된 공화국입니다. '가장 고귀한 공화국Most Serene Republic; Serenissima Respublica'이라는, 공화국을 강조하는 옛 이름(중세 베네치아공화국, 제노바공화국 등이 사용)을 아직도 쓰는 유일한 나라이기도 하죠.

❖모나코(2㎢): 모나코는 몬테카를로의 카지노와 세기의 공비公妃 그레이스 켈리 Grace Kelly, AS모나코FC 덕에 미니국가 중에 아마도 가장 유명한 나라일 겁니다. 모나코는 UN 가입국 중 가장 작은 나라(면적 기준)이자 주권국 중 인구밀도가 가장 높은 나라(1만 9000명/㎢, 서울보다 높습니다)이며, 세계에서 백만장자(100만 USD 이상의 자산가)의 비율이 가장 높은 나라(조세 피난처+카지노)이기도 합니다.

모나코의 몬테카를로 카지노.

산마리노 성채의 골목길

Wealth and Poverty 2.

남미 최빈국:
오백 원의 감동 in 라파스, 볼리비아

안데스의 고지 뒤로 해가 숨으면 라파스의 사방 산등성이에 불빛들이 매달립니다.

미 텔레페리코의 라파스 사람들.

- 국가명 Estado Plurinacional de Bolivia
- 위치 남아메리카 중부, 내륙국
- 인구 | 밀도 약 1100만 명 | 약 10명/㎢
- 면적 1,098,581㎢
- 수도 라파스La Paz, 수크레Sucre
- 언어 공용어 37개(스페인어, 케추아어 등)
- 1인당 GDP $3,369(134위)
- 통화 볼리비아노Bolíviano | 1BOB=약 180원
- 인간개발지수(HDI) 0.692(118위)

#안데스~소금사막~아마존

볼리비아를 찾는 강렬한 이유, 우유니 소금사막.

　세계에서 가장 가난한 나라들은 치안이 극도로 불안한 나라들이기도 합니다. 기본적인 국가 기능이 유지되지 않는 나라를 방문한다는 것 자체를 말려야 하겠지만, 어쩔 수 없는 상황으로 인해 여행한다 해도 '가성비'가 떨어질 겁니다. 다른 많은 것들처럼 여행 인프라 역시 극도로 부족하기 때문에 '안전한 여행'을 위해서는 생각보다 많은 비용이 드는 것이죠.

　하지만 이번에 소개할 남미에서 가장 가난한 나라는 여행이 충분히 가능한 곳입니다. 아니, 당신이 여행에서 그리던 꿈을 이뤄줄 수 있는 곳일지도 모릅니다. 비교적 저렴하게 여행할 수 있다는 꿀이득은 그냥 따라오는 거구요!

남미는 나라의 수가 가장 적은 대륙입니다. 그리고 생각보다 부유한 대륙이기도 합니다. 남미 대륙 전체의 1인당 GDP는 약 8000USD로 태국 또는 터키와 비슷합니다. 선진국 수준의 나라는 없지만 최빈국으로 지정되었거나 국가로서의 시스템이 붕괴된 나라는 없'었'어요.

이제는 예외가 생겼습니다. 한때 남미 최고의 부국이었던 베네수엘라가 기초 경제가 붕괴되며 곤두박질쳐버린 것이지요. 시장이 마비되며 엄청난 인플레이션을 겪고 있는, 그래서 지하경제에 의존할 수밖에 없는 베네수엘라의 통계는 당분간 믿을 게 못될 듯합니다.[13]

정상 통계 범위 내에서, 남미에 있는 열두 개의 나라 중 이웃나라들보다 두드러지게 가난한 나라[14]는 볼리비아Bolivia(2021년 기준 1인당 GDP 3369USD)입니다.

볼리비아는 남미 대륙의 중앙에 가까운 곳에 위치한 내륙국입니다. 이 나라의 국토는 생각보다 넓어서 한국의 11배나 됩니다(1,098,581㎢). 국토의 3할에 해당하는 서쪽 지방은 안데스산맥이 대륙에서 가장 넓어지는 위치의 고원으로, 3000m는 우습고 4000m 정도는 당연한 고지대입니다. 반면 북쪽과 동쪽 지방은 아마존의 열대 우림과 뜨겁고 건조한 그란 차코Gran Chaco가 펼쳐지는 저지대죠. 넓은 국토에 비해 적은 인구(약 1100만 명)의 대부분은 안데스 고지에 거주하며, 그만큼 비어 있는 땅이 많습니다.

---

13 베네수엘라의 1인당 GDP는 2010년대 초까지 1만 4000USD 수준으로 남미 최고였고, 경제 붕괴가 다소 진행된 2017년에도 8000USD 수준이었습니다. 하지만 혼란이 급격히 심화된 2021년의 통계로는 1627USD까지 떨어져 볼리비아보다 가난해져 버렸습니다. 다만 베네수엘라는 통계에 잡히지 않는 지하경제 규모가 상당하고, 세계 최고 수준의 석유 매장량과 남미 평균 이상의 인프라를 갖추고 있기 때문에 현재의 혼돈에서 벗어난다면 빠르게 정상화될 수 있을 거예요.

14 볼리비아와 베네수엘라를 제외한 남미 10개국의 1인당 GDP는 모두 최소 5000USD를 상회합니다.

라파스의 시민들. 볼리비아 인구 과반은 원주민이며, 특히 안데스 고원지대 지역에서 인구 비율이 높습니다.

여러 의미에서 특이한 나라

볼리비아는 꽤 특이한 나라입니다. 일단 나라 이름부터 특이합니다! 볼리비아의 정식 명칭은 'Estado Plurinacional de Bolivia'로, 그대로 풀이하면 '볼리비아 다민족국'입니다. '공화국', '왕국', '연방'이 아니라 '다민족국'을 내세우는 나라는 세계에서 볼리비아가 유일합니다.

볼리비아는 남미에서 원주민 비율이 가장 높은 나라이기도 합니다. 아르헨티나나 우루과이는 백인이 인구 대부분이고, 페루, 에콰도르, 콜롬비아 등은 스스로를 원주민(인디헤나Indígena)[15]과 백인의 혼혈 메스티소로 규정하는 인구가 가장 많은데, 볼리비아는 유일하게 원주민 비율이 절반을 넘습니다(인디헤나 비율 약 60퍼센트). 대통령이 원주민 출신(에보 모랄레스, 2006~2019)인 나라도 볼리비아가 유일했지요.

볼리비아의 새 헌법(2007년)은 원주민의 언어와 문화를 모두 인정하고 있기 때문에, 볼리비아는 세계에서 법적 공용어가 가장 많은 나라입니다.

15 인디오Indio의 바른말.

바다를 잃은 볼리비아는 티티카카호수에서 해군을 운영합니다.

헌법에 규정된 공용어가 무려 37개나 되며, 스페인어 외에는 모두 토착어입니다.[16]

볼리비아를 조금은 부정적인 의미에서 특별하게 만드는 사실도 여럿 있습니다. 볼리비아는 바다가 없는 내륙국 중 유일하게 '바다의 날'을 공휴일로 지정하여 기념하는 나라입니다. (거대 호수 카스피해 주변국을 제외하고) 잠수함까지 갖춘 해군을 운영하는 내륙국 역시 볼리비아가 유일합니다.

이는 원래 바다를 가졌던 볼리비아가 칠레와의 남미 태평양전쟁으로 바다를 잃은 데 기인합니다. 이 나라는 남미 태평양전쟁뿐 아니라, 아르헨티나-북페루-칠레와의 연합전쟁, 브라질과의 아크레전쟁, 파라과이와의 차

16 볼리비아의 토착 공용어 중 상당수는 사어死語로, 국가 정체성을 나타내기 위한 것에 가깝습니다. 토착어 중 케추아어Quechua, 아이마라어Aymara, 과라니어Guarani는 넓은 지역에서 사용되고 있습니다.

현실을 초월한 것만 같은 '환상'에 빠지는 곳, 우유니.

코전쟁에서 모두 패배하며 독립 당시 영토의 40퍼센트를 잃었습니다.

볼리비아는 1825년 독립 이후 일어난 모든 전쟁에서 패배했습니다. 전쟁마다 지는 나라의 내정이 온전할 리 없지요. 모랄레스 이전까지 180년간 대통령이 79번 바뀝니다. 평균 2년 3개월마다 정부 전복과 교체가 이루어졌다고도 할 수 있겠습니다.

전쟁에서는 늘 깨지고 나라 안에서도 늘 치고 받고 깨지니, 볼리비아는 가난할 수밖에 없었겠지요. 구리와 주석 산지인 리토랄Litoral을 칠레에, 고무 생산지인 아크레를 브라질에 내주었고, 군사정권이 끝나고 민정 이양이 된 이후에도 경제 불안과 초인플레이션에 허덕인 데다가, 인구의 10퍼센트에 불과한 백인이 국부의 대부분을 차지하고 있었습니다.[17]

---

17 볼리비아는 2000년대 초까지 세계에서 빈부격차가 가장 큰 나라였습니다. 가장 불평등한 나라들에 대해서, 이 장의 뒤쪽에서 더 알아봅니다.

라파스는 평균 3600m 높이의 산골짜기에 위치합니다. 라파스와 라파스보다 더 높은 4100m 고원에 위치한 위성도시 엘알토의 인구 합계는 160만에 달합니다. 세계에서 가장 높은 곳에 위치한 대도시권이죠.

가난한 이유를 설명하다 보니 어두운 그림자만 드리웠지만, 2000년대 이후 이 나라의 정치가 드디어 안정화되면서, 볼리비아도 느리지만 꾸준히 성장하고 있습니다.

게다가 볼리비아는 여행자들이 여정을 바꾸고 불편을 감수하더라도 찾아갈 분명한 이유를 가진 나라입니다. 어쩌면 세상에서 가장 아름다운 곳일 수도 있는 우유니 사막Uyuni Salt Flat이 거기 있으니까요.

볼리비아는 남미에서 유일하게, 한국인이 관광 목적으로 입국하는 데 비자를 요구하는 나라입니다. 번거로운(관료적인 나라 볼리비아는 서류를 까다롭게 요구합니다) 비자 발급 과정에도 불구하고, 세상에서 가장 큰 거울, 세계에서 가장 큰 소금사막, 우유니 때문에 아니 갈 수 없는 곳이지요.[18]

버스를 타고 페루에서 티티카카Titicaca를 거쳐 넘어오건, 엘 알토El alto 공항에 비행기로 내리건, 또는 "Raindrops Keep Fallin' On My Head"를 흥얼거리며 〈내일을 향해 쏴라〉의 배경이었던 투피사Tupiza를 거쳐 오건, 볼리비아를 찾은 여행자들의 발걸음은 대개 우유니를 향합니다.

하지만 우유니가 아니더라도, 볼리비아는 '세상에서 가장'으로 시작하는 특별한 걸 많이 가졌어요. '세상에서 가장' 특별한 것들을 탐험하는 베이스캠프가 되는 곳은 볼리비아의 실질적 수도, 라파스[19]입니다.

세상에서 가장 높은 곳에 위치한 항해 가능한 호수 티티카카Lago Titicaca. 세상에서 가장 높은 곳에 있는 국제공항 엘알토Aeropuerto Internacional El Alto. 세상에서 가장 위험한 도로'였'던, 스릴을 즐기는 사람들의 천국 융가스로드Yungas Road. 세상에서 가장 높은 곳에 있는 대중교통 케이블카 미 텔레페리코Mi Teleferico.

그런 가슴 떨리는 단어들이 라파스와 그 주변에 있습니다.

가슴 떨리는 이름과 놀라운 광경을 간직한 곳

라파스 시내에 처음 들어서면 모자란 공기 대신 가득 차 있는 듯한 매연과 무질서에 숨이 잠시 막힙니다. 인도의 중간 규모 도시를 안데스 산중에 가져다 놓은 듯한 첫인상이랄까요. 고산병 증세를 무릅쓰고 찾아와 마주한 광경에 조금 우울해질 수도 있겠지요. 남미 대륙에서 가장 가난한 나라의 최대 도시권인 이곳 풍경은, 오늘 하루를 살아가기 버거워서 다른 데 신경 쓸 겨를이 없는 많은 사람들과 그들의 삶 냄새로 그득하거든요.

---

18 볼리비아 전역은 외교부가 지정한 1단계 '여행유의' 지역입니다. 다만 티티카카호수의 '태양의 섬'은 부족장이 2018년 발생한 한국인 피살사건 용의자로 구속되어, 보복 우려로 3단계 '철수 권고'로 지정되었습니다. 볼리비아는 일반적으로 여행에 무리가 없는 곳이지만, 택시 강도와 사칭 경찰, 소매치기 등의 사고가 종종 보고되고 있으므로 주의가 필요합니다. 기본적으로 빈부격차가 큰 나라로, 범죄율이 높은 도시 외곽지역과 빈민가는 방문을 자제해야 합니다.

19 볼리비아의 헌법상 수도는 국토 중앙에 가까이 위치한 수크레Sucre입니다. 사법수도는 수크레고 경제수도 역할은 동부의 산타크루스Santa Cruz de la Sierra가 맡고 있지만, 행정부, 입법부가 소재한 문화의 중심은 라파스가 맞습니다.

산꼭대기부터 골짜기 아래까지 집과 건물로 가득한 라파
스와 엘알토를 미 텔레페리코가 하늘에서 이어줍니다.

우울했던 마음은 세상에서 가장 높은 곳에 위치한 대중교통 케이블카
미 텔레페리코Mi Teleferico를 타는 순간 풀려버릴 거라고, 자신 있게 말할
수 있습니다.

해발 3200m부터 4100m까지. 스위스 융프라우요흐 전망대(3571m)보다
도 높은 평균 3600m의 높이에 걸려 있는 도시, 라파스.

이 도시는 식섭 보면 더 이해가 되지 않을 만큼 말도 안되는 골짜기에
자리해 있습니다. 넓지도 않은 계곡에 빼곡하게 수많은 집들이 걸려 있기
에, 직관적으로 이해 가능한 교차로나 간선도로 같은 대도시의 필수적인
교통시설은 아랫마을 소나수르Zona Sur로 가야 찾아볼 수 있습니다. 좁은
센트로의 편도 일차선 거리에는 아침부터 저녁까지 걷는 것과 다름없는
속도로 기어가는 차량들이 넘쳐납니다.

하지만 좁은 골짜기와 안데스 고원 꼭대기에 정신없이 자리하고 있기

하늘에 가까운 곳, 라파스의 맑은 하늘은 눈이 부시게 파랗습니다. El Alto, '높은 곳'. 엘알토는 이름으로 그 위치를 증명합니다.

에, 라파스는 어디에서도 찾아볼 수 없는 놀라운 모습을 가지게 되었습니다. 다른 나라의 주요 도시들과는 달리 라파스의 부촌은 낮은 곳에 있고 빈자들이 높은 곳에서 살아갑니다. 시내를 굽어 내려다보는 경치 좋은 엘알토보다 숨쉬기 편안한 3300m 미만의 소나수르가 가진 자들의 보금자리로 적합했던 것이겠지요.

없는 사람들이 산 위로 올라가 집을 짓고 살게 되면서 라파스의 골짜기와 모든 산자락들은 집과 사람으로 가득해졌습니다. 하늘 아래 온 산자락에 매달려 살고 있는 백만 개 삶의 모습들을 그렇게 볼 수 있게 된 거죠.

세상 둘도 없는 절경을 내려다볼 수 있는 이곳의 케이블카는 놀랍게도 3볼리비아노(약 540원)면 탑승이 가능합니다. 라파스의 케이블카 미 텔레페리코가 조망을 얻기 위한 관광 목적이 아니라 엘알토와 센트로, 소나수르를 효율적으로 연결하기 위한 혁신적인 대중교통의 필요에 의해 만들어졌기 때문이지요.

덕분에 라파스를 찾는 여행자는 최고 수준의 케이블카를 공짜와 다름없는 가격[20]에 이용할 수 있습니다.

특히 꼭대기 역[21]으로 올라가는 텔레페리코에서 내려다보는 라파스의 야경은 '세계 최고의 도시 야경'이었다 이야기하고 싶습니다.

라파스의 야경은 홍콩의, 부다페스트의, 뉴욕의 야경과 달라요. 이 산골짜기의 야경은 다시 시작할 내일 하루를 위해 꿈틀대는 가난한 이들의 하룻밤들이 모여 만들어내는 것이니까요.

전투적으로 살아가는 라파스 사람들의 얼굴과 표정은 분명 친절한 것이 아닙니다. 하지만 고된 하루 뒤 돌아온 집을 밝히는 작은 붉은 불빛들이 4000m 고지에서 흐리게 반짝이는 모습에서, 여행자는 잠시 마음을 잃었습니다.

오가는데 일인당 삼십만 원쯤 드는 마추픽추의 경치보다 훨씬 아름답고 소중했던 라파스의 오백 원짜리 광경.

안데스 산바람을 맞으며 내려다보던 온 산자락의 흐린 불빛을, 쉽게 잊지는 못할 것 같습니다.

---

20 매우 여행자적 관점의 이야기입니다. 콜렉티보(미니버스)를 출퇴근 수단으로 1.5볼리비아노에 이용하는 라파스 서민에게는 미 텔레페리코의 요금도 부담스럽습니다.

21 미 텔레페리코는 2022년 현재 10개의 노선(총 36개 역)으로 운영 중입니다. 보다 낮은 라파스와 더 높은 엘알토를 실질적으로 잇는 노선은 빨간선(Línea Roja)과 노란선(Línea Amarilla)이며, 도시 전경을 담기 좋은 곳으로 빨간선 '16 de Julio/Jach'a Qhathu' 역과 노란선 'Mirador/Qhana Pata' 역을 추천합니다.

가장 가난한 나라들

지구에서 가장 가난한 나라들을 간략히 짚어봅니다.

❖남수단(2021년 1인당 GDP 230USD): IMF 2021년 통계 기준 세계에서 가장 가난한 나라는 아프리카의 신생국 남수단Republic of South Sudan입니다. 식민 종주국 영국이 가른 경계 아래에서 수단Republic of the Sudan의 일부였던 남수단은, 역사적으로 우위에 있던 아랍계에 의한 차별에 무력항쟁으로 대응하다 2011년 7월 정식으로 독립한 국제사회의 막내 국가(UN의 193번째 회원국)입니다.

지배자였던 아랍계-무슬림으로부터 기독교계-흑인 공화국으로 독립했으나, 독립 후에는 기독교 내 종파 간, 흑인 사이 부족 간 갈등이 폭발하여 국가의 존립 자체가 위태로운 상황입니다. 故 이태석 신부님의 〈울지마 톤즈〉가 이 나라의 이야기지요.

❖부룬디(2022년 1인당 GDP 272USD): 국제통화기금의 2022년 통계에서 가장 가난한 나라는 동아프리카의 작은 나라 부룬디Republic of Burundi입니다. 2018년과 2021년은 남수단이, 2017년, 2020년, 2022년은 부룬디가 최하위를 기록했습니다.

가장 최근에 수도를 바꾼 나라(2019년 2월 기존 수도 부줌부라Bujumbura에서 국토 중앙의 기테가Gitega로 천도) 부룬디는, 애호가들 사이에 알려진 커피 정도 외에는 국제사회의 관심을 거의 끌지 못하는 곳입니다.

부룬디도 남수단처럼 종족 갈등(소수 투치족에 의한 다수 후투족 지배)으로 인한 분쟁 상태이며, 정치 불안으로 인해 고문, 부패, 반란, 증오, 폭력의 악순환이 이어지고 있습니다. 좁고 황폐한 국토에 비해 지나치게 많은 인구도 부룬디의 혼란에 한몫을 하고 있어요.

이 별에서 가장 가난한 나라들은, 가난할 뿐 아니라 위험하기도 하기 때문에 여행지로 추천할 수 없습니다. 하지만 정치 상황이 안정되어 햇살이 비치는 땅이 되면 달라지겠지요.

멀지 않은 미래에 다가올 날을 그려봅니다. 그날이 오면, 남수단에는 세계에서 가장 긴 나일강(나일강의 본류 백나일강White Nile R.)을 탐험하러, 부룬디에는 고원의 야생동물을 관찰하다 세계에서 두 번째로 깊은 호수 탕가니카Lake Tanganyika의 석양을 바라보러, 떠날 수 있겠지요.

그럼에도 불구하고

브라질의 치안은 악명이 자자합니다. 경찰서 코앞에서 가진 걸 다 털렸다는 증언부터 야밤 호스텔에 무장강도가 찾아와 졸지에 브라질 TV 인터뷰까지 했다는 경험담까지, 여행자로서는 흘려 듣기 어려운 이야기들이 무성합니다.

안 그래도 극심한 빈부격차에 최근의 정치불안, 익숙한 부패, 지카바이러스, 뎅기, 코로나 등의 예측 불가능한 변수까지 겹쳐 브라질의 치안이 악화일로를 걷고 있는 건 사실인듯합니다. 열정적이고 격정적인 브라질 사람들의 성격이 여기에 한몫한다는 것 또한 분명해 보이고요.

그리고 브라질은 생각보다 여행 비용이 많이 드는 곳이기도 합니다. 브라질의 평균 소득이 우리나라의 절반에도 미치지 못한다지만,[22] 이 나라의 체감 물가는 서울의 그것을 상회하는 것 같습니다. 브라질의 넓은 국토와 잠재력이 체류비를 자꾸 높일 겁니다. 이 나라의 높은 세율 또한 큰 몫을 할 테지요.

'그럼에도 불구하고'. 이 표현이 브라질에는 참 잘 어울립니다.

길거리를 걸을 때마다 주의를 기울여야 함에도 불구하고, 브라질은 정말 여러 번 가볼 만한 곳이라 생각해요. 지갑이 자꾸만 얇아짐에도 불구하고, 브라질은 끝없이 매력적인 곳일 겁니다.

드넓은 브라질 땅에서 꼭 한 곳만 집어 여행해야 한다면, 많은 이들의 선택은 같을 겁니다. 리우, 리우데자네이루Rio de Janeiro[23]겠지요.

꽤나 많은 도시들을 방문해 본 듯하지만, 리우만큼 한 눈에 빠져드는 매

---

22 성장의 길에서 숨 고르며 조금 뒤처져가는 브라질의 1인당 GDP는 7741USD(2021년)에 불과합니다. 한국의 1/5 수준이지요.

23 히우지자네이루가 포르투갈어 외래어 표기법상 맞는 표현이고, 실제 발음에도 훨씬 가깝습니다. 하지만 널리 알려진 익숙한 표현을 존중합니다. 1월Janeiro의 강Rio, 리우의 이름은 1502년 1월 이곳을 찾은 포르투갈 사람들이 리우를 둘러싼 드라마틱한 풍경의 만(Baía de Guanabara)을 강으로 오해한 데서 비롯되었습니다.

력적인 곳에 자리잡은 메트로폴리탄은 없었습니다. 굳이 꼽는다면 케이프
타운 정도를 들 수 있을 것 같지만, 도시의 규모에서 큰 차이가 나지요. 시
드니도 밴쿠버도, 이스탄불이나 스톡홀름도 이 도시의 입지만큼의 스펙터
클함은 갖지 못했습니다.

　자연과 사람, 산과 바다, 문명과 죄악의 어떤 어우러짐이 만들어내는 풍
광에는 일단 압도당하고 시작할 수밖에 없습니다. 하강하는 비행기 안이
건, 예수상Cristo Redentor 아래 건, 빵산Pão de Açucar의 전망대이건, 아니면
혹은 어느 파벨라Favela의 정상이건, 그건 상관이 없겠지만 이 도시는 어딘
가에서 한 번 내려다 보아야만 합니다.

　리우에서는 자연이 만들어낸 예술품에 인간의 문명이 어떻게 또 얼마
나 눈부시게 녹아들 수 있는지를—그것이 삶 안에서는 결코 아름답지 않
더라도—시린 눈으로 오래도록 바라보아야 합니다.

　지구상에 이런 곳은 또 없으니까요.

　언덕을 내려와 시선이 리우 사람들의 삶에 조금 겹쳐지면, 갑자기 찾아온 이 도시와의 사랑에서 헤어나올 수 있을 겁니다. 다시 많은 게 보일 거예요. 오물 냄새, 고물가, 부랑자, 싸구려 광고, 습기, 더위, 교통체증 그리고 다시 나를 위협할 것만 같은 치안 문제까지 말이에요.

　하지만 무성한 소문들을 통해 나를 겁박하고 있을 두려움을 살짝 걷어내고 도시의 밤거리를 걷다 보면, 노숙자 냄새부터 끈적한 열기까지 이곳을 만들어온 부속품들이 리우의 알려진 이름만큼 매혹적이란 깨달음에 닿게 됩니다.

　보사노바를 낳고 삼바를 널리 퍼뜨렸으며, 코파카바나Copacabana와 이파네마Ipanema, 예수상과 팡지아수카르Pão de Açúcar를 담은, 축복받은 그 땅을 내려다 바라본 기억.

　그 기억만큼은 가슴에 오래 담아둘 수 있을 테지요.

　그럼에도 불구하고, 리우에 가봐야 할 이유겠습니다.

247

Wealth and Poverty 3.

세상에서 가장 행복하다는
작지만 큰 나라, **덴마크**

뉘하운Nyhaun, 코펜하겐.

스카겐

오르후스

빌룬트

코펜하겐

※덴마크 본토

- 국가명 Kingdom of Denmark /
  Kongeriget Danmark
- 위치 북유럽(본토, 페로제도),
  북아메리카(그린란드)
- 인구ㅣ밀도 595만 명ㅣ2.7명/㎢
- 면적 2,220,093㎢(12위)
- 수도 코펜하겐Copenhagen
- 언어 덴마크어(덴마크),
  그린란드어(그린란드)
- 1인당 GDP $67,758(9위)
- 통화 덴마크 크로네Kroneㅣ
  1DKK=약 180원
- 인간개발지수(HDI) 0.948(6위)

#행복한_나라=투명한_사회

유럽에서 두 번째로 큰 나라는 어디일까요? 제일 큰 나라는 러시아(면적계 지구짱)가 분명한데, 두 번째는 헷갈릴 수 있을 겁니다.

메르카토르도법 세계지도를 보면 스칸디나비아 반도의 세 나라가 커보이는데, 실제 면적은 프랑스가 더 크지요. 프랑스인가 싶어 찾아보면, 동유럽의 우크라이나 면적[24]이 더 크다는 사실을 확인할 수 있습니다.

하지만 '우크라이나'의 발목을 잡는 작은 거인이 스칸디나비아 반도 밑에 숨어 있습니다.

덴마크왕국Kingdom of Denmark, Kongeriget Danmark이 '유럽에서 두 번째로 큰 나라'이자, '세상의 끝을 품은 나라'일 수 있거든요!

유럽에서 두 번째로 큰 나라, 덴마크

독일 북쪽 유틀란트Jütland(덴마크어로는 윌란Jylland) 반도의 3분의 2와 443개의 이름 붙여진 섬들로 구성된 덴마크가 유럽에서 두 번째 큰 나라라는 것 그리고 세상 끝에 있는 나라라는 건 해석에 따라 사실일 수도 있고, 하나의 주장일 수도 있습니다.

윌란과 발트해에 위치한 덴마크 본토는 한국의 절반에도 못 미치는 작은 땅(4만 3094㎢)으로, 작은 나라부터 셀 때 더 빨리 나올 만큼 작아요(UN 가입 193개국 중 130위). '본토'만으로 따지면 유럽에서 두 번째로 큰 나라는 우크라이나, 세 번째는 프랑스입니다.

하지만 '덴마크왕국'은 덴마크 본토Denmark proper에 '세계에서 가장 큰 섬' 그린란드[25]와, 아이슬란드와 영국 사이의 대서양에 있는 페로제도Faroe

---

24 국제법상 인정받는 우크라이나의 면적은 60만 3628㎢입니다. 크림반도Crimea와 돈바스의 러시아 점령 지역(루한스크Lugansk, 도네츠크Donetsk)을 포함한 면적입니다.

25 그린란드는 자연지리적으로는 북아메리카 대륙에 속합니다. 반면 정치, 경제, 외교 측면에서는 유럽에 속하지요. 해석에 따라 덴마크왕국은 유럽에서 두 번째로 큰 나라일 수도, 아닐 수도 있습니다.

날씨만 좋으면 막 찍어도 그림 같은 풍경 사진이 나오는 덴마크 수도 코펜하겐.

페로제도는 제주도의 3/4 넓이에 5만 명 정도의 주민이
사는 북해의 작은 섬들입니다. 비밀스럽고도 매력적인
장소들이 넘쳐나는 곳이죠. 날씨만 허락한다면!

Islands, Føroyar를 포함합니다. 그린란드와 페로제도를 포함한 덴마크 왕국의 면적은 약 222만㎢(한국의 약 22배)로, 세계 12위에 해당합니다. 덴마크는 사우디아라비아, 인도네시아, 멕시코보다도 큰 나라인 거죠!

세상의 끝

그린란드가 '세상의 끝', 최북단이라는 건 당연할 수도 있겠습니다.

북극에 가까워지면 바다도 다 얼어붙지요. 북극해의 최북단은 얼음으로 뒤덮여 있지만, 바다가 아닌 '땅'의 최북단도 존재합니다. 그린란드 북쪽 끝의 작은 섬 카페클루벤Kaffeklubben Island(북위 83°39′45″)이 그곳입니다.

구글맵에서도 찾을 수 없는[26] 슬픈 섬 카페클루벤은 북극점에서 713.5km 떨어져 있는, 땅에 속한 세상의 북쪽 끝입니다. 덴마크의 탐험가

추운 곳에 위치한 발트해는 유입되는 하천이 많고 증발량이 적어서 염도가 0.3~0.6퍼센트에 불과합니다. 겨울에는 절반이 얼어붙어요. 사진은 스케인의 등대와 발트해 쪽 모래톱.

라우게 코크Lauge Koch가 이곳에 처음 발을 내딛고(1921년), 코펜하겐대학교 지질학 박물관 카페의 이름을 이곳에 붙였습니다.

카페클루벤섬을 찾아가는 건 아주 큰 돈과 시간이 필요한 일일 테니, 코펜하겐대학교의 박물관Geologisk Museum을 찾아 세상 끝의 이름을 불러보는 것도 괜찮겠습니다.

세상의 끝이 덴마크에 있다는 이야기가 허튼소리는 아니지요!

꼭 그린란드가 아니어도, 덴마크 본토 최북단에도 '세상의 끝'이라 불리는 곳이 있습니다. 윌란반도가 이어지는 듯 끊어진 곳에 벤쉬셸튀섬Vendsyssel-Thy이 있어요. 원래 윌란반도의 일부였던 벤쉬셸튀는 1825년에 일어난 북해 해일에 의해 섬이 되었고, 빈쉬셸튀의 북쪽 끝에 스케인Skagen('g'는 묵음) 마을이 위치합니다.

'세상의 끝Finis Terrae'이라 불리는 마을 스케인 앞 바다에선 신기한 현상을 목격할 수 있습니다. 마을 서쪽 북해와 동쪽 발트해의 해류가 부딪히되 섞이지 않고 갈라지는 모습이지요. 염도가 낮은 얼어붙는 바다 발트해와 보통의 바다에 가까운 북해의 밀도가 다르기 때문에 벌어지는 현상이라 해요.

세상에서 가장 행복한 나라

미드 〈한니발〉의 주인공이자 영화 〈007 카지노 로얄〉에서 제임스 본드를 잔인하게 고문했던 배우 매즈 미켈슨Mads Mikkelsen이 맥주 광고에서 말합니다. 덴마크는 세계에서 가장 행복한 나라라고.

실제로 UN 산하기관 SDSN(Sustainable Development Solutions Network)의 연례보고서인 세계행복보고서World Happiness Report 2021년 순위에서 덴마

오르후스Aorhus는 덴마크 제 2의 도시이자, 윌란반도(유럽 대륙)에 위치한 덴마크 도시 중 가장 큰 도시입니다. 도시를 동서로 가로지르는 오르후스강을 따라 멋진 건물들과 힙한 카페들이 모여 있는 쉬어가기 좋은 곳이기도 합니다.

크는 핀란드에 이어 세계 2위를 차지했습니다. 2013년부터 2015년까지는 세계 1위였고, 핀란드, 노르웨이, 아이슬란드 등과 1~3위를 엎치락뒤치락 하고 있지요.[27]

소득과 교육 수준이 높고 복지 체계와 공동체 의식이 성숙한, 전쟁이나 재난의 위협이 작은 북유럽 5개국 중에서도 덴마크는 조금 더 살기 좋은 나라로 꼽히기도 합니다.

북유럽에서 가장 따뜻한 날씨와 북유럽인들 중 가장 쾌활하다고 손꼽 히는 덴마크인들의 기질 때문일 거예요. 사람들과 분위기가 밝기 때문에 여행하며 현지인들에게 다가서기 참 좋은 나라입니다.

여행하며 마시는 한 잔의 술을 낙으로 삼는 애주가로서도 덴마크는 북 유럽에서 제일 좋은 나라입니다. 다른 북유럽 4개 나라는 술에 대해 엄격 하고 주류에 대해 고율의 세율을 적용합니다. 노르웨이와 스웨덴은 한때 금주법 시행을 고려했을 정도예요.

하지만 덴마크의 술값은 다른 서유럽 국가들과 비슷한 수준으로, 우리

---

27 해당 보고서 한국의 순위는 146개국 중 61위입니다. 위에 필리핀, 아래에 페루를 둔 한국의 순 위는 경제력과 삶의 질을 감안할 때 매우 낮다고 할 수 있습니다. 왠만한 선진국들은 30위 이 내에 자리합니다.

덴마크 대표 맥주 칼스버그 방문자 센터. 초여름 덴마크 노천카페에선 칼스버그 한 잔 여유로이 즐기고 가야 합니다. "Probably the Best Beer in the World!"

나라와도 큰 차이가 나지 않습니다. 음주 가능 연령이 만 16세일 정도로 관대한 편이지요.[28]

이로써 덴마크는 제게 살아보고 싶은 나라로 점 찍혀 버렸습니다.

덴마크 사회가 가진 문제들

인종차별 없는 복지국가, 북유럽 이상향으로의 이민을 꿈꾸는 사람들이 많을 겁니다. 많은 수의 중동인들과 아프리카인들은 그걸 '실행'하고 있어요.

28 물론 음주에 대한 교육을 학교에서 철저히 시행한다고 합니다.

코펜하겐의 인어공주 동상은 다른 의미로 논쟁거리입니다. 브뤼셀의 오줌싸개 동상만큼이나 볼품없는 명소란 거죠! 인어공주 동상은 여러 차례 페인트를 뒤집어쓰고, 누군가에게 목이 잘리기도 했으며, 차도르를 입거나 성인용품으로 장식되기도 했습니다.

최근 들어 문턱을 많이 높였지만 2015년 즈음까지 많은 수의 난민(2015년에는 2만 명 이상)이 덴마크, 그중에서도 코펜하겐에 유입되었습니다. 안 그래도 크지 않은 덴마크 사회[29] 곳곳에서 경고음이 들리게 되었고요.

이민정책의 옳고 그름을 떠나, 덴마크 일부 젊은이들의 인종차별적 행태가 심화된 건 최근의 난민 문제에 기인할 겁니다(원래 덴마크는 인종주의에서 자유로운 나라로 꼽히곤 했습니다).

난민 문제야 유럽 공통의 시대적 과제일 수 있겠으나, 또 다른 문제는 다를 수 있습니다. 우리나라 얘기일 것 같은 덴마크의 문제, 바로 '가계부채'입니다.

29 덴마크 본토의 인구는 585만 명 수준(2021년)이며, 그린란드와 페로제도를 합쳐도 600만 명 미만입니다. 연간 2만 명가량의 다른 문화권 인구의 유입은 사회에 커다란 충격이 될 테지요.

덴마크의 GDP 대비 가계부채 비율은 117퍼센트 수준으로 세계 3위이고, 가처분 소득 대비 가계부채 비율은 무려 281퍼센트로 OECD가 통계를 내는 나라 중 단연 1위입니다.[30]

가구의 부채 비율이 높아도, 복지 체계가 워낙 잘 잡혀 있는 덴마크에서 부채를 감당하지 못하는 경우가 많지는 않을 겁니다. 실직을 해도 은퇴를 해도 연금이 나와 빚을 갚을 수 있으니까요. 그렇다 해도, 갚아도 갚아도 남는 빚을 지고 있다는 건 부담일 수밖에 없겠지요. 게다가 덴마크에선 빚을 갚는 게 쉽지 않은 일입니다. 떼어가는 세금이 워낙 많기 때문이에요.

덴마크의 소득세는 낮은 구간 39.86퍼센트, 높은 구간은 55.86퍼센트에 달합니다.[31] 100만 원을 벌면 40만 원, 1억 원을 벌면 5600만 원을 소득세로 떼는 거예요! 심지어 '실업자'에게도 34.63퍼센트의 '소득세'를 매깁니다. 충분한 실업급여를 주니까요. GDP 대비 부채보다 가처분 소득 대비 부채 비율이 높은 이유이기도 하지요.

소득세만 높은 게 아니에요. 부가가치세VAT도 거의 예외 없이 모든 상품에 25퍼센트를 적용합니다. '세금' 부문에서 덴마크는 다른 북유럽 국가들마저 다 제치고 세계 최고라고 할 수 있겠습니다.

고율의 세금은 사회안전망이라는 중요한 환경을 만드는 재원이지만, 근로의욕을 떨어뜨릴 수 있다는 점에서 덴마크 사회 내에서도 논쟁거리입니다.

다만 덴마크는 세계에서 가장 투명한 사회이고, '내가 낸 세금은 나에게 혜택으로 돌아온다'는 신뢰가 비교적 유지되고 있기에 이를 극단적 사회적 문제라고 할 수는 없겠습니다.

---

30 2018년 IMF 통계(가계부채)와 2014~2018년 OECD 통계(가처분 소득 외) 기준. 같은 통계에서 한국의 GDP 대비 가계부채 비율은 97퍼센트로 8위, 가처분 소득 대비의 통계는 186퍼센트로 7위입니다.

31 우리나라의 소득세는 최저구간 6퍼센트, 최고구간 42퍼센트입니다.

동토 그린란드를 제외하면 작고 별 거 없어 보이는 나라 덴마크이지만, 이 나라는 오랜 역사를 자랑하는 북유럽의 강국이었습니다.

14세기 말에는 오늘날의 덴마크-스웨덴-노르웨이-핀란드와 발트 3국 일대를 포괄하는 영토를 영유하는 전성기를 맞기도 했고요. 17~19세기 사이에 잘 알려지진 않았지만 카리브해, 인도, 아프리카(가나)에 식민지[32]를 두기도 했습니다.

이후 스웨덴(스웨덴의 속국이었던 핀란드도 함께), 노르웨이, 윌란반도의 남쪽(독일)을 차례로 잃으며 영향력이 감소했고, 마지막으로 아이슬란드가 1944년에 독립하면서 지금과 같은 북유럽의 소국(?)이 되었죠.

하지만 여전히 덴마크는 유럽에서 그리고 세계에서 '가장 오래된 것'이라는 타이틀 몇 가지를 차지하고 있습니다.

북유럽 나라들의 국기 모양은 거의 같습니다. 단색 바탕에 왼쪽으로 살짝 치우친 십자가Nordic Cross가 그려져 있죠.

노르딕 크로스가 그려진 덴마크와 페로제도의 국기.

32 덴마크는 현재의 가나 해안에 5개의 정착지와 요새를 건설, 유지(1658~1850)하다가 영국에 매각했습니다. 덴마크는 인도에도 몇 개의 정착지를 건설(17세기)했으며, 카리브해의 미국령 버진 아일랜드는 1917년까지 덴마크의 해외 식민지였어요.

북유럽 5국 국기의 원조인 덴마크의 국기Dannebrog는 현존 '국기' 중 가장 오래된 것으로 기네스 기록에 등재되어 있습니다. 1219년에 처음 사용되었다 하며, 국기 규정은 1625년에 제정되었습니다.

또 한 가지 가장 오래된 것은 덴마크 왕가입니다. 덴마크 왕가는 유럽에서 국민들에게 가장 인기 있는 왕가[33]이기도 하며 현재 여왕 마르그레테 2세Margrethe II는 틀림없이 세계 최장신 여군주[34]일 겁니다.

덴마크의 얼굴들

저에게 덴마크의 대표 브랜드는 칼스버그입니다. (더 쌉쌀했으면 하는 개인적인 아쉬움은 있지만) 100퍼센트 몰트를 사용한 왕실 공식 맥주는 덴마크를 여행해야 할 이유 하나를 더 던져줍니다.

작지만 큰 나라 덴마크는 칼스버그 외에도 세계적인 브랜드를 여럿 가지고 있지요.

'일상에 럭셔리를 담다Everyday Luxury'라는 슬로건을 가진 덴마크 왕실의 도자기 브랜드 로얄 코펜하겐Royal Copenhagen, 세븐체어, 에그체어의 프리미엄 가구 브랜드 프리츠 한센Fritz Hansen, 하이엔드 전자기기 회사 뱅앤올룹슨BANG & OLUFSEN의 공통점은, '예쁘고 많이 비싸다'인 것 같네요.

높은 수준의 디자인으로 유명한 브랜드들 외에도 덴마크는 세계 최대의 해운회사 머스크라인A.P. Moller-Maersk을 가지고 있습니다. 그리고 또, 꼭 집어 이야기할 만한 브랜드 레고Lego를 낳았습니다.

바비 인형과 G.I.유격대, 루빅스 큐브 등을 모두 누르고, 《타임》 선정 가장 강력한 영향을 끼친 장난감Most Influential Toys of All Time 1위로 꼽힌 레고는, 《포브스》 선정 2019년 세계에서 평판이 가장 좋은 기업The Wolrd's

---

33 왕가에 대한 덴마크 국민의 지지율은 80퍼센트 이상이며 때로는 92퍼센트에 달합니다.
34 정확한 키가 알려져 있진 않지만 180cm는 확실히 넘는다고 합니다.

덴마크 왕실의 아말리엔보르 궁전Amalienborg Palace과 로센부르 궁전Rosenborg Castle의 근위병.

Best Reputable Company 2위를 차지하기도 했습니다.[35]

비싸지만 안전하고, 인종, 종교, 성별 등 민감한 문제에서 중립적이며, 한없이 호환 가능하다는 장점이 세월과 세대를 아우른 레고의 평판이 되어왔을 겁니다.

레고 본사가 있는 마을 빌룬트Billund는 레고와 함께 성장하여 국제공항이 소재한 윌란반도 내륙의 주요 도시가 되었어요. 그리고 빌룬트에 처음 생겼던 레고 테마파크인 레고랜드Legoland는 영국, 미국, 독일, 말레이시아, 두바이에 이어 2017년엔 일본에도 개장하며 주목을 받았습니다.[36]

---

35 1위는 롤렉스. 레고 밑으로 디즈니, 마이크로소프트, 미쉐린, 구글 등이 순위에 올랐습니다.
36 2022년 5월, 춘천시 의암호 중도에 세계 10번째 레고랜드(레고랜드코리아)가 문을 열었습니다. 2014년 개장 예정이었던 레고랜드코리아는 선사시대 유적 발굴 등 여러 이슈로 일정이 무려 7차례 연기된 끝에야 개장했습니다. 레고랜드코리아는 한국의 첫 프랜차이즈 테마파크이며, 세계 두 번째 규모의 레고랜드입니다.

레고! 윌란 반도 중앙의 레고 도시 빌룬트엔 공항에도 레고 블록이 있습니다.

    물론 레고도 모든 비판과 문제 제기에서 자유로울 수는 없지만, 우리 주변에도 이런 브랜드와 기업이 많아졌으면 좋겠습니다. 품질에 대한 고집으로 평판을 쌓아가는 브랜드, 사회와 주변에 기여하며 함께 커가는 기업 말이지요.

    레고사의 모토는 'Kun det bedste er godt nok', 즉 'Only the best is good enough'입니다. 그런 고집들이 강소국 덴마크를 만들어오지 않았을까, 생각해봅니다.

    고집스러운 좋은 회사들이 커가고, 사회가 성숙해져 다양한 의견들이 받아들여지고 소통될 때까지 응원하고 인내하며 참여하다 보면, 또 그렇게 신뢰를 쌓아가다 보면, 우리나라도 덴마크와 함께 세계에서 가장 행복하다고 말할 수 있는 나라 중 하나가 될 수도 있겠지요.

    쉽지 않겠지만 이미 한강의 기적을 이루어 내지 않았던가요!

Wealth and Poverty 4.

세계에서 가장 불평등한 나라들:

나미비아, 코모로 그리고 미국

나미비아는 강렬한 풍경을 선사합니다.

일랑일랑은 코모로에서 가장 많이 생산됩니다.

마요트섬

미국 워싱턴 D.C. 코로나 희생자 추모 백기.

30페소(약 50원). 2019년 칠레에 대규모 시위가 발생한 계기가 된 지하철 요금 인상액입니다.

언뜻 이해가 되지 않는 일입니다. 1장에서 본 것처럼 칠레는 남미에선 꽤 잘사는 나라로 알려져 있고, 칠레의 '평균' 소득 수준으로 미루어 볼 때 50원은 국가비상사태가 발령되고 APEC 정상회담을 취소할만한 시위가 발생하기엔 정말 적은 돈이거든요.

칠레의 1인당 GDP는 1만 6070USD(IMF, 2022)로,[37] 우리나라(3만 5196USD)의 절반 정도입니다. 아주 잘사는 나라라고 할 수는 없겠지만 동유럽의 크로아티아(1만 5808USD)나 폴란드(1만 7318USD)와 비슷한 소득 수준이며, 남미에서는 두 번째예요.

문제는 부의 집중 그리고 경제 성장이라는 과실의 분배 과정에 있습니다. 칠레 시위에 대한 여러 분석 기사들이 말하는 것처럼 칠레는 부가 제대로 분배되지 않는 아주 불평등한 나라이거든요.

칠레의 상위 1퍼센트는 2021년 국가 전체 소득의 26.5퍼센트를 벌어들였습니다. 1퍼센트가 전체 소득의 4분의 1 이상을 거머쥔 것이지요. 이 비율은 불균형한 소득 구조를 가진 것으로 잘 알려진 미국(18.8퍼센트), 중국(14.0퍼센트), 인도(21.7퍼센트), 러시아(21.4퍼센트)보다도 심각한 값입니다.

칠레와 소득 수준이 비슷한 동유럽의 슬로바키아와 크로아티아의 상위 1퍼센트는 같은 해 각각 7.0퍼센트와 10.2퍼센트를 벌었습니다. 비판 또는 비난의 대상이 되는 우리나라의 1퍼센트가 차지한 비중도 14.7퍼센트였습니다.

우리나라의 '1퍼센트'들이 벌어들이는 것보다 칠레는 두 배나 더 편중되어 있다는 이야기입니다. 시위대의 분노 물결이 동유럽이 아닌 남미에서 이는 이유를 어렴풋이 이해할 수 있지요.

---

37 2019년의 시위와 2020년 코로나19 영향으로, 칠레의 GDP 순위는 급격한 내리막을 타다(2019년) 제자리로 돌아오는 중입니다.

칠레 산티아고의 지하철과 붐비는 버스터미널.

칠레의 법정 월 최저임금은 30만 1000페소(2019년)라 합니다. 2022년 2월 환율 기준으로 45만 원 정도 됩니다. 우리나라의 2022년 월 최저임금(주 40시간, 유급주휴 8시간)이 1백 91만 4440원임을 감안하면 4분의 1도 안 되는 수준이에요.

그에 반해 출퇴근 시간 지하철 요금은 800페소(1,200원)로 서울(1250원)과 거의 같고, 인터넷, 담뱃값 등은 우리나라보다 비싸며, 기름값과 사립학교 등록금 등도 우리나라와 비슷한 수준[38]입니다. 살기가 참 팍팍하겠죠!

폭발할 만큼 불평등한 소득 구조와 극소수로의 부의 집중은, 칠레만의 문제는 아닙니다. 전체 소득과 자산에서 상위 1퍼센트 그리고 상위 10퍼센트가 차지하는 비율은 전세계적으로 높아지고 있습니다.

세계 곳곳에서 터져 나오는 '경제 상황'에 관한 시위와 불만의 목소리는 부자는 앉아서 돈을 벌고 가난한 사람들은 더욱 더 소외되고 있는 지구별 불균형의 심각성을 반영하고 있습니다.

한국 상위 '1퍼센트'의 소득 비중은 1980년 7.4퍼센트에서 2021년 14.7퍼센트로, 미국의 그것은 1980년 10.7퍼센트에서 2021년 18.8퍼센트로 상

---

38 물론 슈퍼마켓 물가나 부동산 가격은 우리나라보다 훨씬 저렴합니다.

UN 개발계획에서 매년 발표하는 HDI(인간개발지수) 자료는 불평등에 관한 통계를 포함하고 있습니다. WID에서는 불평등에 관한 자료를 지도와 그래프로 확인할 수 있습니다(https://wid.world/).

승했으며, '소득Income'이 아닌 '자산Wealth'의 격차는 그 이상으로 벌어졌습니다.[39]

행복한 나라 다음의 이야기는 부자와 빈자의 격차가 가장 많이 벌어진, 경제적으로 '세계에서 가장 불평등한 나라'입니다. 경제적 불평등이 행복의 절대적인 기준이 될 수는 없지만, 내 집, 내 차, 내 주머니의 불평등과 박탈감이 삶의 만족도와 음의 상관관계를 갖는 건 너무도 당연한 이야기일 거예요.

소득과 자산의 집중도는 정확한 통계 산정이 어려울 수밖에 없습니다. 나라마다의 기준도 다르고, 정부 보조금이나 세금제도의 영향에 따라 숫자는 달라질 수밖에 없을 겁니다. 더욱이 불평등의 정도가 심한 많은 나라

---

[39] 자산 인플레이션이 극에 달하는 동시에 실업과 파산이 급증한 포스트 코로나19 시대의 통계에선, 이 격차가 훨씬 더 벌어져 있겠지요.

들이 집계한 통계는 신뢰도가 떨어지는 경향이 있습니다.

여러 제약에도 불구하고, UN 개발계획United Nations Development Programme, UNDP과 세계은행, CIA 등이 관련 통계를 제공하고 있습니다. 비교적 최신 통계가 있고 자료에 신뢰도가 높은 UNDP를 기준으로 '가장 불평등한 나라들'을 추려봤습니다.[40]

최악의 불평등 국가, 나미비아

나미비아Republic of Namibia는 여러모로 두 얼굴을 가진 나라입니다.

아무도 아무것도 없는 건조한 들판과 독일에서 옮겨온 듯한 작지만 깔끔한 시가지. 소서스블레이Sossusvlei와 듄45를 품은 나미브 사막의 타는 듯한 열기와 스바코프문트Swakopmund[41]에 부는 습기를 머금은 서늘한 바닷바람. 펍과 정원과 카페가 있는 풍경 뒤를 걷는 기념품을 짊어 매고 젖가슴을 드러낸 힘바족 여인들. 한 나라가 가진 극단적 풍경들은 그곳을 찾은 여행자들에겐 선물이지만, 삶의 무게를 짊어진 현지인에게는 고달픔일 겁니다.

나미비아는 강렬한 풍경을 선사합니다. 그리고 눈에 보이는 것 안쪽으로 한걸음만 들어서면 나미비아 사람들의 아픔이 다가옵니다.[42]

---

40 코로나19로 인한 자산 버블은 이 글의 통계에 잡히지 않았습니다. 지금 이 순간의 실질적 불평등은 소개된 숫자보다 훨씬 심각하다 판단해도 틀리지 않을 겁니다.

41 두 번째로 이름이 나온 이 도시에 관해, 4장에서 더 흥미롭게 다가설 거예요.

나미비아는 세계에서 인구밀도가 두 번째로 낮은 나라예요(몽골 다음). 대한민국의 여덟 배가 넘는 넓은 땅(82만 5615㎢)에 인천광역시보다 적은 인구(약 260만 명)가 흩어져 살아갑니다. 드넓은 국토와 충분한 지하자원을 가졌지만, 그 축복은 일부만이 누리고 있습니다.

나미비아의 수도 빈트후크나 관광도시 스바코프문트의 시내 모습은 여느 아프리카 도시와는 다릅니다. 서아프리카의 도시 풍경보다는 유럽의 소도시 모습에 훨씬 가깝지요.

나미비아의 1인당 GDP는 4842USD로 2장에서 살펴본 조지아, 아르메니아, 코소보 등과 비슷합니다. 아프리카에서 손꼽히게 안정되고 상대적으로 부유한 나라[43]이지요.

하지만 그 부는 안타깝게도 인구의 7퍼센트가량인 소수의 백인과 일부 흑인 엘리트들에게만 허락되었습니다. UN 개발계획의 2011년 자료에서 나미비아의 상위 10퍼센트는 하위 10퍼센트보다 무려 106.6배의 소득을 올렸습니다. 소득 상위 10퍼센트가 1000만 원을 벌 때 하위 10퍼센트는 10만 원도 벌지 못하는 세계에서 가장 불평등한 소득 구조를 지녔다는 불명예를 기록했죠.

나미비아와 나미비아를 지배[44]했던 남아프리카공화국(나미비아를 합병했을 당시는 남아프리카연방)은 아프리카에서 가장 부유한 편인 동시에 전세계에서 가장 불평등한 분배 구조를 가지고 있습니다. 아파르트헤이트Apartheid라

---

42 나미비아의 비극적인 근대사에 관심 있으시다면, 나미비아 학살 사건Herero and Namaqua genocide에 관해 찾아보시길 권합니다. 독일이 유태인 학살 이전에 무슨 일을 벌였는지, 어떠한 사전 경험이 아우슈비츠를 낳았는지 확인하실 수 있습니다. 그래도 과오를 인정하고 사과하는 측면에서는 일본보다 확실히 나은 독일은, 나미비아에서 헤레로족과 나마족을 학살한 과거를 110년만에 인정(2021년 5월)하고 11억 유로 규모의 나미비아 재건 펀드를 조성했습니다.

43 코로나19의 영향으로 관광업과 광물 자원 수출에 경제적 의존도가 높은 나미비아의 경제는 타격이 큽니다. 2019년 이전에는 소득 순위 훨씬 앞쪽에서 찾아볼 수 있었어요.

44 1915~1990년간 남아프리카연방은 나미비아를 합병 통치했습니다. 당시 나미비아의 명칭은 독일령이었을 때와 동일하게 '남서아프리카'였습니다.

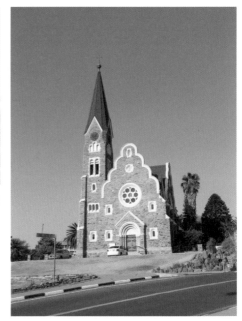

나미비아 수도 빈트후크의 시가지와 랜드마크 루터교 교회|Christuskirche.

는 용납되어서는 안 될 인종 분리의 유산으로, 인종차별 철폐 이후에는 흑인 엘리트에 의해 강화되어온 구조적 차별이 부의 불균형을 가속화했어요.

나미비아는 세계 최고 수준의 다이아몬드 광산과 우라늄, 구리 등 충분한 지하자원을 가졌습니다. 하지만 수십 년에 걸친 흑백 차별의 기간 동안 소수의 백인들이 개발의 능력과 기회를 독점하였고, 남아공으로부터의 독립 과정과 그 이후에는 흑인 정부를 지원하며 경제적 기득권을 유지하고 있습니다. 경제 구조가 여러모로 남아공과 닮아있지요.

다만 흑백을 막론하고 나미비아 전체가 남아공에 지배-피지배 관계에 놓여 있었다는 점, 인구 다수를 차지하는 오밤보Ovambo 족과 그들의 정당으로 인해 안정적인 정치 상황, 그리고 무엇보다도 적은 인구로 인해 덜 진행된 도시화 덕에 엄청난 빈부격차에도 불구하고 남아공보다는 인종, 경제주체 사이의 긴장이 덜합니다.

경제적 불평등이 사회 불안의 요인으로 부상하며 나미비아에서도 개선

대서양 해변의 휴양도시, 스바코프문트의 바닷가와 시가지 풍경. 스바코프문트 시내는 독일 소도시 모습을 간직하고 있습니다.

을 위한 여러가지 정책들이 진행되었습니다. 중부의 마을 오미타라Omitara 에서는 세계적으로 주목받는 기본소득Basic Income Grant, BIG 실험[45]이 진행되기도 했어요.

노력의 결과로 (통계적 조정의 결과일지도 모르겠지만) 2017년 기준 통계에선, 상위 10퍼센트의 소득이 하위 10퍼센트의 53.6배 수준으로 그 격차가 줄었습니다. 여전히 세계에서 세 번째로 심각한 집중도이지만 말입니다.[46]

가난에 불평등이 더해진 나라, 코모로

코모로Comoros, Comoro Islands라는 나라를 아시나요? 모로코Morocco 아

---

45 나미비아의 불평등이 최악으로 치닫던 2008년과 2009년에 오미타라에서 60세 미만의 모든 사람에게 100나미비아 달러(2022년 환율로 약 8000원, 당시 환율로 약 1만 5000원)를 매달 지급하는 실험이 진행되었습니다. 후속 연구는, 오미타라에서 빈곤 범죄율, 영양실조율 감소 및 아동 취학률 향상을 보고했습니다.
나미비아 정부는 BIG 프로젝트를 지지하지 않았어요. 기본소득의 재원은 종교 단체들과 노동조합의 후원으로 진행되었고, 프로젝트 이후에도 빈곤으로 돌아가지 않도록 가교 수당 Bridging allowance이 지급되었습니다.

46 같은 통계에서, 불명예 1위는 이웃 남아프리카공화국이 차지했습니다. 같은 기준 56.4배 수준 이었습니다.

코모로의 북서쪽엔 잔지바르, 북동쪽엔 세이셸이 위치합니다. 천국의 풍경을 가진 두 곳과 코모로는 다른 세상입니다.

니고 코모로입니다!

　처음 듣는 분들이 꽤 많으실 겁니다. 코모로는 아프리카 동쪽, 마다가스카르섬과 동아프리카 탄자니아 사이, 인도양에 떠있는 3개(또는 4개)의 섬으로 이루어진 작은 나라입니다.[47]

　코모로의 인도양 북서쪽에는 향신료와 해변으로 오랜 기간 이름을 날

린 잔지바르Zanzibar가, 인도양 북동쪽에는 허니무너의 섬 세이셸Seychelles
이 있습니다. 남동쪽에도 마다가스카르 최대의 휴양지이자 바닐라 생산지
로 유명한 노시베Nosy Be섬이 있고요.

주변 섬들로만 보면 천국과도 같은 풍경을 자랑할 듯한 코모로는, 하지
만 아주 가난하고 꽤나 불안정하며 너무나 불평등한, 어쩌면 지옥 같은 나
라입니다.

주변의 마다가스카르, 레위니옹Réunion 등과 같이 프랑스 식민지였던
코모로(1975년 독립)는, 오만과 아라비아의 상인들의 영향으로 수백 년 전
부터 이슬람화되었습니다. 이슬람교가 과반수인 나라들 중 세계 최남단에
위치한 나라[48]가 코모로입니다.

코모로엔 이 나라가 가진 땅과 자원보다 많은 사람들이 살아갑니다. 제
주도보다 크기는 작은데(1861㎢) 인구는 20만 명가량 많아요(약 85만 명).

환경적인 어려움보다 이 나라를 힘들게 한 건 정치적 불안정입니다. 프
랑스로부터 독립한 이후 약 30년간 20번이 넘는 쿠데타가 코모로에서 일
어났습니다.

일 년이 멀다 하고 군부쿠데타가 일어나는 나라의 경제 상황이 정상적
일 리 없지요. 코모로의 1인당 GDP는 873USD(IMF, 2018)로 186개국 중
165위이며, 내전에 시달리는 예멘과 같은 수준이에요.

---

47 코모로에는 코모로이기도 아니기도 한 마요트섬이 있습니다. 응가지자Ngazidja, 모일리
    Mwali, 은주아니Ndzuwani의 3개 섬은 분명 코모로의 영토이지만, 마요트Mayotte섬은 코모로
    의 독립 당시 주민투표로 프랑스 영토로 남기로 결정했고, 지금도 프랑스의 해외 데파르트망
    Department으로 남아있습니다. 코모로가 영유권을 주장하고 아프리카연합AU도 이를 지지하
    지만 마요트섬 사람들은 코모로의 일원이 될 생각이 없습니다. 프랑스의 해외 영토로 남는 것
    이 '먹고사는 데' 유리하기 때문이지요. 마요트는 프랑스에서 가장 가난한 데파르트망이지만,
    이 섬의 1인당 GDP는 코모로의 15배(1만 2820USD)에 달합니다.
48 무슬림 인구의 대부분은 북반구에서 살아갑니다. 이슬람교도 비율이 50퍼센트 이상인 나라
    중에 적도 이남에 국토 절반 이상이 위치한 나라는 코모로와 인도네시아 단 둘입니다. 국토
    전체 기준으로는 코모로가 남반구에 유일하죠.

아프리카의 인도양에는 멋진 해변과 풍광으로 여행자들을 이끄는 섬들이 있습니다. 모리셔스와 레위니옹, 세이셸은 모두 코모로처럼 한때 (또는 지금까지) 프랑스의 지배 아래 있었으며 아랍과 마다가스카르의 영향을 일부 받았습니다.

사실 코모로 주변의 인도양에 떠 있는 작은 규모의 섬나라들은 아프리카에서 가장 부유하고 안정적인 곳들입니다.[49] 세이셸(1인당 GDP 1만 6472USD)은 아프리카 54개국 중 소득 수준이 가장 높은 나라이며 모리셔스Mauritius(1만 1281USD)는 그 다음입니다.

코모로와 같이 프랑스 식민 지배를 겪고 아직 프랑스의 해외 영토로 남아있는 레위니옹(코모로와 인구도 비슷합니다)의 1인당 GDP는 2만 6000USD에 이릅니다. 코모로 평균소득의 30배에 해당하지요.[50]

49　다만 세이셸, 모리셔스, 레위니옹 등 코모로 주변의 섬들은 문화적으로도 아프리카 대륙과는 다른, 아랍과 특히 인도 이주민의 영향을 많이 받은 지역이에요.

50　세이셸, 모리셔스, 마요트, 레위니옹의 GDP 통계는 2018년의 것을 인용하였습니다. 관광업이 주 산업인 인도양 섬나라들은 코로나19의 영향을 너무 강하게 받았거든요.

코모로는 바닐라 생산지로도 알려져
있습니다.

주변국들과 코모로의 상황은 극명한 대조를 이룹니다.

가진 게 없는 나라가 가난할 수는 있지만, 얼마 안 되는 부마저 소수가
손에 쥐고 나머지는 빈곤선 아래에서 생존을 위협받는다는 건 또 다른 이
야기입니다. 부정 축재와 부의 편중이 아프리카 대륙에서 흔한 일이라지
만, 코모로는 그중에서도 최악이라 할 수 있습니다!

대부분의 코모로 사람들은 농업에 종사합니다(경제활동인구의 약 80퍼센
트). 작은 섬나라에, 제한적인 농토에, 인구가 과밀하니 인당 생산성이 좋을
리가 없지요.

코모로는 세계 최대의 일랑일랑Ylang-Ylang('꽃 중의 꽃'이란 의미를 가진 허브)
생산국이며, 바닐라 생산과 수출로도 손꼽히는 나라이지만, 그 과실은 영
세한 농토에서 땀 흘리는 다수의 농민이 아닌 극소수의 수출업자와 관리
들에게 돌아갑니다. 교육의 기회가 제대로 부여되지 않기 때문에 빈곤을
타파할 수 있는 길조차 열려 있지 않습니다.

UN 개발계획이 매년 발표하는 불평등 통계에는 소득뿐 아니라 교육의
불평등, 기대 수명의 불평등, 불평등 계수Coefficient of human inequality 등이
있는데요. 코모로는 교육의 기회에서 꼴찌에서 세 번째, 전반적인 불평등
을 수치화한 계수에서는 세계 꼴찌를 기록했습니다!

2017년 기준, 상위 10퍼센트와 하위 10퍼센트의 격차가 50배 이상인 나

라는 딱 3곳입니다. 남아프리카 공화국, 나미비아 그리고 코모로예요.

남아공과 나미비아는 불평등하지만, 나라로서의 인프라를 갖추고 저소득층에 대한 정책적인 분배를 (의미가 제한적일지언정) 시행하는 곳입니다. 두 나라는 아프리카의 부국이기 때문에 아무리 소득 격차가 크다 해도 다른 사하라 이남 아프리카 국가들에 비해 빈곤율이 낮은 편이지요.

'가장 가난한 사람들이 가장 불평등하게 사는 곳'이란 의미의 불명예는 코모로가 차지할 듯합니다.[51]

대륙별 가장 불평등한 나라들

남미는 칠레의 사례에서 보는 것처럼 소득의 집중과 자산의 편중이 일반화된 불평등한 대륙입니다. 인종적인 차별(백인-메스티소-물라토-흑인 또는 원주민 인디헤나)에 정부와 관료의 오랜 부패가 더해져 경제적 불평등을 쌓아왔지요.

남미에서 가장 불평등한 나라는 남미에서 가장 가난한 나라 볼리비아였습니다. 남미에서 백인 비중이 가장 낮고 원주민 비중이 가장 큰 나라 볼리비아는 남아공과 나미비아가 그러한 것처럼 소수의 백인이 풍부한 지하자원에서 창출되는 부를 거의 독점하고 있었습니다.

2002년 CIA 자료 기준으로 볼리비아의 상위 10퍼센트는 하위 10퍼센트 소득의 무려 157.3배를 벌어들였어요. 세계 모든 나라들을 큰 격차(심지어 나미비아의 129배까지도)로 두는 가장 불평등한 나라였죠.

2006년 집권한 에보 모랄레스Evo Morales의 원주민 좌파정권은 볼리비아의 불평등을 해소하는 강력한 정책을 폈습니다. 그 결과로 볼리비아 상

---

51 다행히 코모로는 최근 독립 후 처음으로 정치적 안정화가 이루어지고 있습니다. 정치적 안정과 천혜의 자연환경 이용(세이셸과 잔지바르 옆 나라라니까요!)을 바탕으로 경제 상황도 조금씩 개선되고 있습니다. 2021년 1인당 GDP는 1406USD 수준으로 예상됩니다.

한국인이 자주 찾는 여행지, 필리핀의 빈부격차는 쉬이 눈에 들어옵니다. 마닐라의 시가지와 슬럼 모습.

위 10퍼센트와 하위 10퍼센트의 소득 배율은 31.8배(UNDP, 2017)까지 줄었습니다만, 모랄레스의 정책은 볼리비아 안에서도 저항과 비판에 직면하였고, 무리한 권력욕은 부정선거로 이어져 결국 2019년 자리에서 축출되었지요.[52]

현재 남미에서 가장 불평등한 나라는 파라과이(39.5배)입니다. 수리남(37.3배), 브라질(36.7배), 콜롬비아(36.2배), 칠레(31.1배) 등 남미의 모든 나라들은 '불평등'의 궤에서 벗어나기 어려운 구조를 가지고 있어요.

북중미에서 가장 불평등한 나라 역시 북중미에서 가장 가난한 나라 아이티Haiti입니다. 아이티의 소득 배율은 48.4배에 달해, (코모로처럼) 세계에서 가장 가난하고 가장 불안정하며 가장 불평등한 나라로 꼽힙니다.

---

[52] 에보 모랄레스는 볼리비아의 정상화에 공이 큰 인물입니다. 모랄레스가 볼리비아 인구의 대부분을 차지하는 원주민의 생활수준이 개선되는데 지대한 역할은 한 건 분명합니다. 소수지만 볼리비아 사회에 막대한 영향력을 끼치는 백인들의 반발을 무릅쓰고 전체를 위한 개혁들을 진행했어요. 백인들은 심지어, 앞에서 다룬 라파스의 교통 혁명 미 텔레페리코의 건설도 반대했거든요. 하지만 집권 기간이 길어지며 주변은 부패해지고, 모랄레스 스스로의 권력욕도 강화됩니다. 2019년 정권 재창출 과정에서 불법선거를 자행하고 폭력 시위를 선동한 부분은 비난받아 마땅합니다. 그의 욕심은 그가 이룬 볼리비아의 정치경제적 발전을 하루아침에 물거품으로 만들 뻔했어요.
민주주의 사회에서 정치적 공과의 판단은 선거지요. 모랄레스의 후계자 루이스 아르세Luis Arce가 2020년 대선에서 승리하며, 볼리비아 좌파의 집권은 다시 이어지고 있습니다.

아시아의 불평등 불명예는 필리핀이 가지고 있습니다. 필리핀을 잠시 스쳐만 가도 느낄 수 있는 게 불평등이지요. 필리핀의 상위 10퍼센트와 하위 10퍼센트의 소득 배율은 26.8배입니다.

유럽에서 소득 격차가 가장 큰 나라는 동유럽의 세르비아입니다. 세르비아는 긴 공산주의 경험에도 불구하고 소득 배율이 28.7배에 달합니다.

우리나라도 궁금하시지요! 우리나라는 20.2배로 세계 평균보다는 조금 나은 편입니다.

선진국 중 가장 불평등한 나라 미국

세상은 불공평하고 불평등합니다. 예전에도 그랬고 지금도 그러하며 앞으로도 그럴 겁니다.

최소한의 인권과 민주주의에 대한 개념이 세계 대부분의 지역에서 보편화되며, 정치사회적인 의미에서의 평등은 일정 부분 이루어졌지만, '경제'적 의미에서의 평등은 어쩌면 퇴보하고 있습니다.

소득의 불평등은 당연히 재산의 불평등으로 이어집니다. 소득 중 잉여분이 누적되어 자산화되고 잉여자산이 투자되어 훨씬 큰 부가 창출됨을 감안하면, 소득Income의 불평등보다 부Wealth의 불평등이 심할 수밖에 없겠지요.

그래서 이런 숫자들이 나옵니다.

미국 경제 전문지 포브스는 매년 3월 세계 부자순위The World's Billionaires 를 발표합니다.

2019년 3월 기준 미국 최고 부자 단 세 명(제프 베이조스Jeff Bezos, 빌 게이츠 Bill Gates, 워런 버핏Warren Buffett)의 재산의 합 (1310억+965억+825억 달러=3100억 달러, 약 360조 원)은, 미국 인구 하위 50퍼센트 1억 6000만 명의 재산 합계(약 2600억 달러)보다 훨씬 많습니다.

돈이 돈을 낳는 곳, 월스트리트의 뉴욕증권거래소(위)와 미국에서 가장 가난한 대도시로 알려진 디트로이트(아래). 2012년에는 디트로이트 인구의 42퍼센트가 미 정부의 빈곤선 아래에 있었습니다.

돈과 힘이 세상을 좌우하는 전부가 되어서는 안되겠지요. 돈과 힘을 넘어선 정의를 응원합니다.
프라하의 레논 월Lennon Wall.

다른 통계로, 미국의 상위 1퍼센트는 미국 국부의 38.6퍼센트(2014년)를 독식하고 있습니다. 10퍼센트로 넓히면 73퍼센트까지를 장악합니다. 이에 반해 하위 40퍼센트는 1퍼센트가 채 안됩니다. 아니, 통계가 제대로 안 잡히기도 합니다. 그중 상당수의 자산은 마이너스인 상태이니까요!

네, 미국은 '선진국'이라 말할 수 있는 나라들 가운데, 가장 불평등한 나라가 맞습니다.

미국의 상위 10퍼센트와 하위 10퍼센트의 소득 배율은 28.1배로, 앞서 소개한 (아시아에서 가장 불평등한) 필리핀, (유럽에서 가장 불평등한) 세르비아와 비슷합니다. 또한 그 격차를 줄이려는 노력을 주요 선진국 중 가장 게을리하는 나라가 미국입니다.

우리나라요? 한국 1퍼센트의 자산은 한국 국부의 25퍼센트, 10퍼센트는 65.7퍼센트를 차지하고 있습니다. 미국만큼은 아니지만, 부의 편중이

우려될 수준이며 점차 현상이 심화되고 있는 것은 확실합니다.

인류가 오랫동안 고도화하며 발전시켜온 자본주의는 우리가 그저 믿고 기대어 살아가기에는 어딘가 부조리한 시스템일지도 모르겠습니다.

다 무너뜨리고 바꾸자는 이야기는 물론 아닙니다. 열심히 모으는 사람, 뛰어난 사람이 부를 축적하는 것은 자연스럽고도 바람직합니다. 다만 이제는, 돈이 돈을 버는 것이 심화되고 돈을 버는 것이 모든 가치 위에 서 버린 지난 30년 간을 돌아보며, 같이 살고 함께 나갈 수 있는 계기를 찾고 방법을 강구해야 할 시점이 아닐까 합니다.

믿을 수 없을 만큼 쉬운 일

입영 통지를 받아두었지만 입영일이 끝내 다가오지 않으리라 믿었던 그해, 인생에 다시 찾아오지 않을 것 같았던 자유를 누리고자 여행을 했습니다.

지금 생각하면 짧았지만, 그때는 최선이자 최장이었던 한 달간의 여행. 그 끝은 이스탄불이었습니다.

백만 터키 리라Turkish lira, TRY가 1000원의 가치를 가지고 있던 그 시절, 터키는 가난한 여행자에게 천국과도 같은 곳이었습니다. 고이 품에 간직했던 벤저민 프랭클린 얼굴이 그려진 종이 한 장이면 무려 일 억 리라[53]를 손에 쥘 수 있었고, 단돈 오백만 리라면 (돼지고기가 아니어서 아쉽지만) 푸짐한 케밥과 (오이가 잔뜩 들었지만) 신선한 샐러드와 (썩 괜찮은) 에페스Efes 큰 잔 맥주까

[53] 2003년 1USD는 약 120만 터키 리라였습니다. 1970년에 1USD 기준 11TRY 수준이었던 리라화 가치는 계속되는 가치절하에 2005년에 1USD 기준 135만 TRY 수준까지 떨어졌습니다.

지 더해 배를 채울 수 있었으니까 말예요.

지중해의 푸른 바다와 오랜 세월 사람이 만들어냈다 파괴해온 문명의 흔적들은, 아직 감수성이란 게 남아 있던 시절 젊은이의 가슴을 아주 가늘고 그래서 더 깊게 배어내었습니다. 모든 군바리들의 그것만큼 처절했던 이등병의 밤에, 보스포러스의 햇살과 블루모스크Sultan Ahmet Camii의 석양이 남겨져 버리고 말았지요.

2015년, 십 수 년 만에, 이스탄불을 다시 찾았더랬습니다. 다시 찾은 이스탄불에서 백만 리라는 4억 원이 되어있었죠.[54]

이스티클랄Istiklal 거리엔 기억 속 싸구려 기념품 가게에 더해 대형 패션 매장과 아티스트의 손길이 느껴지는 가게들이 들어섰고, 도시 곳곳이 터키인, 유럽 여행자, 아시아 관광객, 중동 쇼퍼, 시리아 난민들로 넘쳐났습니다. 활기와 광기 사이에서 이스탄불은 여전히 빛났고, 홍합밥(미디에 돌마 Midye Dolma)은 싸고 맛있었습니다.

터키 리라의 가치는 계속 폭락하고 있어요. 백만 리라는 7500만 원이 되

54 터키 중앙은행은 2005년 터키 리라에 대한 100만 대 1의 화폐개혁을 실시(화폐개혁 직후 1리라는 약 1000원)했습니다. 화폐개혁 후에도 가치 하락은 계속되었고, 2015년 1터키 리라는 400원 정도의 가치(1USD:2.6TRY)를 가지고 있었어요.

어(2022년 10월 기준) 화폐개혁 당시의 가치 1/13만큼의 의미만을 가지게 되었습니다.

터키 리라는 갈수록 신뢰를 잃어가는 화폐가 되었지만, 1000년 전 이스탄불은 말하자면 뉴욕 같은 곳이었어요. 종교의 늪에 빠져 오랜 암흑기 아래 있던 서유럽과는 달리 동로마-비잔티움 제국에서는 화폐경제가 발달했고, 제국의 수도 비잔티움에서 발행한 금화 노미스마Nomisma[55]는 높은 순도를 유지해서 '중세의 달러'라 불릴 정도로 널리 유통되었습니다.

---

55 로마에서는 솔리두스Solidus, 지중해에서는 베잔트Bezant라 불렸습니다.

믿을 수 있는 게 믿을 수 없어지는 건 믿을 수 없을 만큼 쉬운 일이에요. 4차 십자군원정에 의해 비잔티움이 함락된 후 노미스마는 백만 리라 구권 신세가 되었죠.

그때나 지금이나 믿을만한 건 갈라타타워Galata Kulesi를 비추는 달빛과 마르마라해Marmara Sea에 쏟아지는 조각 햇빛 정도입니다. 그런 풍경 앞에서 쉬어가던 나그네의 기억 속 이스탄불은, 인파에 묻혀 쉬어갈만한 곳이었습니다.

가로등 불빛 길바닥에 말동무와 에페스만 있으면, 하룻밤 또는 이틀 밤쯤, 리라 환율이나 남은 여행 예산 따위 잊어버리고, 지금 내 앞에 보이는 밤을 불태울만한 곳이랄까요.

국가와 국경 사이, 규칙 하나:

여권과 비자에 관한, 대한민국의 힘

국경 넘기가 지구별에서 가장 쉬운 유럽 대륙을 배낭 매고 누비던 시절, 유럽의 모든 나라를 가보겠다는 꿈을 잠시 꾸었습니다. 시간은 넘쳤고 주머니는 얇았고 유럽의 동쪽을 향할수록 물가는 저렴해졌기에, 한 나라 또한 나라 땅을 밟으며 그 꿈을 키워나갔더랬지요.

하지만 모든 유럽 땅에 족적을 남기겠다는 야무진 뜻은 마케도니아공화국[56] 국경에서 좌절되었습니다. 그때의 마케도니아는 한국 여권 소지자에게 비자를 요구하는 나라였고, 인터넷에 정보가 흘러 넘치진 않던 시절 그저 부딪쳐보면 답이 나올 줄만 알았던 젊은 여행자는 결코 호락호락하

10년 후에야 북마케도니아 땅을 밟았습니다. 호수에서 보는 오흐리드 마을과 수도 스코페의 알바니아계 거주 지역. 이제는 무비자로 여행할 수 있는 북마케도니아는, 대한민국이 가장 최근에 수교 관계를 맺은 나라(2019년 7월)이기도 합니다.

---

56 국명으로 인해 그리스와 갈등을 빚던 마케도니아공화국은 2019년 2월 북마케도니아(Republic of North Macedonia)로 개칭했습니다.

지 않은 '국경'의 진짜 모습을 마주해야 했습니다.

세르비아와 마케도니아의 국경에서 동행하던 일본 친구가 쉬이 경계를 넘는 것을 그저 지켜보며, 고개 숙인 채 발길을 돌려야 했었죠.

2000년대 중반엔, 유럽 대륙에 한국 국적자가 사전 비자를 받아야만 하는 나라가 4곳 있었습니다. 마케도니아, 러시아, 몰도바, 벨라루스였지요.

하지만 (북)마케도니아는 2008년 10월, 러시아와 몰도바는 2014년, 벨라루스는 가장 최근인 2017년에 한국 여권 소지자의 무비자 입국이 허용되었고, 이제 대한민국의 여권을 소지한 사람이 여행 목적으로 입국 전에 비자를 받아야만 하는 나라는 유럽 대륙에 존재하지 않습니다!

대한민국의 여권 파워는 대단합니다. 네, 자랑스러워 할만합니다.

외교력이 여권의 힘만큼 강력했으면 좋겠다는 아쉬움은 남지만, 무비자 협정을 체결해 내기 위해 노력한 분들과 경제력을 이만큼 키워온 분들이 애를 써주신 덕분에, 한국의 여권은 지구별을 여행하기 가장 좋은 여권 중 하나가 되었습니다.

한국 여권 파워가 어떤 기사에서는 2위다, 어떤 뉴스에서는 1위다, 조금씩 달라지지요. 비자 없이 방문 가능하다는 나라의 수도 다르고요.

'여권 파워'를 측정해 발표되는 '여권 지수'를, 2006년부터 시작해 좀 더 오랜 역사를 가진 영국의 헨리 여권 지수Henley Passport Index(분기별 발표)를 인용하느냐, 2014년부터 여권 지수를 발표해온 캐나다 아톤캐피탈Arton Capital의 여권 지수The Passport Index(매년 발표)를 사용하느냐에 따라 달라집니다.[57]

대한민국 여권은 2022년 3분기 헨리 여권 지수 순위에서 사전 비자 없

---

57 국가의 범위를 어디까지로 보는지에 따라, 또 자료의 출처에 따라 대상국의 숫자가 다릅니다.
58 1위 일본(193개국), 공동 2위 한국과 싱가포르. 2022년 기준 헨리 여권 지수는 199종의 여권을 대상으로 227개 국가 및 국가체에의 무비자 및 도착 비자 가능 숫자를 파악하여 순위를 매깁니다.

이 192개국(국가 및 국가체) 방문이 가능하여 세계 2위[58]로 랭크되었습니다.

2018년 상반기에 발표한 아톤캐피탈 여권 지수[59]에서는 사전 비자 없이 162개국 방문이 가능한 것으로 조사되어, 세계 1위(1위 한국과 싱가포르, 2위 독일과 일본)를 기록하기도 했습니다.

두 여권 지수 발표 결과는 서구 강대국을 발 밑에 두는 한국의 대단한 여권 파워를 보여주지요.

코로나19는 여행자의 세상을 예측할 수 없게 흔들어 놓았었지요. 2020년 3월부터 2022년 상반기까지의 기간은 192개국, 162개국 방문 가능이라는 숫자가 무의미한 시절이었습니다.

아톤캐피탈 여권 지수는 코로나 상황의 이동 수치Mobility Score를 반영한 순위를 내놓기도 했는데요(2020 Global Passport Power Rank Covid-19), 해당 순위에선 제한적이지만 국가 간 왕래를 허용하고 있는 유럽 국가들이 상위권을 휩쓸었습니다. 2020년 한국 여권으로 무비자 여행이 가능한 나라는 (여행 자체가 가능하지도 않은 상황이었지만) 78개국이었습니다. 절반 이하로 줄어들었었지요.

코로나19 국면이 진정되고 '비자' 관련 정책이 정상화되며, 2022년 아톤캐피탈 여권 지수의 '무비자+도착 비자' 가능국도 상당히 회복되었습니다. 해당 지수 1위는 176개국의 아랍에미리트 여권이 차지했고, 한국 여권은 172개국으로 독일, 프랑스, 스위스, 미국 등과 함께 공동 2위에 랭크되었습니다.

'여권 파워'는 백신 접종 증명, 격리, PCR 검사 여부 등 감염병 예방을 위한 조치와는 별개의 통계입니다.

그런데 말입니다. 그럼에도 불구하고 여전히 비자가 필요하고, 한국인이 방문하기에 번거로운 나라들이 있습니다.

---

59 아톤캐피탈 여권 지수는 193개 UN 가입국과 6개 국가체(타이완, 홍콩, 마카오, 코소보, 팔레스타인, 바티칸) 등 총 199개국을 대상으로 여권 지수를 조사합니다.

다른 많은 나라 사람들이 사전에 번거로운 비자 발급을 진행해야 하는데 반해 한국인은 더 자유롭게 여행할 수 있는 경우, 어떤 나라들의 여권 소지자들은 비자가 필요 없지만 우리는 필요한 경우, 그리고 똑같이 무비자 입국 또는 도착 비자 입국이 가능하다 해도 아쉬움이 남는 나라들. 좋았던 소식들과 아쉬웠던 기억을 더듬어, 사례들을 정리해 봅니다.

외교부 관계자들과 산업 전사 분들께 고마움을 표시할만한 나라들부터 먼저 찾아가 봅니다.

한국 여권의 힘 첫 번째, 러시아

서슬 퍼렇던 냉전 시절, 한국인에게 가장 두터운 벽 뒤에 서 있던 나라 소련. 소비에트연방이 무너지고 소련의 핵심이 러시아로 다시 태어난 뒤에도, 이전 '자유 진영'의 나라에서 러시아로의 여행에는 '사전 비자'라는 벽이 남아 있었습니다.

예전 '자유 진영'과 '공산 진영'의 핵 미국과 러시아 두 나라 모두로의 무비자(여행 목적) 여행이 가능하게 된 최초의 국가는 칠레였습니다. 그리고 그 어려운 걸 이룬 세계 두 번째 나라가 대한민국(2017년부터)이지요! 2022년까지도 미국과 러시아 모두를 무비자로 여행할 수 있는 여권은 한국, 칠레, 브루나이, 안도라 네 나라밖에 없습니다.

칠레와 브루나이가 지난 세기 양 진영에 가담하지 않으려는 '비동맹 운동Non-Aligned Movement' 회원국임을 감안하면, 구 자유 진영 국가 중 미국과 러시아 모두 무비자로 개방한 나라는 대한민국이 유일하다고[60] 할 수도

---

60 동구권과 남미를 제외하고, 구 자유 진영 국가 중 러시아를 무비자로 여행할 수 있는 여권에는 홍콩, 태국, 이스라엘이 있지만, 세 나라 여권 소지자는 미국을 무비자로 여행할 수가 없습니다. 2019년 러시아 무비자 요건이 추가된 인구 8만의 유럽의 소국 안도라는 예외로 볼 수 있습니다. 러시아의 우크라이나 침공으로 인한 변화는 아직 반영되지 않은 내용입니다.

상트페테르부르크의 여름 궁전과 카잔 성당. 북쪽의 베네치아 상트페테르부르크, 모스크바의 붉은 광장, 가장 가까운 유럽 블라디보스톡을 무비자로 쉽게 여행할 수 있게 된 건 참 좋은 일입니다! 한국 여권 소지자의 러시아 입국 시, 무비자로 1회 최대 60일, 재입국 시 30일 등 180일 기간 내 최대 90일의 체류가 가능합니다.

있겠습니다.

한국 여권의 힘 두 번째, 싱가포르와 세네갈

싱가포르는 상당히 개방되어 있는 나라입니다. 한국과 함께 세계 1위를 다투는 여권 파워를 가진 싱가포르는, 외국인이 싱가포르를 방문하는 데에도 열려있습니다.

거의 80퍼센트가량의 여권으로 비자 없이 싱가포르에 입국 가능합니다. 필리핀, 캄보디아, 네팔, 스리랑카 등 아시아 저소득 국가는 물론, 에티오피아, 콩고, 탄자니아, 우간다 등 다수의 아프리카 국가 여권 소지자들도 비자 없이 싱가포르를 30일간 여행할 수 있습니다.

하지만! 싱가포르를 무비자로 90일간 입국할 수 있는 여권은 서구권

싱가포르 섬은 한국인 여행자에게 무비자로 90일간 열려 있습니다.

(EU, 스위스, 노르웨이, 미국, 호주, 뉴질랜드) 외에는 대한민국 여권이 유일합니다. 일본은 물론 비슷한 중화권의 홍콩이나 대만 여권 소지자도 30일만 체류 가능하지만, 한국인들은 3개월간 속속들이 다녀볼 수 있는 거죠.

그 외에, 일부 아프리카 국가들도 한국 여권 소지자에게 보다 용이한 입국을 허용합니다.

세네갈의 경우, 아프리카와 서구권 국가들 외 무비자Visa free 입국 가능 여권은 한국, 일본, 싱가포르, 인도, 말레이시아, 브라질뿐입니다. 호주, 뉴질랜드, 스위스, 노르웨이 국적자도 세네갈 입국을 위해 도착 비자를 받아야 합니다! 라이베리아의 경우 서아프리카와 일부 중남미 국가를 제외하고 무비자Visa free로 여행할 수 있는 나라는 한국, 싱가포르, 필리핀 단 3개국이었습니다.[61]

반면, 조금 더 개선될 수 있었으면 하는 나라들도 있지요.

개인적으로 외교부에서 좀 더 힘써주었으면 하는 곳들은 다음과 같습니다.

---

61 라이베리아는 코로나 창궐 이후 서아프리카 주변국을 제외한 모든 나라 여권에 대한 무비자 정책을 취소했습니다.

한국 여권 소지자는 세네갈을 90일간 무비자로 여행할 수 있습니다.

아직 아쉬운 나라 첫 번째, 몽골

우리나라와 교류가 꽤나 많은 나라, 몽골을 여행하기 위해 비자가 필요하다는 건 아쉬운 일입니다. 일본 여권 소지자는 몽골을 30일간 무비자로 여행할 수 있습니다. 독일, 싱가포르, 이스라엘, 태국, 말레이시아, 터키, 라오스 국적자도 그러합니다. 미국, 칠레, 아르헨티나, 브라질 등의 여권 소지자는 무려 90일간 몽골 무비자 체류가 허용됩니다.

하지만 한국 여권 소지자는 몽골 방문을 위해 사전 비자 발급이 필요하며, 몽골에 자주 방문하던 분들을 위한 무비자 제도(2년간 4회, 총 10회 이상 몽골 방문 시 무비자 입국)마저 2017년 중단되었습니다.

몽골의 푸른 초원을 번거로움 없이 무비자로 여행할 수 있게 될 날을 꿈꾸어 봅니다.

비자 정책은 상호주의인 경우가 많기는 하지만, 미국, 독일, 캐나다, 일본을 방문하는 몽골인은 여전히 비자를 받아야 한다는 점에서, 우리의 국력 또는 외교력이 조금 아쉽습니다.[62]

아직 아쉬운 나라 두 번째, 나미비아

얼마 전까지 한국 여권의 무비자 입국 관련 가장 아쉬운 나라 중 하나가 나미비아였습니다.

나미브 사막의 풍광으로 한국 여행자들을 꿈꾸게 하는 이 나라를 찾기

나미브 소서스블레이의 붉은 사막이 이리 오라 손짓합니다. 돈 내고 도착 비자를 받고 오래!

62 2022년 6월 1일부터 한국 여권 소지자들도 90일간 무비자 체류가 가능해졌습니다! 코로나19로 인해 위축된 몽골 관광산업을 살리기 위한 정책이에요. 국경을 맞댄 중국, 러시아를 제외하고 몽골을 가장 많이 찾는 게 한국인이기 때문이기도 하지요. 몽골의 한국 여권 소지자 무비자 조치는 2024년 12월 31일까지 한시적으로 시행됩니다.

위해서는 반드시 사전 비자를 받아야만 했습니다. 서울에 나미비아 대사관이 없기 때문에 해외의 나미비아 대사관을 찾아가거나, 베이징 또는 도쿄의 대사관에 여권을 보내거나, 아니면 나미비아 및 남아프리카공화국 비자 대행사에 맡기는 방법을 쓰지 않고는 나미비아를 방문할 수가 없었어요.

당연히 시간 또는 돈, 혹은 시간과 돈 모두가 더 들 수밖에 없겠지요. 과거 우리나라와 교류가 적었고, 1990년대까지 북한과 가까웠던 탓이 클 겁니다.

다행히 2019년 9월 25일부터는 나미비아 빈트후크의 호세아 쿠타코 국제공항Windhoek Hosea Kutako International Airport으로 입국하는 경우, 도착 비자가 가능해졌습니다. 이어서 월비스베이 국제공항도 도착 비자를 시행하기 시작했고요. 조금 복잡한 서류와 1000나미비아달러(약 8만 원)를 내면 나미비아 입국이 가능합니다.

하지만 여전히 아쉬워요. 서유럽 국가들, 미국, 캐나다, 호주, 뉴질랜드뿐 아니라, 일본, 싱가포르, 홍콩, 말레이시아, 인도네시아와 러시아 등 구소련 국가 여권 소지자에게도 나미비아 무비자의 문은 열려있거든요.

우리나라처럼 도착 비자를 받아야 하는 나라들은 주로 동유럽, 동남아시아, 서아프리카 국가들입니다.

아직 아쉬운 나라 세 번째, 볼리비아

볼리비아는 한국 여권 지수의 '192개국', '172개국'이란 숫자에 포함되는 나라입니다만, 주요국 대비 한국 여권이 불리한 대표적인 나라이기도 합니다.

EU 국가들과 캐나다, 호주, 뉴질랜드, 일본, 러시아, 터키, 필리핀 국적자들은 '무비자'로 볼리비아 입국이 가능하지만, 한국 국적자는 다소 번거

대사관이 귀찮게 해도, 100불이 아까워도, 고산병이 몸을 힘들게 해도, 우유니의 풍경은 단 한 순간에 지난 고생 따위 다 잊게 해주는 놀라운 능력을 가졌습니다.

로운 과정을 거쳐 볼리비아 대사관을 방문하여 사전 비자를 받거나 100달러에 가까운 돈을 내고 볼리비아 공항에서 도착 비자를 받아야만 합니다.

　남미 여행을 꿈꾸게 하는 신비로운 풍경의 우유니 소금사막 여행을 위해서는, 눈물을 머금고 돈을 내거나 귀찮은 서류 작업(은행 잔고 증명서 발급, 각종 서류 온라인 업로드 등)을 한 후 서울의 대사관에 방문해야 하는 것이죠.

　굳이 위안을 찾는다면, 싱가포르와 홍콩, 대만 여권 소지자도 같은 처지라는 것 정도일까요.

미국, 이스라엘 여권 소지자는 반미 성향을 보이던 모랄레스 전 대통령이 2019년말 사퇴한 직후 무비자로 전환되었다가, 좌파 정권 재집권과 함께 비자 필요로 원복(2021년)되었습니다.

미국 여권 소지자의 비자피는 160달러나 되고, 중국 및 인도 여권 소지자는 대사관에서 사전 비자를 받더라도 30달러를 내야하는 등 볼리비아의 비자 정책은 일관되지 못한 경향이 있습니다.

아직 아쉬운 나라 네 번째, 남아프리카공화국

한국 여권 소지자는 남아공의 멋진 풍경을 무비자로 30일간 즐길 수 있습니다.

하지만 다수의 유럽 국가, 미국, 캐나다, 호주, 일본, 싱가포르 등 여권 강국은 물론 이스라엘, 러시아 및 주변 아프리카 국가와 많은 남미 나라 사람들이 90일간 체류할 수 있는 데 비하면 아쉬움이 남지요.

남아공은 한 달이 짧게 느껴질 만큼 정말 매력적인 나라거든요.

한국과 같이 남아공 입국에 30일 무비자 정책이 적용되는 나라는 폴란드, 헝가리, 터키, 태국, 말레이시아 등입니다.

케이프타운은 지구별에서 가장 아름다운 환경을 가진 대도시 중 하나입니다. V&A 워터프런트 풍경.

중국은 '대국'답지 않게 엄청나게 폐쇄적인 비자 정책을 고수하고 있습니다. 이제는 지구의 모든 나라와 교류하고 또 상당한 영향을 미치는, 세계 속 중국의 위치를 고려할 때 바꾸어야 하지 않을까 싶은데 말이지요.

2002년까지 중국 입국에 비자가 필요 없는 곳은 딱 한 나라, '가장 오래된 공화국' 산마리노였고 2022년에도 중국을 무비자로 여행할 수 있는 나라는 단 22개국뿐입니다.[63]

90일간 무비자 체류가 가능한 나라는 보스니아헤르체고비나, 산마리노, 아르메니아, 60일간 허용되는 나라는 모리셔스 하나입니다. 그 외 작은 규모의 제 3세계 국가, 산유국 중심의 15개국 여권 소지자가 중국을 30일간 무비자로 여행할 수 있습니다.

15일 무비자 중국 여행이 가능한 곳이 3개국 있는데, 일본, 싱가포르, 브루나이입니다. 동아시아의 이 세 나라 국민은 돈도 내야 하고 귀찮기도 꽤

무비자가 된다면, 조금 더 편하게 다닐 수 있는 멋진 여행지를 중국 대륙이 숨겨두고 있지요.

63 사실 중국도 무비자 문호를 조금씩 개방하고 있습니다. 2018년 한 해, 아랍에미리트, 보스니아헤르체고비나, 벨라루스, 카타르 여권 소지자의 무비자 중국 여행이 가능해졌습니다. 2020년에 아르메니아, 2021년에는 수리남, 오만, 도미니카공화국이 리스트에 추가되었고, 2022년 1월부터 몰디브와의 무비자 협정이 체결되었습니다.

나 귀찮은 중국 비자를 내야 할 필요 없이, 대륙을 여행할 수 있습니다(2003
년부터).

좋건 싫건 중국은 우리의 이웃나라이고, 무역 1위 교역국으로서 교류와
방문이 매우 많을 수밖에 없습니다. 중화권(홍콩, 마카오, 대만)을 제외하고 중
국 방문 국적 1위는 줄곧 대한민국 여권 소지자였습니다.

2016년에는 (방문 수 기준) 거의 500만에 가까운 한국인이 중국을 찾았고,
사드 보복과 미세먼지 갈등 등으로 대중對中 인식이 악화된 2017년 이후에
도 400만 명가량의 한국인이 여행, 사업, 공무 등의 목적으로 중국을 찾았
습니다. 한국은 2~4위(일본, 미국, 러시아)와 100만 명 이상 차이가 나는, 중국
최다 방문 국가입니다.

가장 많은 한국인이 찾는 또는 찾을 수밖에 없는, 중국으로의 무비자 문
이 금전적, 시간적 편의를 위해서라도 열릴 수 있다면 좋겠습니다. 그간 잃
어온 신뢰를 쌓고 관계가 회복된 다음에야 가능하겠지만 말입니다.

여권 파워를 생각함에 있어 단순히 '나라 수'가 중요한 것은 아니겠지요.
교류가 빈번한, 여행자가 많은, 의미 있는 곳으로의 여행이 쉬워지는 것이
보다 중요한 일일겁니다.

여행에 앞서 힘을 빠지게 만드는 번거로운 비자 서류들이 줄고 한국인
의 여행의 자유가 확장되어, 지구별이 좁아지도록 세상으로 뻗어갈 수 있
다면 참 좋겠습니다.

계절과 환경 속
인간 세상

✳

Mother nature and Human nature

봄 같은 날이 늘 펼쳐지는 꿈 같은 세상과
믿기지 않을 만큼 따스한 겨울밤을 보내는 나라들.
때로 계절을 거스르고 때로 주어진 계절을 탐하는,
땅 위에서 찾아내기도 땅끝에서 알아가기도 하는,
꿈 또는 끝 같은 이야기들을 모아 봅니다.

Episode 10

꿈, 고래의 꿈

어느 순간인가를 닮은 노래가 있습니다. 그곳, 어느 한 장면을 마주하면 자연스레 찾아와 가슴 끄트머리에 꽂히었다가 굴곡을 만들고 잔상에 얽혀 끝내 남겨지는 한 구절이 있습니다.

남아프리카의 작은 마을 허마너스Hermanus, 그곳엔 〈고래의 꿈〉이 남겨졌습니다.

8월 말, 남아프리카의 늦겨울. 허마너스로 달리는 길. 봄이 다가오는 이 땅은 유채꽃밭의 노란 물결로 장관입니다. 달리는 차를 세우고 싶은 마음을 주체할 수 없을 만큼 노란 세상은 마음을 흔듭니다.

마음을 흔드는 건 유채꽃밭만이 아닙니다. 끝내주는 맥주를 만날 수 있는 작은 브루어리가 길을 막아서고, 브루어리 뒷산 너머 햇살 드는 북쪽 능선[1]에는 이름난 와이너리가 한가득합니다. 할 수만 있다면 이 골짜기 저 골짜기에서 한 주씩 퍼져 지내고만 싶습니다.

하지만 이 길을 가야 합니다. 이 유채밭을 지나면 아프리카의 바다가 보일 겁니다. 딱 한 모금 시음 맥주에 취

1 어색하지만 당연하게도, 남반구 중위도에서는 북쪽 능선에 해가 듭니다.

301

기도 없을 진대, 머릿속의 노래가 콧등을 훑고 성대를 거쳐 쏟아지고 있습니다.

거대한 대륙 아프리카[2]의 모습이 당연히 하나가 아닐 텐데도, 우리의 상상이 만든 아프리카의 모습은 단순하기만 해요. 그래서 '아프리카의 겨울'은 그리고 '아프리카의 겨울바다'는 특별합니다.

남아프리카 저 겨울바다의, 반시계 방향으로 아프리카의 남쪽 끝을 헤치고 이제 소용돌이가 되어 인도양으로 돌아갈 아굴라스Agulhas 물줄기 어딘가엔, 커다란 고래들과 새끼 고래들이 헤엄치고 있을 거예요. 허마너스는 그 고래들을 관찰하러 찾는 사람들에게 인기 있는 곳입니다. 눈앞의 우테니쿠아산맥Outeniqua Mountains의 굽은 길을 넘어가면 그들 고래의 흐름과 맞닥뜨릴 수도 있을 거란 이야기지요.

고래를 좋아하는 것도, 꼭 봐야겠다고 마음먹었던 것도 아니었지만, 노래는 그냥 흘러나왔습니다. 〈고래의 꿈〉을, 그렇게, 흥얼거렸습니다.

허마너스에서 고래를 보았냐고요? 아니오, 보지 못했습니다. 운이 따라주지 않을 때도 있는 법이지요.

다만 "먼 훗날 어느 외딴 바다에 고래를 본다면 꼭 한 번쯤 손을 흔들어줄" 마음만 두고 돌아왔습니다.

노래를 흥얼거리러, 저 남쪽의 인도양 바닷가에서 그저 조금 쉬러, 그곳에 한 번은 돌아가렵니다. 그때는 어느 고래 한 마리가 나를 안다며 저만치서 물줄기 한 번 뿜어줄는지도 모르지요.

---

2   아프리카는 유라시아에 이어 두 번째로 큰 대륙(30,370,000㎢)입니다.

Mother nature and Human nature 1.

꿈 같은 날씨를 찾아서 1:
멀리, 아프리카와 남미

플라밍고 라군Flamingo Lagoon, 월비스베이.

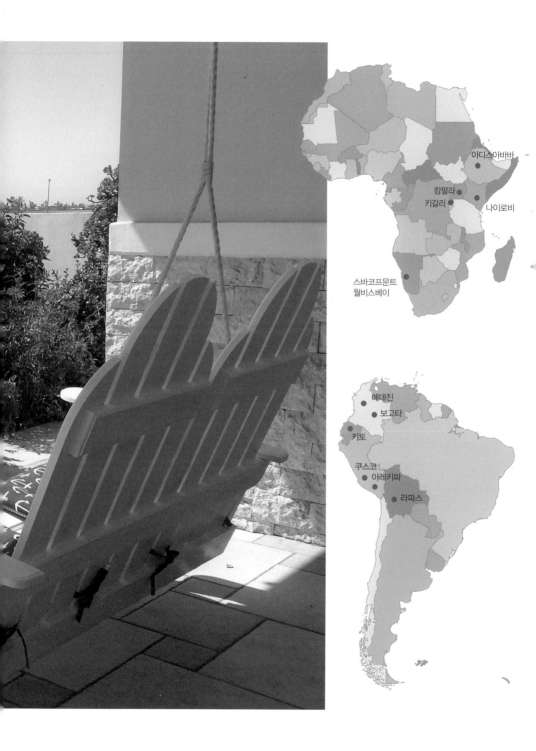

스바코프문트와 월비스베이는 나미비아 서해안에서 대서양을 바라보는 자매도시입니다.

　가을이 깊어지다 보면 겨울이 찾아옵니다. 찬바람이 불고 미세먼지가 늘어나고 기어코 날씨 예보 앞에 마이너스 딱지가 붙기 시작하겠지요. 코트가 두꺼워지고 입김이 불어나와 목도리 장갑을 찾게 되는 우리의 겨울입니다. 몇십 년 만의 한파라는 말을 반복했던 지난날들을 떠올려 보니 찾아올 겨울은 또 얼마나 추울지 눈앞이 아득하기만 합니다.

　아프리카보다 덥기도 하다는 한반도는 가끔 모스크바보다 춥습니다. 추울 때 따스함이 그리운 것이야 인지상정이지만, 40도를 넘나들던 지난 어느 여름날을 생각하면 더운 날도 답은 아니겠습니다.

　더위가 싫고 추위를 잘 견디지 못해, 사실 좀 찾아다녔습니다. 여름도 겨울도 없이, 늘 봄만 같은 날이 일 년 내내 이어진다는 곳들을.

　극락이든 천국이든 어딘가 이 세상 아닌 이상향에만 있을 것 같은, 항상 봄 날씨가 펼쳐지는 흔치 않은 곳들이 지구상에 있기는 합니다. 떠돌 기회가 생겼을 때 찾아가보고 살아보았고, 이제는 추억하며 품고 사는 그런 곳들을 소개해보려 합니다.

사계절을 가진 우리나라가 살기 좋고 아름답다 배우기는 했지만, 한결같이 봄 날씨만 이어지는 지구상에 몇 없는 곳들이 지내기는 정말 정말로 좋더이다!

아프리카의 사막에 봄이 오면: 스바코프문트, 월비스베이

봄 날씨가 이어지는 사막. 안개가 끼고 시원한 바람이 부는 습한 사구沙丘. 차분한 독일 분위기가 물씬 풍기는 아프리카 마을.

무언가 상식에 어긋날 것 같은 사실들과 어울리지 않는 듯한 단어를 이어놓은 곳의 이름은 스바코프문트Swakopmund 그리고 월비스베이Walvis Bay 입니다.

스바코프문트. 발음에서부터 독일 냄새가 나는 이 도시는 아프리카 남서부, 나미비아의 대서양 해안에 위치해 있습니다. 세계에서 가장 불평등한 나라 중 하나로 살펴봤던 그 나라, '아프리카'의 '나미비아'면 상당히 더울 것만 같지 않나요? 심지어 바다를 향한 서쪽을 제외하고 스바코프문트는 삼면 모두를 모래사막이 둘러싸고 있습니다.

그런데 '아프리카'에 '나미비아'에 '사막'이 더해진 스바코프문트의 날씨는, 일 년 내내 덥지도 춥지도 않고 온화하기만 합니다.

구분	1월	2월	3월	4월	5월	6월	7월	8월	9월	10월	11월	12월	연평균	서울 10월
일평균 최고기온 ℃	20.0	20.3	19.6	18.6	19.0	18.8	17.8	16.4	15.8	16.6	17.7	19.0	18.3	19.8
일평균 기온 ℃	17.6	17.9	17.2	15.7	15.6	15.2	14.1	13.2	13.2	14.0	15.3	16.6	15.5	14.8
일평균 최저기온 ℃	15.2	15.5	14.7	12.9	12.1	11.4	10.3	10.1	10.7	11.5	12.9	14.2	12.6	10.3
월 강수량 mm	1.0	2.0	5.0	1.0	1.0	2.0	0.0	0.2	0.1	0.1	0.7	0.1	1.1	51.8
하루 일조시간	7.5	6.8	6.8	7.9	8.1	7.7	7.6	7.1	6.3	7.3	7.0	6.9	7.2	6.4

스바코프문트의 날씨. 늘봄기후라는 건 이런 겁니다!

이곳의 풍경과 날씨는 정말 흔히 찾아볼 수 없는 것입니다. 남극해의 찬 기운을 안고 올라오는 차가운 바다 벵겔라해류Benguela Current의 영향을 강하게 받는 나미비아 서해안에는 차가운 해수면과 지표면 온도 때문에 언제나 고기압이 자리합니다.[3]

찬 바다의 영향 아래, 연중 안정된 대기 아래 있는 이 지역의 연교차는 5도 이내에 불과합니다. 일교차도 5도 내외고요. 스바코프문트에는 서울의 4월보다 따뜻하고 5월보다는 서늘한, 10월에 해당하는 날씨가 연중 이어집니다. 한국의 봄 날씨와의 차이점은, 비가 거의 오지 않는다는 사실이

나미브 사구의 오랜 모래는 다른 사막의 그것보다 더 붉은색을 띱니다.

3 　1장에서 소개한 지구에서 가장 건조한 칠레 아타카마의 원리와 동일합니다. 차이라면 안데스와 같은 천연장벽이 없는 나미비아 서해안이 칠레 아타카마보다는 덜 건조하다는 정도이지요.

지요.

대서양과 맞닿아 위치한 나미브 사막의 긴 사구는 지구에서 가장 오래된 모래로 이루어져 있다 합니다. 이 사막은 8000만 년 전부터 이곳에 있었으며, 아마도 나미비아에서 가장 유명한 사구일 170m 높이의 듄45의 모래는 500만 년 전 또는 그 이전의 것입니다.

나미브 사막의 모래는 다른 사막의 그것보다 붉습니다. 철 성분이 오랜 시간 산화되어 그리 붉어졌다 해요. 스바코프문트를 둘러싼 사막은, 그냥 사막도 아닌 지구에서 가장 붉은 모래사막인 것이지요!

월비스베이Walvis Bay[4]는 스바코프문트에서 차로 30분가량 떨어진 자매 도시입니다. 스바코프문트보다 조금 더 큰 곳으로 나미비아 코스트 여행자들이 자주 이용하는 공항이 월비스베이에 있습니다.

하지만 두 도시의 분위기는 참 많이 다릅니다.

나미비아를 여행하며 인연이 되었던 옛 동독 출신 할아버지가 확인시켜주셨어요. "스바콥은 진짜 독일보다 더 독일 같네요!"

스바코프문트는 대서양 연안의 출구가 필요했던 독일인들에 의해 1892년 세워졌습니다. 나미비아는 인구가 희박한 나라였고 독일이 물러간 뒤에도 아파르트헤이트의 남아프리카공화국 지배하에 있었기 때문에, 스바코프문트는 급격한 도시화를 피한 원형의 모습을 유지할 수 있었습니다.

모래사막에 둘러싸였다는 걸 잠시 잊는다면, 선선하고 습한 공기 아래 독일 식민지풍 건물들로 그득한 스바코프문트는 발트해 근처 독일 어느 소도시의 1960년대 모습에 가장 가까울 겁니다.

하지만 이웃 도시 월비스베이는 다릅니다. 모래사막에 더 가까이 둘러

---

4 아프리칸스로 읽으면 Walvis Bay는 '발'비스바아이Walvisbaai입니다. 스'바'코프문트처럼. 하지만 나미비아의 다른 지역과 달리 영국과 남아공의 지배를 받은 이 마을은 월비스베이로 불립니다. 월비스베이는 남방참고래가 모이는 곳이었고, 그 이름도 '고래만Whale Bay'을 뜻합니다. 다시 한번, 〈고래의 꿈〉을 불러 볼까요?

물론 주민 다수가 게르만족이 아닌 흑인이라는 점도 다르지요. 아파르트헤이트 시절, 흑인들은 시내 북동쪽의 타운십 몬데사Mondesa에만 거주할 수 있었습니다. '격리'는 21세기에도 이어집니다. 관광업이 가장 중요한 산업인 스바코프문트는 여행자의 시야에서 몬데사를 지우기 위해 마을의 시야를 막는 벽을 세웠습니다('Wall of shame', 2017). 여행자의 눈엔 함바족 여인들이 기념품을 파는 스바코프문트의 노천 시장과 괜찮은 라거와 학센을 만날 수 있는 펍만 들어올 수 있게 말예요.

싸여 있는 이 도시는, 모래와 바다를 논외로 하면 스바코프문트에서 아주 멀리 떨어진 곳 같습니다.

월비스베이는, 뭐랄까, 지치고 힘든 진짜 삶이 훨씬 가까이에 있는 나미비아 버전의 항구 마을입니다.

스바코프문트에 비해 깊은 수심과 천연 방파제Pelican Point sand spit를 가진 월비스베이는 나미비아 유일의 자연항自然港입니다. 큰 배가 드나들 수 있다는 전략적, 군사적, 경제적인 매력 때문에 월비스베이는 나미비아가 독일 식민지였을 때에도 영국의 영향권(나중에는 남아공)[5] 아래 있었고, 심지

---

5 아프리카 분할Scramble for Africa의 시기, 나미비아는 '독일령 남서아프리카(1884~1915)'였습니다. 독일 다음에는 남아프리카연방(남아프리카공화국)이 1990년까지 나미비아를 신탁통치(남서

월비스베이의 석호에선 플라밍고 떼의 움직임을 여유롭게 바라볼 수 있습니다. 쉬어가기 가장 좋을 때는 해질 무렵입니다.

어 나미비아가 독립한 후에도 남아프리카공화국은 4년간 이 도시를 놓아주지 않았습니다.

'항구' 도시라는 태생적인 운명이 스바코프문트보다 강렬했던 월비스베이는 공장과 노동자와 트럭 색깔이 짙게 베인 '스바콥'의 못난 이웃이 된 것이지요.

매력적인 스바코프문트 여행 후의 월비스베이에서의 머무름이 별로일 수도 있을 거예요. 하지만 다행히 월비스베이는 보석을 품고 있습니다.

아름다운 대서양의 석양, 손에 닿을 듯 가까이에 있는 모래 사구들, 그

아프리카)하지요. 나미비아 땅에는 독일의 흔적이 뚜렷합니다. 남서아프리카의 유일한 예외가 월비스베이입니다. 중요한 항구 월비스베이는 다른 지역과 달리 영국 케이프 식민지로 병합되었고(1884년), 독일의 지배를 받은 적이 없는 남아공의 '직영지'가 됩니다.

리고 그 무엇보다도 석호에 몸을 담그고 세월을 낚는 홍학Flamingo 떼가 그 것입니다.

고기압 때문에 비는 오지 않지만, 붉은 모래를 둘렀지만, 스바코프문트와 월비스베이는 늘 습합니다.[6] 차가운 벵겔라의 대서양이 대기 상층의 따스한 공기와 만나 발생한 안개가 이 지역을 적셔주기 때문이에요.

태양만큼 붉어졌던 나미브의 사구가 대양에서 불어오는 안개에 덮여갈 때의 광경을, 안개가 다시 걷힌 후 플라밍고 떼 날아드는 대서양에 지는 태양을, 할 수 있다면 다시 보고 싶습니다.

기대를 저버리지도 마음에 부족하지도 않을, 늘봄마을의 꿈같은 풍경이지요.

---

6   안정적인 대기 아래 180일 이상 지속되는 안개 때문에, 비가 오지 않는 나미비아 서해안은 놀라울 정도로 습합니다. 수분을 공급하는 안개 덕분에 도심은 비교적 푸르지만, 도시는 연중 물 부족을 겪습니다.
비가 거의 오지 않는다는 것과 앞 장에서 살펴본 빈부 격차가 스바코프문트와 월비스베이의 단점이랄 수 있겠습니다. 스바코프문트는 규모가 작은 관광도시인 만큼, 도심 치안은 아프리카에서 최고 수준입니다만, 외곽(특히 내륙 사막 쪽)으로 갈수록 분위기가 안 좋아집니다.

아프리카로의 늘봄여행

아프리카가 뜨겁기만 한 대륙일 것 같지만, 대부분의 인구가 밀집된 지역은 생각만큼 덥지 않습니다.

적도 가까이에 위치한, 기니만 연안의 아프리카에서 손꼽히는 대도시들—아프리카 최대 도시인 나이지리아의 라고스Lagos(도시권 인구 2100만), 코트디부아르 아비장Abidjan(인구 500만), 가나 아크라Acra(도시권 인구 450만)—의 기상 관측 최고 기온은 서울보다 낮습니다!

동아프리카 고지에 위치한 케냐의 나이로비Nairobi나 우간다의 캄팔라 Kampala, 에티오피아의 아디스아바바Addis Ababa 같은 곳들은 우리나라의 9~10월에 해당하는 날씨가 연중 이어지는 상춘기후를 보입니다. 다만 치안 문제와 부족한 인프라, 만만찮은 물가 수준 등의 이유로 이상적인 여행 목적지로 추천하기는 어려운 곳들이지요.

치안이 안정되어 '아프리카에서 가장 안전한 수도'로 떠오르고 있는 르완다의 키갈리Kigali(해발 1567m)가 동아프리카의 상춘 여행지로 이제는 고려될 수 있을 듯합니다.

남미의 백색 도시: "좋다, 머무르라!" 아레키파

칠리강Chili River 주변의 아름다운 풍경과 온화한 날씨에 반한 원주민들이 잉카 황제에게 부탁했습니다. 이곳에 살게 해달라고.

남미를 지배하던 잉카제국의 4대 황제 마이타 카팍Maita Capac이 케추아 어로 말했습니다.

"아리 키파이Ari qhipay(좋다, 머무르라)."

아름다운 페루 도시, 아레키파Arequipa의 이야기입니다.

페루를 대표하는 이미지는 아마 잉카 문명 그리고 마추픽추가 아닐까 합니다. 페루를 대표하는 도시는 수도 리마Lima, 그 다음은 쿠스코Cusco겠지요.

하지만 페루에서 두 번째로 큰 도시는 쿠스코가 아니라 아레키파[7]입니

아레키파의 아르마스광장. 고봉 설산과 닿을 듯한 파란 하늘을 배경으로, 하얀 돌로 지어진 건물들이 이어집니다.

다. 아레키파는 스페인 식민지 시대와 독립 직후에 페루 수도 자리를 두고 리마와 다툴 만큼 이주 백인 문화를 꽃피웠던 곳으로 페루 다른 지역과는 차이가 납니다. 배타적인 스페인계 백인이 모여 살며 만들어진 지역주의 문화[8]를 가지고 있습니다.

아레키파만큼 드라마틱한 주변 환경을 가진 도시는 아주 드뭅니다. 아레키파를 둘러싼 원뿔 모양의 아름다운 미스티Misti(5822m), 울퉁불퉁한 오른쪽의 픽추픽추Pichu Pichu(5664m), 주변에서 가장 높은 차차니Chachani(6057m)는 이 도시의 가깝고도 짙푸른 하늘과 함께 이곳을 찾는 이방인에게 강렬한 인상을 남기지요.

아레키파의 색감도 강렬한 인상에 한몫합니다. 아레키파의 별명이 백색 도시La Ciudad Blanca, The White City거든요.

16세기말 지진으로 한 번 황폐해졌던 이 도시를 재건할 때 내진성이 강한 하얀 화산암 시야르Sillar로 건물들을 지었기 때문이에요. 지진 때문에 도시의 건물들 역시 고층으로 세워질 수 없었고, 하얗고도 낮은 건물들이 구시가에 가득 심어졌습니다.

파란 하늘과 대비되는 강렬한 백색의 도시는 고봉과 어우러져 빛이 납니다. 환하고 밝다는 느낌에서 헤어 나올 수가 없는 겁니다.

아레키파는 서울 4월의 아침과 5월의 한낮이 일 년 내내 이어지는 날씨를 가졌습니다. 늘 따스하지만 일교차가 큰 것이 조금 아쉽지요. 하지만 아레키파의 큰 일교차는 닿을 듯이 가까운 하늘에서 도시를 충분히 비추어주는 따사로운 햇살에 대한 방증이기도 합니다.

---

7   아레키파는 수도 리마와 함께 페루에서 유이하게 100만 이상의 인구(101만 명, 2017년)와 1만불 이상의 1인당 GDP(1만 277USD)를 기록하는 곳입니다. 쿠스코는 잉카제국의 옛 수도이자 페루 여행의 중심지로 인구 수(약 40만 명)로는 페루에서 일곱 번째예요.
8   옅어졌다고는 하나, '원주민 바다 속 스페인 섬Spanish island in an indigenous sea'이라 불릴만큼 다른 도시들과 다른 정서를 가진 도시입니다. 아레키파는 리마로의 중앙집권에 대항하는 지역주의의 핵심이기도 합니다.

아레키파의 별명은 '백색도시'입니다.

아레키파의 일조 시간은 하루 아홉 시간 이상, 일 년에 3333시간으로, 미국에서 날씨가 좋은 곳으로 손꼽히는 샌디에이고 보다 약 300시간, 서울 보다는 무려 1300시간이나 많습니다!

6000m 고봉을 두르고 안데스에서 녹은 칠리강이 흐르는 반사막지대의 2300m 고지에 자리 잡은 아레키파는 저위도, 사막, 고지대에 위치한 덕에 300일 이상 햇살 나리는 맑은 하늘과, 연중 한결같은 봄 날씨를 얻은 것이

구분	1월	2월	3월	4월	5월	6월	7월	8월	9월	10월	11월	12월	연평균	서울 4월	서울 5월
일평균 최고기온 ℃	21,8	21,4	24,2	24,7	22,3	21,7	21,7	22,7	22,7	22,8	22,7	22,5	22,6	17,8	23,0
일평균 기온 ℃	15,2	15,1	16,3	15,9	14,3	13,6	13,5	13,8	14,5	14,6	14,7	15,1	12,5	12,5	17,8
일평균 최저기온 ℃	8,5	8,7	8,3	7,1	6,2	5,4	5,2	5,4	6,2	6,4	6,6	7,6	6,8	7,8	13,2
월 강수량 mm	27,5	39,9	20,6	0,6	0,1	0,1	0,0	1,0	0,8	0,2	1,0	4,7	8,0	64,5	105,9
하루 일조시간	7,2	6,7	7,9	9,8	9,3	9,7	9,4	10,0	9,9	9,8	10,3	9,4	9,1	6,8	6,9

아레키파의 날씨.

하루 평균 아홉 시간씩,[9] 가까이에서 쏟아지는 햇살 아래 아레키파의 봄은 빛납니다.

지요.

센트로centro 가까이에 위치한 산타 카타리나 수도원Monasterio de Santa Catalina은 도시의 백색 건물과 대비되는 곳입니다. 수백 년간 수많은 수녀들을 배출해온 이곳은 높은 하얀 벽으로 둘러싸여 도시와 차단되어 있어요.

수도원의 건물 골목 바닥은 밝은 빨강, 밝은 파랑 등 밝은 빛깔로 색칠되어 온통 하얀 바깥 아레키파와는 다르게 빛납니다. 붉은 건물, 붉은 골목, 붉은 바닥에 쏟아지는 저위도의 노란 햇살과 짙푸른 하늘의 비현실감에 가벼운 현기증이 입니다.

환한 세상에서 환상 같은 기분 좋은 현기증. 잠시 어지럼에 몸을 맡기고

9   서울에서 햇살을 가장 많이 담을 수 있는 달은 5월입니다. 5월 서울에는 하루 평균 7시간의 해가 듭니다.

산타 카나리나 수도원은 아레키파의 따사로운 오후에 평화롭게 쉬어가기에 좋은 곳입니다.

햇살 받은 채로 스러지고 싶은 순간.

설산 고봉들이 지난 겨울의 그림자처럼 도시를 둘러싸고 있는, 파란 하늘 아래 하얀 도시의 빨간 수도원 안에서 초록빛 선인장에 넋 놓아 쉬다 보면, 천국의 날씨가 이러할까 싶어집니다.[10]

10 아레키파가 천국이 아니라는 가장 강력한 증거는 지진입니다. 페루는 남쪽 칠레, 북쪽의 콜롬비아, 에콰도르와 함께 남미에서도 지진이 가장 흔하고 강력하게 일어나는 곳입니다. 휴화산으로 둘러싸인 아레키파는 그중에서도 불운하여, 최소 다섯 번 이상의 대지진을 겪었습니다.

남미로의 늘봄여행

안데스 산중에 위치한 남미의 많은 도시들은 '저위도', '고지'의 특성으로 살기에 적합한 기온을 보이는 경우가 많습니다.

에콰도르 키토Quito(해발 2850m)와 콜롬비아 보고타Bogota(해발 2600m)는 서울의 10월, 콜롬비아 메데진Medellin(해발 1500m)은 9월에 해당하는 온도가 연중 계속되지요. 쿠스코(해발 3400m)나 볼리비아의 라파스(해발 3200m~4100m)는 고도가 너무 높아 추울 지경입니다.

많은 안데안Andean 도시들은 '안전한 여행'이란 측면에서 걱정거리를 달고 있습니다. 하지만 최근에는 빠른 개선이 이루어지고 있는 중입니다. 여행 시 안전한 지역(남미 대부분의 도시는 치안이 좋은 지역과 그렇지 않은 지역이 구분되어 있습니다) 선택과 일반적인 수준의 주의는 필수적입니다.

Mother nature and Human nature 2.

꿈같은 날씨를 찾아서 2:
조금 가까이, 유라시아와 북중미

쑤언흐엉 호Hồ Xuân Hương, 달랏.

카디스

사나 벵갈루루 쿤밍
         달랏

샌디에이고

산크리스토발
아티틀란 테구시갈파
      산호세

달랏의 고풍스러운 리조트.

깊어지는 겨울엔, 봄은 늘 먼 곳에 있는 것 같습니다. 복날 더위가 시작될 무렵의 가을날처럼 말이지요. 언젠가 가까워질 봄날 또는 파란 가을 하늘을 찾아, 남미와 아프리카보다는 가까운 곳으로 다가가 봅니다.

유러시아와 북중미의 늘봄마을, 봄빛도시 이야기입니다.

즐겁고 또 신선한 아시아: 달랏

달랏Da Lat, Đà Lạt은 혼자만 알고 싶은 곳이었습니다.

십수 년 전, 처음 찾았던 그때는 베트남의 허니무녀들과 피서를 원하는 여유 있는 사람들에게 꽤나 인기 있는 여행지였지만, 아직 외국인들이 멀리서 찾아가는 휴가지는 아니었어요.

혼자만 알고 싶은 좋은 곳은 시간이 흐르면 알려지게 마련입니다. 이제

달랏은 차 한잔하며 느긋하게 쉴 만한 곳입니다.

달랏은 한국에서 전세기가 뜨는 땅[11]이 되었습니다. 다낭이 그랬고 냐짱이 그러했으며 이제 푸꾸옥이 그러하듯, 달랏에도 곧 정기 직항편이 들어가고 더 많은 여행자들이 찾아가겠지요.

그럴만합니다. 달랏은 진정, 쉬어가기 좋은 곳이니까요.

사이공에 수도[12]를 두고 '프랑스령 인도차이나'(베트남, 라오스, 캄보디아)를 식민지 삼았던 프랑스 사람들이 느끼기엔 베트남의 날씨가 많이 더웠을 겁니다. 프랑스 사람들은 베트남 내륙 산간에서 시원한 곳, 쾌적한 곳을 찾

구분	1월	2월	3월	4월	5월	6월	7월	8월	9월	10월	11월	12월	연평균	서울 5월
일평균 최고기온 ℃	22.3	24.0	25.0	25.2	24.5	23.4	22.8	22.5	2.8	22.5	21.7	21.4	23.2	23.0
일평균 기온 ℃	15.6	16.7	17.8	18.9	19.3	19.0	18.6	18.5	18.4	18.1	17.3	16.2	17.9	17.8
일평균 최저기온 ℃	11.3	11.7	12.6	14.4	16.0	16.3	16.0	16.1	15.8	15.1	14.3	12.8	14.3	13.2
월 강수량 mm	11	24	62	170	191	213	229	214	282	239	97	86	145	106
하루 일조시간	8.2	8.4	8.2	6.7	6.1	4.9	5.1	4.4	4.4	4.5	5.7	6.9	6.1	6.9

달랏의 날씨.

11 2017년 즈음부터 시작하여 코로나19 이전까지 전세기가 꽤 자주 들어갔습니다. 직항 관련 논의가 진행되던 중 코로나 세상을 맞이했지요.

12 현재의 호찌민시티인 사이공은 1887년~1902년, 1945년~1954년에 프랑스령 인도차이나의 수도였습니다.

달랏 팰리스의 애프터눈 티와 야시장의 쌀국수.

아내어 라틴어로 이름을 지었습니다.

"Dat Aliis Laetitiam Aliis Temperiem(어떤 이에게는 즐거움을, 어떤 이에게는 신선함을)."

그리고 긴 이름의 앞머리를 따 'DALAT'이라 부르기로 했습니다. 이 즐겁고도 신선한 곳을 부를 말이 그렇게 정해진 것이지요.[13]

달랏의 날씨는 한결같습니다. 서울의 5월 평균기온과 놀랄 만큼 비슷한 기온(평균 섭씨 18도)에서 몇 눈금 벗어나질 않습니다[14]. 연교차가 5도도 되지 않는 이곳에선 늘 5월 같은 날이 이어집니다!

"영원한 봄의 도시" 달랏에서는 식민지 시절의 모습을 간직한 호텔의 커다란 정원이 내려다보이는 방에서 쉬다가 애프터눈 티를 즐길 수 있는 카페와 퓨전 맛집을 오가며 배를 채우고, 저렴한 발마사지를 받으며 하루를 마무리할 수 있습니다.

오감으로 쉴 수 있는 환경을 갖추었달까요.

---

13 달랏이란 지명은 랏족의 강이라는 의미에서 유래되었다는 설이 사실에 더 가깝다고 합니다. 두 가지가 다 맞을지도 모릅니다. 랏족의 강에 프랑스인들이 도시를 세웠고, 누군가에게 즐거움과 신선함을 주는 도시가 탄생했으니까요.

14 달랏의 날씨를 규정짓는 건 온도보다는 비입니다. 늘 같은 날이지만, 비가 덜 오고 해가 더나는 겨울과 봄(물론 한국 기준의)이 달랏을 찾기 더 좋은 때이지요.

영원한 봄의 도시 달랏.

사주침대에서 눈을 뜨고 목조 장식의 욕실에서 따뜻하게 몸을 덥힌 후 케이크와 티가 느끼하게 느껴지면 쌀국수로 입을 씻을 수도 있는 베트남 '꽃의 도시'에서의 호사. 두 번째 찾아온 한파에 어깨 움츠리며 걸음 재촉하는 겨울 퇴근길이나, 휴가 지나 더 뜨거워진 햇살에 녹아드는 늦은 여름 오후엔, 달랏이 더 그리워질 수밖에 없겠지요.

유럽과 아시아로의 늘봄여행

유라시아 대륙에는 늘봄도시로 꼽힐만한 곳이 많지 않습니다. '열대의 고산'이나 '차가운 바닷가의 영원무궁한 사막'에 자리한 도시가 거의 없거든요.

중국에서 손꼽히는 상춘기후 도시 쿤밍昆明(1890m)은, 사실 지구적 관점에서 볼 때 그다지 봄 날씨가 이어지는 곳은 아닙니다. 쿤밍의 가장 따뜻한 달의 평균기온(6월, 20.3도)과 최한월 평균기온(1월, 8.9도)은 11도 이상 벌어집니다. 물론 동아시아의 다른 도시들과 비교했을 때는 연교차가 훨씬 작은 편이지요.

인도에서 날씨가 좋은 곳으로 평가받는 벵갈루루Bengaluru(920m)의 기후는 40도를 넘는 여름이 흔한 인도 기준에서만 온난한 정도입니다. 가장 더운 달(4월) 평균 최고기온이 34도에 달하는 벵갈루루의 일교차는 무려 22도에 달합니다.

사계절이 나타나는 유럽에서 늘봄에 가까운 곳은 스페인의 카디스Cádiz가 아닐까 합니다. 좁은 반도 끝에 위치해서 따뜻한 바다 영향을 많이 받는 카디스는 유럽 대륙에서 겨울이 가장 따뜻한 도시입니다. 가장 추운 1월의 평균기온이 13도 정도이고, 관측 역사상 영하를 기록한 적이 없다 해요. 역시나 바다 영향으로 인해 내륙 안달루시아와는 달리 여름도 가혹할 만큼 덥지 않지요(8월 평균 기온 25도). 따뜻한 겨울 날씨 덕에 스페인에서 가장 유명한 카니발이 이곳에서 펼쳐지는 것 아닐까 하는 생각도 해보지만, 카디스에 '여름'과 '겨울'이 없다고는 할 수 없겠습니다.

지구에서 가장 큰 이 대륙에서 굳이 달랏에 필적할 만한 날씨를 가진 곳을 꼽자면 예멘의 수도 사나Sana'a를 떠올릴 수 있겠습니다. 이 별에서 가장 더운 곳 중 하나로 꼽히는 아라비아반도에서 사나의 날씨는 상쾌한 예외입니다.

천년 된 길이 오래됐다 명함을 내밀 수도 없는 무려 2500년 된 도시 올드 사나를 간직한 예멘의 수도는, 친절한 사람들과 더불어 한때 배낭여행자들의 인기[15]를 끌던 곳입니다. 사나는 2250m의 고지에 위치한 덕에 연평균 기온이 16도 정도로 봄 날씨에 가깝습니다.

다만 강한 햇살 때문에 일교차가 15도 이상 벌어지며, 무엇보다도 현재 예멘은 외교부가 지정한 '여행금지국가'입니다!

여행자가 애정하다 정착하는 북중미 산골마을: 산크리스토발

산크리스토발데라스카사스San Cristóbal de las Casas(이하 산크리스토발)는 장기 여행자들이 사랑하는 여행지입니다.

여행자의 3대 블랙홀[16]을 아메리카 대륙에서 다시 뽑는다면, 한자리 꼭 차지할 곳이랄까요.

'멕시코 여행'이라면 마약 카르텔의 총부림이 두려워 꺼려지시나요? 우리는 미국 대중문화와 선정적 해외토픽의 필터 이미지로 멕시코를 그리고

---

15 예멘이 끝없는 내전의 늪에 빠져들기 전엔 오래된 풍경 속 저렴한 물가와 친절한 사람들로 진짜 인기 있는 배낭여행지였습니다.

16 대개 태국 방콕 카오산로드, 파키스탄 훈자, 이집트 다합을 꼽습니다.

산크리스토발의 하늘은 가깝고, 밤은 뜨겁습니다.

망자의 날이나 과달루페 성모의 축일에 산크리스토발은 축제의 열기로 더 뜨거워집니다.

있는 것 같습니다.

할리우드 영화에서 묘사되는 장면—마약, 총질, 캐리비안, 데낄라, 축구광—이 이 나라의 일부이긴 하지만, '멕시코 합중국Estados Unidos Mexicanos'[17]은 우리나라 스무 배의 넓이에 일본과 비슷한 인구를 가진 커다란 나라이고, 멕시코 남부 치아파스주는 영화 〈시카리오〉의 배경 후아레스Ciudad Juárez와는 너무나도 다른 곳입니다.

치아파스Chiapas를 여행한 사람이라면 이해하고 공감할 거예요. 이곳 사람들이 얼마나 친절한지, 마음이 열려 있는지, 잘 웃는지, 음악을 즐기는지, 유쾌한지 말이에요.

멕시코가 원래 먹을거리가 풍족한 나라이긴 하지만, 산크리스토발에는 먹을 것이 넘쳐나는 느낌입니다. 멕시코 음식이야 당연하고, 아르헨티나, 페루, 브라질 식당부터 프랑스, 이탈리아, 레바논, 태국, 중국, 일본, 한국 식당까지, 크지 않은 도시에 각국의 음식을 맛볼 수 있는 레스토랑들이 옹기종기 모여 있거든요.

산크리스토발에 세계 각지에서 온 사람들이 살고 있기 때문입니다. 천

---

[17] 멕시코는 미국과 함께 합중국United States을 표방하는 유이한 나라입니다. 꽤나 다양한 인종 구성과 규모를 가진 곳이죠. 멕시코의 면적은 세계 13위, 인구 규모는 10위입니다.

여 명의 유럽인, 남미 사람들, 미국인, 이제는 아시아인들까지 21세기에 멕시코 남쪽 구석 가장 가난한 주의 산골도시로 이주해온 이유는 하나입니다.

살기 좋아서, 산크리스토발이 좋아서.

2200m 고지의 늘 선선한 날씨와, 열대부터 온대까지 풍요로운 먹거리, 스페인 정복 시절의 유산인 아름다운 거리, 저렴한 물가와 친절한 사람들.

특별할 것 없는 골목과 화려하지 않은 건물에 빠져보시지요.

구분	1월	2월	3월	4월	5월	6월	7월	8월	9월	10월	11월	12월	연평균	서울 4월	서울 5월
일평균 최고기온 ℃	20.3	21.4	22.9	23.5	23.1	22.4	22.5	22.5	21.7	21.3	20.7	19.9	21.9	17.8	23.0
일평균 기온 ℃	12.3	13.0	14.5	15.7	16.4	17.0	16.5	16.5	16.5	15.5	13.8	12.5	15.0	12.5	17.8
일평균 최저기온 ℃	4.2	4.5	6.0	7.8	9.7	11.5	10.6	10.5	11.2	9.6	7.0	5.1	8.1	7.8	13.2
월 강수량 mm	9.0	10.9	16.0	43.8	111.8	226.3	143.6	153.9	215.4	109.0	32.8	12.2	90.3	64.5	105.9
하루 일조시간	6.9	7.1	6.6	6.0	5.4	4.6	5.6	5.8	3.9	4.9	5.8	6.1	5.7	6.8	6.9

산크리스토발의 날씨.

언덕길의 저 집에 몇 년쯤 살아보고 싶었습니다.

엉덩이가 무거워질 이유가 충분한 마을이라 생각합니다.

고백하자면, 저도 여행의 목적으로 가장 오래 머물렀던 곳이 이곳이었어요. 아련해지는 마음으로 돌아보게 되는 이름입니다. 산크리스토발데라스카사스.

산크리스토발의 날씨는 서울의 4월과 5월 사이에 있습니다. 4월 같은 아침과 5월 같은 오후를 일 년 내내 만날 수 있는 곳이랄까요.

북반구의 여름(6~9월)엔 비가 좀 잦지만 온화하고, 북반구의 겨울(12~2월) 아침은 쌀쌀하지만 오후엔 햇살이 따스하게 비쳐줍니다.

태평양 건너 남녘 고지의 그 땅엔 마음에 그렸던 만큼 짙은 파란 하늘이 있고, 노란색 빨간색 초록색 집들이 나란히 굽이치는 언덕이 저 하늘과 맞닿아 있습니다.

산크리스토발의 원주민들은 마야의 후예들이에요. 마을 주변의 고산

과달루페 거리의 인디헤나.

지역 곳곳에는 초칠족Tzotzil, 첼탈족Tzeltal 등 인디헤나 커뮤니티가 자리하고 있습니다. 날마다 주말마다 축제 때마다 산크리스토발에 생기를 불어넣는 것도 이들이지요.

치아파스주 거의 중심에 자리한 산크리스토발은 19세기 말까지 주의 수도였고, 정치 경제 행정 같은 어려운 문제들이 산 밑의 새 주도 툭스틀라 구티에레스Tuxtla Gutiérrez로 내려간 뒤에도 치아파스 문화의 중심으로 남았습니다.

세상사 복잡한 일들은 산 밑에 두고, 화려한 전통의상을 걸친 목 짧고 키 작은 인디헤나들과 이곳에 반해 정착한 사람들이 어울려 옹기종기 살아가는, 배낭여행자 천국이 탄생한 것이죠!

산크리스토발의 마얀 인디헤나들은 참 온순하며 이방인들에게도 열려 있습니다.[18] 치안에 대한 걱정을 뒤로 하고 얼마든지 가벼운 마음으로 밤

산책을 할 수 있는 것이지요.

사실 데킬라 몇 잔에 좋아진 기분으로 밤거리를 거닐다 마림바Marimba 연주에 맞추어 춤추는 노부부를 만나는 게 아니라면, 굳이 지구 반대편까지 날아갈 이유가 무어란 말인가요!

북미와 중미로의 늦봄여행

중미의 많은 도시들은 덥고 습한 해변 저지대가 아닌 중부 산지에 위치해 있습니다. 저위도의 고지, 늦봄날에 적합한 곳에 자리 잡고 있는 것이지요.

과테말라시티Ciudad de Guatemala(1500m)의 날씨는 산크리스토발과 비슷하고, 코스타리카의 산호세San José(1200m)나 온두라스의 테구시갈파Tegucigalpa(1000m)처럼 조금 낮은 곳에 위치한 도시는 서울의 9월 날씨(연평균 기온 22도)와 비슷한 날이 연중 이어집니다.

다만 중미(특히 과테말라, 온두라스, 엘살바도르, 니카라과)의 대도시들은 치안이 매우 불안정합니다. 봄날씨의 땅을 여행하고자 한다면, 아티틀란호숫가Lago de Atitlán (과테말라)나 아레날화산Volcán Arenal(코스타리카) 아래 작은 마을에서 쉬어가시는 게 훨씬 나을 거예요!

조금 더 북쪽으로 올라가 북미에서 날씨 좋은 곳을 한 곳만 꼽는다면, 샌디에이고San Diego를 뺄 수 없겠습니다.

미국에서 살기 좋은 환경으로 하와이와 함께 늘 꼽히곤 하는 샌디에이고의 평균 기온은 서울의 5월과 비슷합니다. 미국 태평양 해안 남쪽 끝에 위치해 있지만, 일 년 내내 차가운 바다의 영향으로 연교차가 작고 많이 덥지 않지요.

더운 중미에선 산 위로, 추운 북미에선 남쪽으로, 사람들은 그렇게 날이 좋은 곳을 찾아가나 봅니다.

따스한 봄날을 다시 꿈꾸어 봅니다.

---

18 인신공양과 식인 등 끔찍한 종교의식을 행한 이들의 조상들과는 이미지가 참 다릅니다. 인신공양 풍습은 마야와 아즈텍 등 메소아메리카Mesoamerica(멕시코 남부에서 코스타리카까지 이어지는 지역) 문명 전반에서 신을 기쁘게 하기 위한 의식으로 오랜 기간 이어져 왔습니다.

편히 또 멍히 지내던 평안한 날 중 하루에, 특별할 것도 없는 날에 특별한 기억도 없는 날의 흐리던 하늘과, 짙은 구름 사이 잠시 묻어나던 쪽햇살과 근심이란 건 녹아버리던 거리 풍경을, 봄에 기대 그저 잠시 그리워해봅니다.

아, 추워.

Episode 11

카페 까라히요

커피가 필요했어요.

　홀러가는 것만으로도 지치는 일상에 힘이 되어준, 몽롱한 오후를 깨워주던 커피가 항상 필요했어요. 손에 쥔 잔에서 흘러 넘쳐 옷깃에 배는 아찔한 커피향이 하루를 버티는 힘이 되어주었지요. 오늘의 당신에게 그러했듯이.

　하얗게 질린 A4 용지에 똑 떨어져 번져가는 커피 방울에 가끔 희열을 느꼈어요. 번지어져 꾸깃해지는 종이를 보며 바래져가고 쭈그러져가는 오늘을 묻었죠.

　하지만 커피와 늘 함께 할 수는 없어요. 불면의 밤이 걱정되는 저녁에는 카페인을 멀리해야 하니까. 커피만으로 만족할 수 없는 순간도 있었죠. 까만 밤에는 무색 투명한 알코올이 커피보다 까맣기도 하니까.

　스페인 사람들은 가끔 천재가 되는 것 같아요.

　에스프레소에 리큐어Liquor를 섞은 음료(까라히요Carajillo)를 만든 건 콜럼버스에게 배를 주어 바다 건너 '동양'을 찾게 한 것만큼이나 천재적이에요. 브랜디나 위스키를 충분히 섞어 넣은 에스프레소는 밤과 잘 어울리는 녀석이지요.

　여러 잔의 까라히요에 혹 카페인

이 과해진다면, 스페인 사람들처럼 밤을 불태우면 되는 거죠. 모자란 잠은 또 그들처럼 시에스타로 채우면 될 테고.

하지만 제겐 브랜디보다 위스키보다 더 강렬한 까라히요[19]가 있어요. 나의 까라히요는 산크리스토발 데 라스카사스의 카페 이름이에요.

스페인 사람들이 끔찍한 짓을 저질렀던 멕시코에 좋은 것도 남겨놓긴 했달까요.

지구 반대편 어느 골목에 자리한 나의 단골 집, 나의 쉼터의 이름보다 진한 술이 있을까요?

산크리스토발은 느리게 걷고 조금 움직이며 많이 생각하는 사람이 머물기에 최적의 장소예요. 늘 선선한 2200m 고지의 하늘만큼 파란 집을 지나 노란 골목을 돌아 만나던 카페 까라히요. 그곳에선 언제나 편안했죠.

모두가 느럭느럭해지는 오후, 장사를 시작하려 노천 테이블을 꺼내놓

---

19 외래어 표기법상 Carajillo는 카라히요라 읽는 게 맞습니다만, 지구 반대편 나의 단골 집 까라히요를 카라히요라 부르지는 못하겠습니다.

는 과달루페 골목Real de Guadalupe에 거리음악가의 기타 연주가 울려 퍼질 무렵, 까라히요의 안뜰 테이블 하나는 제 차지였어요.

느리게 내린 커피를 더 느리게 마시는 동안, 커피향과 커피잔이 입술에 닿는 느낌과 햇살 나리는 따숨 외에는 필요하지도 존재하지도 않았더랬죠.

과달루페 거리에 퍼지어 가는, 걸음 멈추게 만들던 커피 볶는 내(香)를 기억합니다.

카카오 나티바Cacao Nativa의 쌉쌀한 초콜릿 한 잔을 기억합니다.

선선한 날씨, 카페에 내리던 햇살 한 조각을 기억합니다.

나의 기억이 언젠가 까라히요로 나를 다시 이끌 수 있기를, 괜히 한 번 바라도 보는 겁니다.

Mother nature and Human nature 3.

겨울왕국을 찾아서 1:

북쪽으로 가는 길, 아델렌 왕국 노르웨이

북노르웨이의 겨울, 트롬쇠의 극야.

노르드캅

함메르페스트

트롬쇠

릴레함메르

오슬로

스타방에르

- 국가명 Kingdom of Norway /
  Kongeriket Norge
- 위치 북유럽, 스칸디나비아반도 서부
- 인구 | 밀도 545만 명 | 14명/㎢
- 면적 385,207㎢
- 수도 오슬로Oslo
- 언어 노르웨이어(공용어), 사미어
- 1인당 GDP $89,090(4위)
- 통화 노르웨이 크로네Krone |
  1NOK=약 130원
- 인간개발지수(HDI) 0.961(2위)
  #유전으로_축복받은_오로라땅

봄날을 거슬러 올라, 겨울의 땅을 향합니다.

우리나라의 겨울은 꽤나 추운 편이지요. 기후를 구분하는 기준 중 가장 잘 알려진 '쾨펜의 기후 구분'으로 '서베리아' 서울을 포함한 한반도 대부분의 지역은 '냉대'기후[20]에 속합니다.

춥다 춥다 해도, 한반도는 중위도에 위치[21]하고 있습니다. 한반도 북쪽으로 북반구 땅의 절반 이상이 펼쳐져 있어요.

'국토 최북단의 위도' 기준으로, 남북한은 세계에서 49번째로 북쪽에 위치한 나라예요. 따뜻한 남유럽 나라 스페인, 모나코, 산마리노의 최북단이 한반도보다도 고위도에 자리합니다. 대한민국이 실효 지배하는 한반도의 남쪽으로만 따지면, 그리스, 터키는 물론 뜨거울 것 같은 나라 이란보다도 뒤인 62번째가 됩니다. 우리보다 북쪽에 위치한 땅에는 시베리아 내륙처럼 극한의 추위를 겪는 곳도, 서유럽과 남유럽처럼 오히려 한국보다 따뜻한 곳도 있습니다.

노르웨이 수도 오슬로의 교외 풍경(왼쪽)과 중세 노르웨이 왕국의 수도였던 트론헤임의 크리스티안스텐 요새(오른쪽).

20 냉대기후의 기준을 가장 추운 달 평균기온 0도 미만(최근의 해외 기준)으로 보면, 대한민국 국토 거의 전부가 속하게 됩니다. 전통적 기후 구분에 따라 '냉대'의 기준을 최한월 영하 3도 미만으로 보면, 서울은 온대기후와 냉대기후가 만나는 곳이 됩니다.
21 최남단 마라도 북위 33°06′, 최북단 함북 온성 북위 43°00′.

피오르를 바라보는 벨레스트란트의 성올라프교회(왼쪽)와
노르웨이 제 2의 도시 베르겐 풍경(오른쪽).

늘봄의 땅을 탐험해 보았으니 이번엔, 얼음나라를 찾아 북쪽을 향한 여
행을 해보려 합니다. 첫 번째는 〈겨울왕국〉의 실물 배경, 어쩌면 엘사와 안
나의 나라, 노르웨이Kingdom of Norway, Kongeriket Norge입니다.

아렌델왕국을 찾아서

아렌델왕국은 어디일까요? 〈겨울왕국〉에서 보여지는 지형(피오르와 산
세)과 옷차림으로 미루어보아, 가장 유력한 곳은 200년 전쯤의 노르웨이입
니다.

〈겨울왕국〉(2013)은 노르웨이의 스티프츠고르덴Stiftsgaarden(트론헤임),
성올라프교회St. Olaf's Church(발레스트란트) 그리고 베르겐의 유네스코 문화
유산 브뤼겐Bryggen 등에서 영감을 얻었다 해요. 〈겨울왕국2〉(2019)는 노르
웨이, 스웨덴, 핀란드, 러시아 콜라반도에 사는 사미Sami인들의 문화와 언

어에 조금 더 주목했다고 합니다.

노르웨이는 북쪽 이야기를 하기에 가장 적합한 나라 이름을 가졌습니다. 영어 국호인 '노르웨이' 자체가 북쪽Nor으로 가는 길Way, 'northern way'에서 비롯되었으니까요! 노르웨이어 국호도 'Norge' 또는 'Noreg'로 같은 뜻입니다.

산과 피오르의 나라

노르웨이는 독특한 지형과 환경을 가진 나라입니다. 노르웨이 국토 대부분은 스칸디나비아산맥이 뒤덮고 있어요. 평지가 대부분인 덴마크, 스웨덴, 핀란드 등 다른 북유럽 국가와는 다르지요.

산골짜기와 바다가 만나는 곳에 생긴 빙하 침식지형 피오르fjord로 가장

송네피오르는 노르웨이에서 가장 깊고(최대 수심 1308m) 긴(205km) 피오르이며, 깊이와 길이 기준 전 세계에서 두 번째 규모입니다(왼쪽). 하지만 경관과 명성으로는 게이랑에르피오르가 송네의 그것을 앞서는 듯합니다(오른쪽).

유명한 나라가 노르웨이일 거예요. '피오르' 가 노르웨이어이기도 합니다.

국토가 험한 탓에, 나라 안에서도 오랫동안 지역 간 이동이 어려웠습니다. 그래서 '노르웨이어'도 하나가 아니라 두 개입니다! 수도 오슬로와 동남부 지방 그리고 북노르웨이는 노르웨이를 지배했던 덴마크어와 유사한 보크몰Bokmål을, 베르겐 등 서쪽 지방은 노르웨이 서쪽 방언에 기초한 뉘노르스크Nynorsk를 사용합니다.

학교에서요? 보크몰과 뉘노르스크를 모두 노르웨이어로 가르친다고 합니다. 하나 더, 보크몰과 뉘노르스크를 합쳐 삼노르스크Samnorsk라는 언어를 만들려는 시도도 있었습니다.

노르웨이의 면적은 38만 5207㎢로, 우리나라의 4배에 가깝습니다. 하지만 인구는 540만 명 정도로 1/10 수준이지요. 그래서 노르웨이는 사막의 땅 사우디아라비아, 파타고니아를 품은 아르헨티나와 같은 수준의 인

수도 오슬로에선 보크몰이 사용됩니다. 사용자 수에서 우세하며 역사적으로 노르웨이의 상류층이 사용한 보크몰이 실질적인 노르웨이어 역할을 합니다.

구밀도를 보입니다.

북유럽에서도 경작이 가장 어려운 산투성이의 절벽 땅, 노르웨이의 적은 인구는 이 땅이 살아가기에 얼마나 힘겨운 곳이었는지에 대한 반증이기도 합니다.

바이킹, 새로운 터전을 찾아 떠나다

바이킹Vikings은 북유럽의 이미지에 절대적 영향을 끼친 게르만계 노르드인을 부르는 말입니다.[22]

척박한 곳에서 살며 훌륭한 항해술과 용맹성으로 바다를 누비던 바이킹 민족은 8세기 이후 인구가 급증하면서 새로운 거주지를 찾아 유럽 곳곳을 약탈하고 더 좋은 환경에 정착하기 시작합니다.

덴마크의 바이킹이 프랑스와 잉글랜드, 이베리아와 이탈리아에, 스웨덴의 바이킹이 러시아와 우크라이나에 정착하여 큰 영향을 끼친데 비해,[23] 노르웨이계 바이킹은 더 험한 세상으로 나아갔습니다.

스코틀랜드, 페로제도를 거쳐 아이슬란드와 그린란드를 발견한 노르웨이 바이킹은, 캐나다 뉴펀들랜드에도 정착촌을 건설해(빈란드Vinland), 신대륙 최초의 유럽 출신 거주자가 되지요!

바이킹들 중에서도 가장 험난한 북쪽을 향해 간 노르웨이의 선조들. 13세기 노르웨이는 영국의 북부, 동부와 아이슬란드, 그린란드까지를 모두 영향력 아래에 둡니다.

22　'만에서 온 사람들'. 바이킹은 노르드어로 만灣을 의미하는 비크Vik와 출신을 의미하는 잉그 ingr의 합성어로 추측됩니다. 바이킹의 침략으로 피해를 본 영국이나 프랑스에서 보면 바이킹 은 동쪽 만에서 온 사람들일 거예요.

23　덴마크 바이킹 노르망디공국Duché de Normandie의 윌리엄은 잉글랜드에 노르만왕조를 일으 켰고, 스웨덴 바이킹 류리크Ryurik의 후손들은 러시아의 뿌리인 키예프공국과 모스크바공국 을 세웠습니다.

스칸디나비아산맥이 국토를 종단하는 노르웨이. 노르웨이에서 경작 가능한 땅은 국토의 3퍼센트에 불과합니다.

　드넓은 북쪽의 땅을 차지했지만 여전히 노르웨이는 북유럽에서도 사람 살기 가장 어려운 환경을 가지고 있었고, 오랜 기간 약소국으로 주변국의 지배 아래에 들어 갑니다. 노르웨이는 1397년부터 400년간은 덴마크에게, 1814년부터 1905년까지는 스웨덴에게 종속된 나라였어요. 19세기 말부터 20세기 초까지 수십만의 노르웨이인들은 더 나은 삶을 찾아 신대륙 곳곳으로 대규모 이민을 떠나기도 합니다.[24]

　북유럽에서 가장 척박하고 경제적으로도 어려운 '어업국'이었던 노르웨이의 운명을 한 번에 바꾸어 놓는 사건이 일어났으니, 바로 북해 유전의 발견입니다.

24　북유럽에서 신대륙으로의 이민 비율이 가장 높은 나라가 노르웨이입니다. 유럽 전체로 범위를 넓혀도 인구 대비 이민 유출 비율이 아일랜드 다음일 정도로 손꼽히지요.

노르웨이의 운명을 바꾼 검은 황금

2021년 노르웨이의 1인당 GDP는 8만 9090USD로, IMF 통계가 잡히는 196개국 중 당당히 4위에 올라 있습니다. 미국(6만 9231USD)이나 세계에서 손꼽히는 부국들인 주변국(스웨덴 5만 8639USD, 덴마크 6만 7758USD, 핀란드 5만 3523USD)보다도 경제적으로 훨씬 여유로운 나라가 노르웨이인 거죠.

1위가 인구 60만의 작은 나라 룩셈부르크임을 감안하면, 규모 있는 나라 중에 스위스(9만 3515USD), 아일랜드(9만 9013USD)와 함께 세계에서 가장 잘사는 나라라 할 수 있겠습니다.

높은 교육 수준(2019년 인간개발지수HDI 세계 1위)과 효율적인 시스템(2021년 취약국가지수Fragile States Index 뒤에서 2위), 단합된 국민 의식의 결과이기도 하겠지만 '이게 다 석유 덕분'이라고 해도 아주 틀린 말은 아닙니다.

1970년대만 해도 노르웨이는 제조업 기반을 갖춘 이웃(이자 옛 종주국) 스

오슬로와 트론헤임Trondheim의 노르웨이 사람들. 확실히 여유가 느껴집니다.

스타방에르Stavanger는 1960년대까지 조용한 어촌이었습니다. 북해에서 유전이 개발되며 급속히 발전하여, 이제는 노르웨이에서 네 번째로 큰 도시이자 석유 수도가 되었습니다.

웨덴보다 경제적으로 뒤져있었습니다. 1970년의 1인당 GDP는 스웨덴이 4675USD이었는데 노르웨이는 3306USD에 불과했죠.

하지만 1970년대 북해 유전이 발견되고, 이후 오일 쇼크와 유가 상승이 이어지며 노르웨이와 스웨덴의 상황은 역전됩니다. 유가 상승이 극에 달했던 2012년엔 노르웨이의 1인당 GDP가 10만불을 돌파(10만 1668USD)하며 스웨덴(5만 7192USD)의 두 배 가까이에 이르기도 합니다.

스웨덴 인재들이 좋은 일자리를 찾아 노르웨이에 들어오리란 건 50년 전만 해도 상상할 수 없었던 일이지요.

노르웨이는 세계 13위 석유 생산국이자 9위 석유 수출국(2020년 기준)입니다. 유럽 최대의 석유 생산국이자 수출국이라는 것보다 중요한 건, '1인당 석유 생산량'이란 지표가 아닐까 합니다. 노르웨이의 국민 1인당 석유

1994년에 동계올림픽을 개최했던 릴레함메르Lillehammer. 릴레함메르는 동계올림픽 사상 가장 높은 위도(북위 61°06′)의 개최지였습니다. 산 투성이에 눈 투성이라는 험한 환경을 이겨내야 했기에 스키와 썰매는 노르웨이인에게 운명이었을 겁니다. 스키점프와 봅슬레이 경기장.

생산량(1인/1일 당 0.314배럴, 세계 5위)은 사우디아라비아, 아랍에미리트와 비슷하며, 석유 부국 브루나이나 오만보다도 많습니다.

'검은 황금'의 행운을 훌륭한 인적자본 및 시스템과 결합시켜 세계 최고의 부국으로 키워낸 결과가 노르웨이라 할 수도 있겠지요.

석유 덕에 노르웨이는 세계에서 가장 큰 국부펀드Government Pension Fund of Norway를 운영합니다. '오일 펀드'라고도 알려진 노르웨이 국부펀드는 세계 전체 주식 시가총액의 1.4퍼센트가량을 보유하고 있습니다. 노르웨이 국민 1인당 3억 원에 해당하는 엄청난 규모(2021년 말 기준 1인당 25만 USD)입니다!

엘사와 안나도 국민을 위하는 지도자라면 당장 바다 앞에 나가 기름이 나는지 시추부터 해봐야 하는 것 아닌가 모르겠습니다.

거친 환경을 이겨내고 이용하는 사람들

단순히 행운이 노르웨이를 세계 최고의 자리에 올려둔 건 물론 아닙니다. 노르웨이 사람들이 험난한 환경을 어떻게 헤쳐내며 싸워왔는지를 보여주는 상징적인 숫자는 이것 아닐까 합니다.

2022년 베이징올림픽까지 24차례의 동계올림픽에서, 총 9회 종합 우승 (소련+러시아와 함께 최다 우승). 누적 148개 금메달로 1위(소련+러시아+ROC 131개, 독일+서독+동독 154개, 미국 113개). 누적 405개의 메달로 1위(소련+러시아 +ROC 346개로 2위).

북유럽과 알프스에서 시작된 스포츠를 세계 표준으로 경쟁한다는 동계올림픽 종목들이 노르웨이 사람들에게 유리하기는 할 겁니다.

하지만 비슷한 환경의 스웨덴, 오스트리아, 스위스는 물론 훨씬 많은 인구와 국력, 동계 스포츠 환경을 가진 미국, 러시아, 독일보다 앞섰다는 건, 환경을 이용할 줄 아는 노르웨이 사람들의 지혜와 이겨내고자 하는 의지의 결합에서 나온 결과 아닐까도 싶습니다.

세계에서 가장 따뜻한 최북단

한때 북쪽 끝 세상을 꿈꾸며 유럽 대륙의 끝이라는 노르드캅Nordkapp(북위 71°10′21″)을 찾아갔었어요. 노르드캅을 품은 노르웨이는 유럽에서 가장 북쪽에 위치한 나라가 맞습니다.

'북쪽으로 가는 길' 노르웨이를 북쪽으로 여행하는 '여름' 길은 진짜로 아름답습니다. 5월, 6월의 노르웨이를 'N' 방향으로 달리다 보면, 얼음이 가득했을 땅에 푸르름이 찾아오는 걸 오감으로 경험할 수가 있어요. 머리 위까지 쌓인 눈 사이로 길이 뚫리고, 키 작은 풀들이 언덕마다에 꽃을 피우고, 서늘한 바람에 포근함을 입히는 햇살은 밤이 늦어도 사라질 줄 모릅니다.

노르드캅을 향해 피오르를 끼고 눈 덮인 언덕을 넘어 야생화가 핀 들판을 달리는 북노르웨이의 여름 길.

세계 최북단에 위치한 읍내 함메르페스트.

그리고 북극권(66°33′)을 지나면 정말 해가 지지 않는 땅에 발을 디딜 수 있습니다. 인구 5만이 넘는 도시 중 세계 최북단에 위치한 트롬쇠Tromsø(북위 69°40′)에는 세계 최북단의 대학(University of Tromsø)과 최북단의 식물원 (Arctic-alpine Botanic Garden) 그리고 가장 북쪽의 1부 축구리그 팀(Tromsø IL) 이 있습니다. 함메르페스트Hammerfest(북위 70°39′)는 1만 명이 넘는 사람들이 사는 마을 중 제일 북쪽에 자리합니다.

트롬쇠와 함메르페스트는 백야白夜, Midnight Sun와 극야極夜, Polar Night를 관찰할 수 있는 진짜 북극권 도시입니다.[25] 그럼에도 불구하고 여름의 북 노르웨이 해안은 정말 북극에 가까이 온 게 맞는 건가 싶을 정도로 따뜻해요.

더 놀라운 건 이곳의 겨울 날씨입니다. 북극권 도시 트롬쇠의 가장 추운

25 함메르페스트 기준으로 백야는 79일, 극야는 59일 동안 일어납니다.

여름 언덕길의 눈밭은 북노르웨이에서 너무도 흔한 풍경입니다. 자정 무렵의 백야 풍경, 함메르페스트.

달 1월의 평균기온은 영하 3.5도로 서울(영하 2.4도)과 비슷합니다![26] 겨울에는 두 달 가까이 해가 뜨지도 않는 트롬쇠가 겪은 가장 추운 날씨는 영하 18.4도인데, 서울은 영하 20도 밑으로 떨어진 적이 수차례 있었죠.

노르웨이의 해안은 동 위도를 놓고 보았을 때 세계에서 가장 따뜻한 곳입니다. 열대의 멕시코만에서 시작되어 서유럽에 온기를 불어넣어 주는 북대서양 난류가, 가장 오래 멀리 영향을 미치는 곳이 이곳이기 때문이지요. 난류 덕분에 노르웨이에는 북극권의 러시아에서는 상상할 수 없는 견딜만한 날씨가 나타납니다.

'따뜻하다'는 물론 상대적인 표현입니다. 트롬쇠는 11월부터 3월까지 다섯 달간 기온이 영하로 떨어지며, 여름보다 겨울에 훨씬 많은 강수량을 기록하는 '겨울왕국'다운 눈의 세상이 펼쳐집니다.

여름에는 푸르름에 온기를 더한 백야, 겨울에는 눈밭 위 극야를 경험할 수 있는 북노르웨이. 여행자 관점에서의 이곳의 문제는 아름다운 만큼 비싸다는 것이지요. 물가 비교 사이트(NUMBEO.COM)의 물가 최상위 순위는 주로 스위스와 노르웨이의 도시들이 차지합니다.

레스토랑 인덱스처럼 여행자의 피부로 느끼는 물가에서 노르웨이의 순위는 조금 더 올라갑니다. 인구가 희박해지는 북쪽으로 갈수록 물가는 더 오를 수밖에 없지요. 산유국이지만 높은 세율 때문에 기름값도 세계 4위입니다(홍콩, 아이슬란드, 모나코 다음).

끝 너머의 다른 끝, 스발바르와 부베

노르드캅보다 더 북쪽, 안개 낀 파도 사이 북빙이 자리한 바다 북극해 너머에 노르웨이의 영토 스발바르제도Svalbard가 있습니다. 북위 74도에서

---

26 지구 온난화로 인해 북노르웨이는 예전보다 더 따뜻해졌습니다. 1990년대 이후 트롬쇠 최한월 평균기온은 영하 2.4도로 서울과 같습니다.

북극에 더 가까운 땅, 스발바르.

81도에 이르는 진짜 북극 땅[27]이지요. 우리나라의 60퍼센트 크기(6만 1022 ㎢)에 3000명도 안 되는 사람들만이 사는 곳입니다.

진짜 북쪽 땅에도 생각보다 쉽게 찾아갈 수 있습니다.

오슬로와 스발바르의 수도 롱위에아르뷔엔Longyearbyen 사이를 노르웨이안항공과 스칸디나비아항공이 매일 이어주고 있기 때문이죠. 여름엔 트롬쇠와 롱위에아르뷔엔 사이에도 직항편이 다닙니다. 북극 가는 길, 생각보다 어렵지 않습니다. 다만 돈이 엄청나게 들 뿐![28]

잘 알려지지 않았지만, 노르웨이는 남극 가까이에도 영토를 가지고 있습니다. 아프리카 대륙과 남극대륙 사이에 있는 부베섬Bouvet Island이 노르

---

27 우리나라의 북극 기지인 '다산과학기지'도 스발바르에 위치합니다.

28 거의 모든 물자를 항공으로 조달해야 하는, 게다가 인력도 부족한 스발바르의 물가는 노르웨이 본토 물가를 초월합니다.

웨이의 땅인데요, 부베는 남극해의 구름과 안개에 싸인 춥고 습한 무인도입니다. 가장 가까이에 있는 섬으로부터 1600km 이상 떨어져 있고, 가장 가까운 사람이 사는 땅인 남아프리카공화국의 아굴라스Agulhas와는 무려 2600km 거리입니다.

'가장 외로운 섬'으로 알려진 칠레의 이스터섬보다도 훨씬 외로운 곳이지만, 사람이 살지 않기에 존재조차 잊혀진 곳이랄까요. 부베는 세계의 모든 영토들 중에 '본토와 가장 멀리 떨어진' 곳이기도 합니다.

북극에 가장 가까운 땅과 남극에 가장 가까운 땅을 가진 겨울왕국의 운명을 타고난 나라.

북쪽을 향한 황량한 길에서 차가운 산 기운과 시원한 바닷바람과 따뜻한 여름 햇살에 취할 수 있는 나라.

너무 험한 산세 때문에 길이 끊기고 너무 잘사는 덕에 물가가 비싸 느리고 모자란 여행을 할 수밖에 없는 나라.

북쪽에 있지만 온기를 간직한 나라.

노르웨이가 눈가에 손끝에 귓등에 각인되는 건, 어느 여행자에게도 이상한 일이 아닐 겁니다.

겨울은 좋은 계절이다

안달루시아Andalucía라는 이름에는 강렬함이 묻어 있습니다. 노르웨이라는 이름과는 정반대랄 수도 있겠습니다. 강렬한 투우, 강렬한 플라멩코뿐 아니라, 안달루시아의 메마른 대지에 내리쬐는 여름의 태양에도 불꽃은 타오르죠.

안달루시아라는 이름에 가장 어울리는 계절은 분명 여름일 겁니다. 하지만 너무 뜨거운 그 계절은 거리를 비우고, 작열하는 광장에는 관광객들만 북적이죠.

안달루시안을 만나 안달루시안의 생활을 잠시 함께하고 싶다면, 겨울이 낫겠습니다.

세비야Seville, Sevilla는 안달루시아의 주도이자 주의 최대 도시입니다. 스페인에서 네 번째[29]로 큰 도시이자 유럽 대륙 전체에서 가장 뜨거운 여름[30]을 가진 도시이기도 해요.

이 도시의 여름은 5월부터 10월까지입니다. 낮 기온은 5월 중순부터 10월 초까지 30도를 쉽게 넘기죠. 세비야의 7월 '평균' 낮 최고기온이 36.0도이며, 거의 한 해도 거르지 않고 40도를 가볍게 넘기는 날을 (때로는 5월과 10월에도) 맞이합니다. 세비야를 겨울에 찾아야 하는 이유는 어쩌면 그걸로 충분할 테죠.

겨울이라고 꼭 추워야 하는 건 아닙니다. 겨울 세비야의 평균기온은 12도. 도톰한 카디건, 얇은 코트 하나 겹쳐 입고 알폰소 13세 운하Canal de Alfonso XIII 주위를 거닐기 좋은 날씨랄까요. 흐린 날 구름이 세비야 대성

29 마드리드, 바르셀로나, 발렌시아 다음입니다.
30 유럽에 소재한 인구 10만 이상의 도시 중 최난월最暖月 평균기온이 가장 높습니다.

당과 알카사르Royal Alcázar of Seville에 걸린 낯선 그림을 가슴속 가득 담기 위해서도 겨울은 좋은 계절입니다.

로컬들도 분명 같은 생각인 듯해요. 토요일에 운하를 거슬러 카누를 즐기는 학생들이나 일요일에 살바도르 광장을 가득 채우고 맥주를 마시는 젊은이들이 그리 알려줍니다.

해가 질 무렵엔 산타크루스의 골목을 헤매거나, 낯선 바를 하나 찾아 타파 몇 접시에 맥주 서너 잔을 비워냅니다. 주변에 들리는 말 모두가 에스파뇰인 공간에서 낯선 이가 된 느낌에 취했다가 어두워진 살바도르광장을 다시 찾으면, 아까의 젊은 피들이 맥주병을 들고 아직도 그대로 서 있습니다.

쓰디쓰고 시디신 세비야 오렌지Seville Orange의 땅, 콜럼버스가 인도 항로에 대한 광기에 가까운 확신을 현실로 만들어간 땅, 투우가 나고 플라멩코가 자란 정열과 열정 그리고 열병의 땅. 세비야엔 온전히 낯선 이가 될 수 있었던 작은 바 창가 자리의 기억으로 간직될, 점잖고 부드러운, 겨울향이 납니다.

Mother nature and Human nature 4.

겨울왕국을 찾아서 2:
따스한 얼음의 땅, 아이슬란드

아이슬란드의 빙하 호수 요쿨살론과 요쿨살론 밖 노르웨이 해에 맞닿은 다이아몬드 해변의 모습.

후사비크
아퀴레이리
바트나이외퀴틀 국립공원
레이캬비크
회픈

- 국가명 Iceland / Ísland
- 위치 북유럽, 북대서양 북쪽 섬나라
- 인구 | 밀도 36만 명 | 3.6명/㎢
- 면적 102,775㎢
- 수도 레이캬비크Reykjavík
- 언어 아이슬란드어(공용어)
- 1인당 GDP $69,033(7위)
- 통화 아이슬란드 크로나Krona |
  1ISK=약 10원
- 인간개발지수(HDI) 0.959 (3위)
#사람이_그리운_북쪽_섬

하루 중 해가 떠 있는 시간이 가장 짧은 날, 동지. 동짓날 서울에서 해를 볼 수 있는 시간은 9시간 34분가량입니다. 남쪽으로 갈수록 조금씩 길어져 제주도의 동짓날 일출과 일몰 사이에는 10시간 정도의 시간이 있습니다.

북쪽을 향해 갈수록 낮 시간은 짧아지고 바람은 더 매서워지지요.

〈겨울왕국〉의 가장 유력한 배경 노르웨이를 지나 평균의 의미에서 더 '얼음 땅'에 가까운 곳으로 떠나 봅니다. 노르웨이의 바이킹이 발견하고 정착한 유럽 북서쪽의 '일음 땅' 아이슬란드입니다.

눈의 땅에서 얼음의 땅이 되기까지

아이슬란드는 무인도였습니다.

서기 874년, 노르웨이에 살던 노르만인 잉골프 아르나르손Ingólfr Arnarson이 노르웨이해를 건너 오늘날의 레이캬비크에 정착하여 아이슬란드의 뿌리가 됩니다. 아르나르손 이전에도 파파르Papar라 불리는 아일랜드 출신 게일인 수도승 집단과 또 다른 노르웨이 사람 나도드Naddod가 아이슬란드에 머물렀지만, 역사로 이어지지는 못했지요.

다만 표류하다가 아이슬란드를 발견했다 여겨지는 나도드는 역사에 남을 이름을 남겼습니다. 나도드가 이곳을 떠나려는 순간 눈이 왔기 때문에,

거대한 빙하가 있는 풍경. 스넬란트, 이슬란트.

세계 최북단의 수도, 아이슬란드 인구의 1/3이 사는 곳, 레이캬비크.

그가 발견한 땅에 눈의 땅, '스넬란트Snæland'란 이름을 붙인 것이지요.

눈의 땅은 후대 누군가에 의해 얼음의 땅으로 바뀌고 세상에 '아이슬란 드'로 알려지게 됩니다.

이슬란트Ísland. 아이슬란드 사람들이 부르는 자국의 이름이에요. 얼음 섬이란 의미에서 영어와 아이슬란드어, 중국어(빙다오水岛)도 동일합니다. 엄청난 규모의 빙하를 가졌다는 점에서, '국토 전체의 평균 위도' 기준 가장 북쪽에 위치한 나라[31]라는 점에서 이해가 되는 부분이지요.

아르나르손이 세운 아이슬란드의 수도 레이캬비크Reykjavík는 세계 최북

---

31 주권국이 아닌 그린란드를 제외한 기준입니다. 유럽 '가장 북쪽'은 노르웨이, 세계 '평균 가장 북쪽'은 아이슬란드입니다.

단에 위치한 수도(북위 64°08′)입니다.

주저 없이 추천할 만한 여행지의 현실 이야기

하지만 아이슬란드는 푸른 땅입니다. 푸른 숲과 푸르른 바다, 눈이 시리게 퍼런 빙하를 담은 이 나라는, 일상에서 가장 먼 곳, 지구 같지 않은 곳을 담험하고 싶은 누군가에게 권할 만한 곳입니다.

어느새 우리나라 여행자들이 꿈꾸는 여행지로 다가온 땅. 오로라와 화산과 폭포와 빙하라는 대자연에 북유럽 무드까지 모두 가진, 멋지지만 혹독하게 비싼 여행지. 아무도 없는 곳이 사무치게 그립다면, 황량한 땅에서 맞는 바람에 쌓아두었던 무언가를 훌훌 털어버리고 싶다면, 주저 없이 추천할 만한 곳, 얼음섬 아이슬란드.

핫한 여행지로서의 아이슬란드가 아닌 현실의 아이슬란드를 살짝 탐험해봅니다. 아이슬란드는 우리나라와 닮은 게 몇 가지 있어요.

- 아이슬란드의 면적(10만 2775㎢)은 대한민국의 그것(10만 363㎢)과 비슷합니다. 193개 UN 회원국 중 한국과 국토 면적이 가장 비슷한 나라가 아이슬란드예요.
- 아이슬란드의 독립도 우리의 광복과 비슷한 시기에 이루어졌습니다. 아이슬란드가

푸른 땅, 사람 사는 땅, 아이슬란드. 아이슬란드 제 2의 도시 아퀴레이리Akureyri(왼쪽)와 동아이슬란드의 작은 마을 스퇴드바르피외르뒤르(오른쪽).

덴마크로부터 독립한 날은 1944년 6월 17일입니다.

– 아이슬란드도 우리만큼 수도와 수도권에 집중된 나라입니다. 레이캬비크(인구 13만 명)에는 아이슬란드 인구의 약 36퍼센트가 살아갑니다. 서울(약 19퍼센트)에의 집중도보다도 크다 할 수 있겠죠. 아이슬란드 수도권Höfuðborgarsvæðið, The Capital Region의 인구는 약 23만 명으로, 전체 인구의 무려 64퍼센트에 해당합니다. 우리나라 수도권은 약 50퍼센트입니다.

그 외의 대부분은 우리나라와 너무나도 다른 곳이라 하겠습니다.

사람을 그리워할 수 있는 땅

대한민국이 제주도를 하나 더 갖고 있는 것보다 아주 살짝 더 큰 아이슬란드에 사는 사람은 불과 36만 명(2020년)입니다. 제주도 인구(외국인 포함 약 70만 명)의 절반 또는 영등포구민(약 37만 명) 정도의 숫자지요.

아이슬란드 남동쪽의 마을 회픈Höfn. 사람이 그리운 링로드를 달리다 마을을 만나면 마음이 따뜻해집니다.

36만 밖에 안되는 숫자의 64퍼센트가 레이캬비크와 그 주변 1062㎢에 '모여' 살아가고 있기 때문에,[32] 레이캬비크 밖에선 식당도 숙소도 슈퍼마켓도, 심지어 '사람'도 먼 길을 돌아서 '찾아가'야 하는 흔치 않은 것이 됩니다.

사람에 치여 사람이 힘들어 숨이 막히는 우리나라의 환경과는 정반대랄 수 있겠지요. 또 다른 정반대 하나는, 날씨가 아닐까 합니다.

온화한 북쪽의 따뜻한 얼음나라

잘 알려진 대로 아이슬란드는 매우 북쪽 땅에 위치합니다.

이 나라는 북위 63도에서 68도 사이에 걸쳐 있어요. 아이슬란드의 최남단 비크Vík 근처의 위도는 북위 63도 25분, 최북단 콜베인세이Kolbeinsey 암초의 위도는 북위 67도 8분입니다.

시베리아의 주요 도시들(노보시비르스크Novosibirsk, 이르쿠츠크Irkutsk는 물론 추위로 유명한 야쿠츠크Yakutsk와 강제수용소로 알려진 마가단Magadan까지도)을 모두 발 밑 저 멀리에 두는 위도예요!

스코가포스Skógafoss와 폭포 아래 풍경. 아이슬란드의 여름은 푸른 빛으로 반짝입니다.

32 밀집된 아이슬란드 수도권 인구밀도조차도 대한민국 전국 평균 인구밀도의 절반도 안됩니다.

높은 위도에도 불구하고 아이슬란드는 상당히 따뜻한 곳입니다. 우리나라와 반대라 할만한 건, 여름과 겨울의 기온차가 상당히 작은 편이라는 거예요.

아이슬란드보다 훨씬 남쪽에 위치했지만, 우리나라의 겨울은 상당히 혹독한 편이죠. 여름도 상당히 무덥다 할 수 있고요. 겨울엔 서울은 영하 23.1도, 양평은 영하 32.6도까지 기록한 적이 있고, 여름엔 서울이 39.6도, 홍천은 41.0도('대프리카'는 40.0도)를 기록했었습니다.

그린란드, 북시베리아, 알래스카 등과 동 위도임을 감안하면 아이슬란드의 레이캬비크는 아주 온난하고 겨울에도 놀랄 만큼 따뜻합니다.

레이캬비크에서 가장 추운 달인 1월의 평균기온(1981~2010년)은 영상 0.1도예요. 얼음섬 아이슬란드의 수도의 겨울은 서울(-2.4도)이나 대전(-1.0도)의 1월보다도 따뜻합니다. 레이캬비크와 서울(북위 37°34′)의 위도 차이를 생각하면 놀라운 일이죠.

레이캬비크의 기온은 연중 고른 편입니다(1월 평균기온 0.1도, 7월 11.2도). 이 도시는 관측사상 30도를 넘는 더위를 겪은 적이 없고(관측 최고기온 25.7도), 영하 20도 밑으로 떨어진 적도 없습니다(관측 최저기온 -19.7도).

아이슬란드는 물론 쌀쌀하지만, 이름과는 달리 꽤나 사람 살만한 기후를 가진 섬이란 거죠.

멕시코만에서 시작되어 서유럽에 온기를 불어넣어 주는 북대서양난류[33]가 북극에 가까운 아이슬란드를 덥혀주기 때문입니다.[34] 반대로 북극해에서 내려오는 차가운 해류(래브라도해류)가 흐르는 캐나다와 그린란드 서해안은 같은 위도에 아주 멀지는 않은 거리임에도 매우 다른 기후가 나타

---

33 아이슬란드에 직접 영향을 주는 해류는 북대서양해류의 줄기인 이르밍게르해류Irminger Current입니다.

34 노르웨이 북부가 따뜻한 이유와 같습니다. 다만 북노르웨이 해안이 아이슬란드보다 조금 더 따뜻한 편입니다.

아이슬란드도 가끔 외투를 벗고 일광욕을 즐길 만큼 따뜻해집니다. 세이디스피외르뒤르의 라군에서 일광욕을 하는 아이들.

나지요.

그렇게 북쪽에 있다고 강조한 아이슬란드지만, 아이슬란드섬 본토에는 해가 지지 않는 백야나 해 없이 하루를 나는 극야 현상이 나타나지 않습니다. 아이슬란드 섬 전체가 북극권(북위 66°33′) 아래에 위치하기 때문입니다.

본토에서 북쪽으로 약 40km 떨어진 작은 섬 그림세이Grímsey와 콜베인세이Kolbeinsey 암초만 백야와 극야 관찰이 가능한 북극권 이북에 위치합니다.

동짓날 레이캬비크의 태양은 11시 반쯤 떴다가 오후 3시 반이면 사라집니다. 12월 22일의 레이캬비크의 낮 시간은 4시간 7분가량입니다.

368

아이슬란드를 얼음섬의 이름으로 불리게 한 건 이 섬이 가진 빙하 때문 일 겁니다.[35]

아이슬란드의 대표 빙하, 바트나이외퀴틀Vatnajökutle은 아이슬란드섬 표면의 8퍼센트를 차지하는 거대한 얼음입니다. 바트나이외퀴틀은 남극 대륙과 북극권 이북, 그린란드(즉, 진짜 얼음땅들) 외의 지역에서 가장 큰 빙하 이기도 합니다!

평균 두께가 380m, 최대 두께는 950m에 달하는 이 거대한 얼음덩어리 의 남쪽엔 아이슬란드 최고봉 크반나달스흐누퀴르Hvannadalshnúkur(2110m) 와 아이슬란드 여행자에게 친근한 스카프타펠Skaftafell이 있습니다.

스카프타펠의 빙하 모습. 접근이 쉽고 풍광이 좋은 스카 프타펠은 별도의 국립공원이었는데, 2008년부터 바트나 이외쿨국립공원의 일부가 되었습니다.

---

35 이 푸른 섬에 사람들이 접근하지 않도록 일부러 붙인 차가운 이름이라는 설도 있습니다.

가장 긴 산맥 위에 솟은 가장 어린 땅

지구에서 가장 긴 산맥은 어디일까요? 히말라야? 알프스? 로키? 안데스? 정답은 안데스산맥(길이 약 7000km)이겠지만, 바닷속 산맥까지 포함한다면 답은 달라질 수 있습니다.

대서양의 거의 가운데에 위치한 대서양 중앙해령Mid-Atlantic Ridge은 아프리카 대륙 최남단보다도 더 남쪽에서부터 북극해 가까이까지 뻗어 있거든요. 길이가 무려 1만 6000km입니다. 대서양 중앙해령에서는 아주 조금씩 지각이 벌어지고 멀어집니다. 대서양에서 새로운 땅이 태어나고 있고, 이 대양은 계속 넓어지고 있다는 뜻이죠.

대서양 중앙해령이 불쑥 바다 위로 솟아 있는 예외적인 곳이 하나 있으니 바로 아이슬란드입니다. 그래서 아이슬란드는 지구에서 가장 어린 땅으로 꼽히기도 하지요. 유라시아판과 북아메리카판, 두 지각이 태어나 자

(아주 상대적으로) 새로 태어난 어린 땅, 아이슬란드.

370

라는 땅에 위치하기에, 아이슬란드는 대서양처럼 매년 조금씩 커지고 있습니다.

양보다 질, 아이슬란드 사람들

아이슬란드에서 사람보다 자연을 훨씬 더 많이 이야기하게 되는 건 자연스러운 일입니다. 다른 곳에서 찾아보기 힘든 놀라운 자연에 비하여, 사람은 숫자 자체가 너무 적기 때문이겠지요!

아이슬란드가 최근 주목받은 사건으로는 축구가 엄청난 비중을 차지할 겁니다. 조그만 도시 하나 규모의 나라가 축구 대국들을 물리치고 이변을 일으켰으니까요.[36]

인구가 적다 적다 하는데 얼마나 적은가 비교해 보자면, 아이슬란드는 섬나라 몰디브(인구 38만 명)나 아시아에서 나라를 세다 빼먹기 쉬운 브루나이(43만 명)보다 머릿수가 부족하며, 유럽의 소국 룩셈부르크(인구 63만 명)는 물론 작은 휴양지 몰타(51만 명)보다도 적은 인구를 가졌습니다.

우리나라만 한 나라가 몰디브의 인구를 가졌으니, 인구밀도는 세계에

바이킹이 찾아와 식민화하기 전엔 무인도였던 아이슬란드. 비어 있는 푸른 땅을 보고 노르웨이에서 노르드인들이 이주해왔지요.

---

36 유로2016과 2018 러시아 월드컵 그리고 인상적인 바이킹 박수Viking clap.

371

아이슬란드에서 가장 오래된 서점, 에이문손Eymundsson의 아퀴레이리 지점.

서 가장 낮은 수준입니다. 아이슬란드의 인구밀도(3.6명/㎢)보다 낮아 사람을 더 찾아보기 힘든 나라는 지구상에 3개뿐입니다.[37]

하지만 아주 작은 인구규모의 아이슬란드는 1인당 GDP 세계 7위(6만 9033USD, 2021년), 인간개발지수 세계 3위(2021년, 대학 교육까지 모두 무료)의 고도 선진국이며, 무엇보다도 부러운 통계 두 개를 가지고 있습니다.

- 아이슬란드는 1인당 서점 수가 가장 많은 나라입니다! 인구 대비 가장 많은 번역서와 수입 서적을 가진 나라이기도 하고요.
- 아이슬란드 사람들은 전 세계에서 책을 가장 많이 씁니다! 출간되는 서적의 수는 1000명당 2.8권으로 영국, 미국의 5배에 달하며, 아이슬란드 인구의 약 10퍼센트가

37 낮은 순으로 몽골, 나미비아 그리고 오스트레일리아.

평생 1권 이상의 책을 출간한다고 합니다.

– 아이슬란드에는 '크리스마스 책 홍수(율라보카플로드Jólabókaflóðið, Christmas book flood)'라는 멋진 전통이 있습니다. 책이 아이슬란드에서 가장 일반적인 크리스마스 선물이기에, 크리스마스를 두어 달 앞둔 때부터 책이 홍수처럼 쏟아져 나오는 것이죠. 모든 신간 서적들은 책 저널Bókatíðindi에 실리고, 저널은 모든 가정에 무료 배포됩니다.

야외 활동이 힘든 해 짧은 겨울을 책과 함께 보내는 북쪽 섬 사람들의 지혜 아닐까 해요.

냉전과 대구전쟁

아이슬란드는 세계에서 가장 평화로운 나라로 꼽힙니다.

2021년 세계평화지수Global Peace Index, GPI[38] 1위를 차지한 나라가 바로 아이슬란드예요. 아이슬란드는 세계평화지수를 공개한 2008년 이후 1위를 한 번도 놓치지 않았습니다.

세계평화지수는 전쟁이나 테러의 위협뿐 아니라, 폭력범죄 위험, 죄수 규모, 테러 가능성, 정치적 안정성과 사회적 갈등까지를 수치화한 지수인데요, 이토록 평화로운 나라 아이슬란드도 전쟁이란 이름의 전투를 치른 적이 있고, 국민감정이 나쁜 나라도 있습니다.

아이슬란드 사람들이 싫어하는 나라는 옛 종주국인 덴마크나 노르웨이가 아니라, 영국입니다.

지금처럼 금융업과 관광업이 발전하지 못했던 시절, 아이슬란드는 어업에 의지해 살아가는 가난한 나라였습니다.

20세기 대부분의 기간 영해와 경제수역의 개념은 미미한 것이었기 때

---

[38] Institute for Economics&Peace(IEP)에서 23개 지표를 선정·비교하여 매년 발표합니다. 2021년 한국의 순위는 57위입니다.

아이슬란드의 북쪽 항구, 후사비크Húsavík 풍경.

문에, 조업을 위해 다른 나라의 근해까지 이동하는 일이 잦았고 아이슬란
드 근해 어업은 아이슬란드 어부뿐 아니라 영국(과 서독)의 어부에게도 중
요했다고 합니다. 아이슬란드는 독립 이후 주변 해역의 조업권을 지키는
게 국가적인 과제였고, 영국은 자국의 어부의 이익을 지키기 위해 이에 대
응했습니다.

2차 대전 이후 냉전Cold War의 기세와 전쟁의 위험이 높아가던 시절, 아
이슬란드는 무려 세 차례에 걸쳐 영국과 (규모는 작지만 어쨌든) 전쟁을 벌입
니다.[39] 아이슬란드 근해에서 잡히는 가장 중요한 어종이 대구였기 때문
에, 이 전쟁은 대구전쟁Cod War이라 불립니다.

1958년 9월부터 1961년 3월까지, 1972년 9월부터 1973년 11월까지, 다

---

39 세 차례에 걸쳐 경비정과 군함이 대치하는 '전쟁'을 치렀지만, 사망자는 1명이었고, 이 역시 전
    투가 아닌 충돌로 인한 감전사였습니다.

시 1975년 11월부터 1976년 6월까지 세 차례에 걸친 대구전쟁의 승자는 강대국 영국이 아닌, 인구 기준 영국의 0.5퍼센트 수준인 아이슬란드였습니다.

전쟁 이후 국교를 정상화하며, 양국은 아이슬란드의 주장대로 아이슬란드의 200해리 안에서 영국 어선의 어획량을 대폭 줄이는 데 합의했습니다.

인구와 국력뿐 아니라 군사력에서 비교가 되지 않은 아이슬란드의 승리는 냉전 환경 아래에서 빛난 아이슬란드의 외교력에서 비롯되었습니다. 영국과 단교하고 나토를 탈퇴하겠다고 엄포를 놓은 동시에 소련에 접근하는 자세를 취한 것이지요.

아이슬란드가 소련의 영향권에 들어가면 북대서양의 중심에 적을 두게 되는 미국과 유럽으로서는 중재에 나설 수밖에 없었고, 전쟁의 결과는 지정학적 위치를 이용한 아이슬란드의 뜻대로 풀리게 됩니다.

맥도날드가 철수한 나라

어쩌면 자본주의와 '세계화'의 상징 맥도날드. 맥도날드는 전세계 122개 나라와 국가체에 매장을 가지고 있습니다.

우리나라엔 1988년 3월에 압구정점을 열며 들어왔습니다. 한국은 맥도날드의 46번째 진출국이었어요. 맥도날드는 이라크 바그다드에도 매장이 있고, 수단 하르툼Khartoum과 그린란드의 수도 누크Nuuk에 매장을 열 예정입니다.[40]

지속적인 매장 확대와 신규 진출을 노리는 맥도날드가 진입했다가 철수한 몇 안되는 나라[41] 중 하나가 아이슬란드입니다.

---

40 상당수의 계획이 코로나19로 인해 연기 또는 취소되었습니다.

맥도날드가 요구하는 재료 수입에 드는 비용 대비 아이슬란드 매장의 매출이 저조했던 데다가, 금융위기로 인한 2009년 아이슬란드 크로나 환율의 붕괴로 아이슬란드에 있던 3개 매장 모두가 폐쇄되었습니다.

'신자유주의의 실패', '자본주의의 붕괴'로까지 표현되었던 2008년의 금융위기. 금융위기를 유럽에서 가장 먼저 맞이한 남유럽(PIIGS) 위기의 씨앗이 된 나라가 아이슬란드였지요. 21세기 초 유럽의 작은 금융 허브로 떠올랐던 아이슬란드는, 빚을 끌어다 무리한 투자를 지속하다 금융위기를 맞아 국가 파산 신청까지 하게 됩니다.

아이슬란드의 금융위기 돌파법은 독특하고도 어찌 보면 부러운 것이었습니다. 아이슬란드는 3대 주요은행 모두를 그냥 파산하게 놔두었습니다. 해외투자자들의 비난을 뒤로 하고 채무를 진 은행을 파산시킨 뒤 국유화하여 국민들의 가계부채부터 먼저 탕감해준 것이지요.[42]

다른 나라였으면, 우리나라였으면 어림없는 일이지만, 인구도 적고 규모도 작으며 EU에 속해 있지도 않은 아이슬란드는 혼란의 와중에서 자기 방식대로 밀고 나갑니다.

결과요? IMF의 지시를 충실히 따른 남유럽 국가들보다 훨씬 빠른 회복

41 아이슬란드 외에 볼리비아, 북마케도니아, 몬테네그로와 일부 카리브해 섬나라에서 맥도날드가 철수했습니다.

42 해외 투자자의 신뢰를 잃는 일이기 때문에, 수출로 살아가는 한국 같은 나라로선 상상할 수 없는 방법입니다.

과 정상화를 이루지요.

아이슬란드는 작은 나라가 냉엄한 국제 현실에서 생존하는 법을 보여줍니다.

아이슬란드와 비교할 수 없을 만큼 많은 인구와 큰 경제를 가진 우리와 환경은 다르지만, 이 적은 숫자의 얼음땅 사람들은 차갑고도 뜨거운 환경을 활용하는 지혜로 가장 잘살고 가장 평화로우며 가장 행복한 나라의 반열에 올랐습니다.

무엇보다도 서점이 넘치고 이웃이 저자가 되는 '책 읽는 사회'를 만들어 간다는 사실이 참으로 부럽습니다. 아이슬란드를 지금의 모습으로 키워 온 힘일 수도 있겠지요.

이번 겨울, 우리도 한 번 해보면 어떨까 합니다. 크리스마스 책 홍수, 욜라보카플로드를!

링로드를 달렸습니다

아무것도 없을 것만 같은 땅 어딘가, 아무도 없는 어떤 곳에서의 한순간이 사무치게 필요했습니다. 그래서 머릿속에 그렸던 것처럼, 링로드를 달렸습니다.

빙하를 걸었습니다.

9월의 빙하는 영화에 나오는 설국 또는 겨울왕국 같은 느낌은 분명 아니었습니다. 끝나지도 멈추지도 않을 아이슬란드의 바람은 여름내 까만 돌가루를 스비나펠스요쿨 빙하Svínafellsjökull Glacier에 뿌려놓았을 겁니다. 파랗게도 투명한 얼음 위를 까만 때가 덮고 있었습니다.

그런대도, 그것대로, 좋았습니다. 먹구름 가득한 하늘과 퍼런 끝 길 모를 빙하 구멍과 그 주변을 어지럽히는 까만 때는 어딘가 조화롭기까지 했습니다.

그대로 두면 그렇게 다 어우러져 볼만도 한 것을. 왜 그리 닦아내려고만 했을까요.

아이슬란드엘 꼭 가보라고, 홀로 링로드를 질주하라고, 어깨 처진 친구 등을 떠밀고 싶은 이유는, 그곳에 지구 같지 않은 땅이 있기 때문입니다. 지구가 아닌 것 같은 그곳에 서서 바람을 오롯이 맞으며 홀로가 될 수 있기 때문입니다.

아이슬란드의 빙하 호수 요쿨살론과 요쿨살론 밖 노르웨이해에 맞닿은 다이아몬드해변의 모습.

여기는 화성 아니면 달. 또는 그런 상상이 닿을 수 있는 그 어딘가. 나를 아는 그 누구도 없는 곳. 그렇게 철저히 외로워질 수 있는 기회에 외로움을 잊을 수 있는 곳.

얼음 바람 앞에서 차가운 땅 바위 틈에 얼굴 내민 이끼꽃을 보며 따뜻해질 수 있는 그 땅에, 흘러흘러 석호에 내려앉은 얼음조각이 대양으로 나아가 파도에 부서지는 걸 보며 가벼워질 수 있는 그 바닷가 요쿨살론에.

당신이 가보았으면 좋겠습니다.

Mother nature and Human nature 5.
세상 끝까지
- 지구별 세상 끝 이야기

남미의 남쪽 끝, 티에라델푸에고 근처의 바다.

세상 끝까지 가볼 테다!

여행자라면, 혹은 여행이 아니더라도 답 모를 일탈에 목마른 영혼이라면, 한 번쯤 가슴에 품는 다짐이거나 꿈일 겁니다.

끝이 좋았고, 끝에 끌렸습니다. 끝에 도달하려면 돌아야 하고 그래서 시간이 걸리고 당연히 주머니가 가벼워지는데도, 세상 끝이라면 부나비처럼 달려들기도 했습니다.

남녘의 겨울날 해남 땅끝마을을 걷고, 여름날엔 독도 가는 배의 결항을 아쉬워하며 울릉 저동 방파제에 앉아 막걸리에 취했었죠. 유럽을 누빌 기회가 생겼을 땐 노르웨이 해안길 2500km를 달려 대륙 북쪽 끝 노르드캅Nordkapp, North Cape으로, 버스를 갈아타고 대륙 남서쪽 끝 사그르스Sagres로 찾아가 보았습니다.

그래서 진짜 '끝'에 조금은 예민합니다. 끝이 아닌데도 끝이라 알려진 곳들이 세상엔 많거든요!

가짜라고 의미가 없는 것도 아니고 진짜만이 중요한 것도 아닌 세상이지만 굳이, 진짜 세상 끝을 찾아가 봅니다.

기대 이상으로 극적인 풍경을 가진 곳, 유럽 대륙 남서쪽 끝 포르투갈 사그르스.

희망봉과 바늘곶

이름으로 사람을 잡아 끄는 곳이 있습니다.

희망봉Cape of Good Hope. 거, 이름 참 잘 지었습니다.

케이프타운Cape Town 남서쪽 끝에 자리한 이 절경의 거친 곳에 대항해 시대 포르투갈의 항해 왕자 엔히크[43]는 '희망의 곶Cabo da Boa Esperana'이란 이름을 붙였습니다. 사실 희망봉에 맨 처음 도달한 서양 항해자인 바르톨로뮤 디아스Bartolomeu Diaz가 지은 이름은 '희망'봉과 거리가 아주 먼 '폭풍

---

43 Infante Dom Henrique, o Navegador. 포르투갈 아비스왕조의 왕자로 포르투갈어로 엔히크이지만, 스페인어 '엔리케 왕자'로 더 많이 알려져 있습니다. 앞서 소개한 유럽 대륙 남서쪽 끝 사그르스에 항해 학교를 세웠고, 평생 독신으로 아프리카로의 항로 개척에 집중하다 사그르스에서 사망했습니다.

잘빠진 위치의 남아프리카 케이프포인트. 멋진 곳입니다. 굳이 말하자면, 사진 기준 왼쪽은 인도양
이고 오른쪽은 대서양입니다.

의 곳'이었는데 말이에요.

너무나 멋진 이름 탓인지 그만큼이나 좋은 환경 덕인지 많은 백인 이
주민들이 그 주변에 그들의 희망을 찾아 터를 닦았고, 그렇게 곶마을Cape
Town, 곶영토Cape Colony가 아프리카 대륙 끝에 생겨났습니다.[44]

오늘날에도 많은 사람들이 이곳을 찾습니다. 아마 희망을 찾아 먼 길을
오는 건 아닐 거예요. 케이프타운 끝에 있다는 세상 마지막 땅을 찾아, 좌
로는 인도양, 우로는 대서양이 만난다는 그 아름다운 바위를 찾아 사람들
은 모여듭니다.

신대륙과 남극대륙이 발견되기 전까지 희망봉은 알려진 세상의 완벽한

---

[44] 희망의 땅으로의 유럽인의 이주가 그곳 원주민에게는 재앙이었음은 역사가 증명해왔지요. 엔
히크의 항해도 기니만 연안 흑인들에게는 노예 무역 피해자라는 끔찍한 역사의 시발이 되었
습니다.

곶 마을, 케이프타운.

남쪽 끝이었습니다. 지금도 지구 인구의 86퍼센트인 67억 인구가 살아가는 아프로-유라시아Afro-Eurasia,[45] 곧 구대륙舊大陸의 남쪽 끝이 이곳이었던 거죠.

　더 이상의 남쪽 땅에 대한 '희망'조차 품을 수 없게, 희망봉 아래로는 남극대륙 앞까지 섬 하나 존재하지 않습니다.[46]

　하지만 정확한 아프리카의 끝, 인도양과 대서양이 만나는 마지막 땅은 희망봉이 아닙니다.　그보다 남동쪽 160km 지점에 있는 아굴라스곶Cape Agulhas(남위 34°51′15″)이 진짜 그곳이지요.

　아프리카 남쪽 바다 서쪽에서는 남극의 차가운 바닷물이 북으로 흐릅니다. 대서양의 벵겔라해류Benguela Current입니다. 그리고 그 바다 동쪽에

45　아시아와 유럽, 아프리카를 아울러 칭하는 말입니다.
46　남쪽으로 가장 가까이에 있는 땅이 노르웨이 이야기에서 살펴본 부베섬입니다.

세상 끝 아굴라스의 등대.

서는 마다가스카르의 따뜻한 바닷물이 서쪽으로 흐르다 벵겔라와 부딪쳐 남쪽으로 방향을 틉니다. 인도양의 아굴라스해류Agulhas Current가 그것이라 합니다.

진정 대륙이 끝나는 곳도, 두 해류가 만나 대양의 시작과 마지막을 고하는 장소도 아굴라스 앞바다이지만, 진짜에 관심을 두는 사람은 많지 않습니다.

희망봉에선 다양한 나라에서 왔음직한 여러 인종이 산책로를 걸으며 카메라 셔터를 눌러댔지만, 아프리카의 겨울날 찾은 아굴라스의 가파른 등대에는 아무도 없었지요.

역사의 증거도 되지 못하고 스펙터클한 환경도 가지지 못한 아굴라스는 조용히 두 바다의 파도를 기다리며 자리해 있었습니다. 희망봉처럼 왼쪽-오른쪽이 분명하지 않은 아굴라스에서 어디가 인도양이고 어디가 대

작은 건물 뒤에 아프리카 대륙의 끝이 있습니다. 희망봉에 비하면 시시하죠.

의미를 두자면 정말 의미 있는 곳. 하지만 이 표시가 아니었다면 뒤에서 치는 파도에 아마도 더 눈 길이 갔을 겁니다.

서양인지는 사람이 구분해 놓은 푯말이 아니고서는 확인할 길도 없었습니다.

바다 끝에서 바다를 쉬이 바라보며 오는 파도를 눈높이에서 기약할 수 있는 아굴라스가 제게는 더 기쁜 장소였음은, 개인적이고도 개인적인 느낌일 뿐이겠지요.

아굴라스해류가 찬 남극 기운에 막혀 그 방향을 서쪽에서 남쪽으로 그리고 다시 동쪽으로 틀기 때문에, 그렇게 다른 기운의 두 흐름이 만나기 때문에 아굴라스 주변은 예로부터 위험한 해역으로 알려졌다 합니다. 자잘한 바위들이 대륙이 끝나는 지점 한참 아래까지 나와서 지나가는 배들을 위협하는 것도 한몫했을 터이고요.

수에즈운하로 물동량이 모이고 저 멀리 배들이 돌아가는 일이 뜸해진 오늘날에는 중요하지 않겠지만, 당시 아굴라스는 '바늘곶'이란 별명을 얻었습니다.

아프리카의 끝에서 쉬어갑니다.

두 곳을 모두 가보면 그 별명과 실제가 터무니없을 만큼 어울리지 않음을 느낄 수 있을 거예요. 하지만 누군가에겐 아주 적절한 이름이었겠지요.

아프리카 대륙의 끝에서 기억하고 가슴에 남기기로 한 것은 아굴라스의 '무난함'이었습니다. 저 파도가 인도양 것인지 이 파도가 대서양에서 온 것인지는 잊고, 햇살 비추는 예쁜 바다를 바라보면 그만, 그럼 되었습니다.

신대륙의 끄트머리

이번에는 남미 대륙의, 북중남미 다 합친 신대륙新大陸 아메리카 남쪽 끝으로 가봅니다. 남극에 가장 가까운 땅으로.

남미의 끝이 어디냐는 질문에는 다소 많은 답이 존재할 수 있습니다.

먼저, 푼타아레나스. 칠레의 푼타아레나스Punta Arenas(남위 53°10′, 인구 약 14만 명)는 MBC 〈무한도전〉에서 '지구 최남단'으로 소개되었던 곳입니다. 세상 끝에 있는 '신라면집'으로 알려진 도시이기도 하구요.

푼타아레나스는 인구 10만 명이 넘는 도시 중 가장 남쪽에 있는 곳이며, 아메리카 '대륙'의 최남단 프로워드곶Cabo Froward(남위 53°53′47″)에서 약

푼타아레나스는 그리 예쁜 도시는 아닙니다. 저 페리 터미널에서 크루즈를 타면 남극대륙에 닿을 수 있는, 남극 탐험의 베이스캠프이긴 하지요.

90km 가량 떨어져 있습니다.

'심술궂은', '고집 센', '통제할 수 없는' 같은 의미를 담은 '프로워드'란 지명으로 이곳의 날씨를 짐작할 수도 있겠습니다만, '최남단', '남극에 가깝다'는 수사가 무색하게 푼타아레나스의 날씨는 온화합니다. 가장 추운 달

바람과 빙하와 호수의 땅 파타고니아의 남쪽 끝으로 갑니다.

우수아이아의 상징은 당연하다는 듯 펭귄입니다. 세상의 끝에서 다른 세상까지의 거리가 표기된 표지판.

의 평균 기온이 영상(7월, 1.4도)이며, 역사상 가장 추웠던 날의 온도도 서울보다 훨씬 덜 춥습니다(-14.2도).

푼타아레나스를 '최남단'이라 표현하기에는 아쉬움이 많이 남습니다. 아프리카 대륙 남쪽에는 섬 하나 없이 망망대해가 펼쳐져 있는 반면에, 푼타아레나스 앞은 섬들로 가득하거든요!

두 번째, 우수아이아. 푼타아레나스의 마젤란해협Estrecho de Magallanes 건너편엔 수백 개의 섬으로 구성된 티에라델푸에고Tierra del Fuego, Land of Fire 군도가 있습니다. '불의 섬'이라는, 정말이지 어울리지 않는 이름이 이곳에 붙은 이유는 2장 아르헨티나 이야기에서 다루었지요.

군도에서 가장 큰 그란데섬Isla Grande de Tierra del Fuego의 면적은, 거의 대한민국의 절반 크기(4만 8000㎢)에 달합니다.[47]

이 남쪽 끝에 걸친 섬에도 인간들은 선을 그어 놓았어요. 그란데티에라델푸에고의 서쪽 6할은 칠레 땅, 동쪽 4할은 아르헨티나 땅입니다. 그리고 아르헨티나령 그란데섬에 아주 멋진 모토와 별명을 가진 도시, 우수아이아Ushuaia(남위 54°48′)가 자리합니다.

'세상의 끝Fin del mundo.' 어릴 적부터 가슴을 두근거리게 만들던 그 말이 우수아이아의 별명입니다. 이 도시의 모토는 조금 더 섹시합니다.

"세상의 끝, 모든 것의 시작Ushuaia, fin del mundo, principio de todo."

여행자와 모험가들을 끌어내겠다 마음먹은 듯한 표어랄까요.

우수아이아에는 세계 최남단의 대학(National University of Tierra del Fuego)과 가장 남쪽의 국제공항(Malvinas Argentinas International Airport), 제일 남쪽을

'Fin del mundo'라 했으
나… 난파선이 걸린 바다 건
너편에 칠레의 섬 나바리노
가 있습니다.

47 티에라델푸에고의 그란데섬은 지구에서 29번째로 큰 섬입니다.

달리는 기차(Southern Fuegian Railway)와 지구 끝의 골프장(Ushuaia Golf Club)이 있습니다.

인구 1만 명 이상의 도시 중 세계 최남단에 자리잡은 도시(인구 약 6만 명)답게 갖출 걸 다 가지고, 분위기 나는 난파선까지 앞바다에 떠있는 곳이지만, 우수아이아에 가도 여전히 '진짜' 끝에 대한 열망은 식지 않습니다. 남쪽 바다 건너 잡힐 듯 가까운 곳에 섬들이 존재하니까요!

세 번째, 푸에르토윌리암스. 우수아이아 바다(비글해협Beagle Channel) 건너, 티에라델푸에고 군도의 나바리노섬Isla Navarino의 마을 푸에르토윌리암스Puerto Williams(남위 54°56′, 인구 약 2000명)는 인간 거주 영역에서 어쩌면 최남단일 겁니다. 인구 1000명 이상의 마을 중 세계 최남단은 이곳이거든요.

정기편이 다니는 제일 남쪽의 공항(Guardiamarina Zañartu Airport)과 가장 남쪽의 병원 타이틀을 이 마을이 가지고 있습니다. 푸에르토윌리암스는

비글 해협의 상징과도 같은, 세상 끝 등대.

칠레의 행정구역 '남극군Antártica Chilena Province'의 군청 소재지이기도 합니다.

칠레는 남극 반도를 포함한 100만㎢ 이상의 남극대륙 땅에 대한 영유권을 주장하고 있습니다. 물론 국제법으로 인정되지 않지요. 칠레 남극군 인구의 절대다수가 살아가는 곳이 푸에르토윌리암스입니다.

네 번째, 푸에르토토로. 같은 섬 나바리노의 동쪽 해안, 푸에르토윌리암스에서 남동쪽으로 약 40km 떨어진 곳에는 인간의 정착지로 최남단인, 푸에르토토로Puerto Toro(남위 55°05′)가 있습니다. 어지간한 의지를 가지지 않고는 닿을 수 없는 곳이죠. (배를 빌려 가야 합니다!)

하지만 어부들과 그 가족 30~40명이 살아가는 푸에르토토로에 가봐도 진짜 끝에 대한 갈망이 온전히 충족될 리는 없을 겁니다. 마을 남쪽으로 나바리노섬의 육지가 이어지고, 나바리노섬 남쪽으로도 섬들이 존재하기 때문이지요.

다섯 번째, 카보데오르노스Cape Horn(스페인어 Cabo de Hornos, 남위 55°59′)의 이름은 아마 요트꾼 뱃사람들에게 있어 세상의 끝일 겁니다.

카보데오르노스는 지상 여행자보다 훨씬 더 터프한 (더 자유롭고 더 불편하고 아마도 예산이 풍족한) 여행을 하는 바다 사나이들의 꿈이 현실이 되는 곳이지요.

지구를 항해하는 요트 여행자들의 최종 목적지이자 가장 험한 항로[48]가 이곳이라 하더군요.

근래에는 혼자 또는 두셋의 인력으로 거친 남극해의 드센 바람을 견디어내는 요트보다 남극의 땅에 닿고파 하는 돈 많은 여행자를 위한 크루즈가 카보데오르노스를 더 많이 거쳐간다고도 들었습니다마는, 저 멀리 거

---

48 남반구에는 항해가들의 꿈을 담은 3대 곶Great capes이 있습니다. 남아프리카의 희망봉(여기서도 아굴라스 대신 희망봉입니다), 서호주의 루윈곶Cape Leeuwin 그리고 카보데오르노스지요.

남극 대륙의 섬. 아마도 디셉션섬.

대한 크루즈선이 남기고 간 거품을 좇으며, 짠 내 품은 얼음 바람을 온몸으로 버티어내고 있을 요트 위의 바다 사나이에게, 언제고 경의를 표하고 싶습니다.

카보데오르노스가 끝이냐 물으신다면, 그 밑에는 디에고라미레스 제도 Diego Ramirez Islands의 독수리섬Islote Águila, Eagle Islet(남위 56°32′16″)이 있다고, 더 남은 게 있다면 쿡아일랜드(남위 59°29′20″)가 있는 영국령 사우스샌드위치제도South Sandwich Islands를 아메리카 대륙의 연장으로 보기도 한다고 하겠습니다.

그리고 그보다 남쪽에는 물론 거대한 얼음 대륙 남극이 있겠지요.

당신이 탐험가 아문센이나 스코트[49]가 아니라면, 이쯤 되면 돌아가야 하는 겁니다. 진짜 '끝'에 아무리 예민해도, 가짜에 의미가 없는 것도 진짜만이 중요한 것도 아니니까요.

---

49 노르웨이 탐험가 아문센Roald Amundsen과 영국 탐험가 스코트Robert Scott는 남극점(남위 90°)을 최초로 밟기 위해 경쟁했던 사람들이지요. 〈정글의 법칙〉처럼 남극점까지 가시려구요? (비용이 어마어마하겠지만 그와 별개로) 남극 방문을 위해서는 외교통상부의 허가와 극지연구소의 별도 교육이 필수입니다.

북위 71°10′21″, 노르드캅. 악천후로 뵈는 게 없었습니다.

푼타아레나스만 여행했으면 그곳을 최남단으로 믿어도 되고, 우수아이아의 '세상의 끝' 표지판 앞에서 만족해도 좋고, 원한다면 큰돈 들여 남극행 크루즈에 몸을 실으면 되는 겁니다.

아굴라스까지 들릴 시간이 없어 희망봉만 보고 돌아선다 해도 세상 끝을 찾아간 여정이 의미를 잃는 게 아니며, 그만큼의 용기와 투자로 행복했으면 될 일 아닐지요.

북쪽 끝 노르드캅을 찾아 비싼 노르웨이 땅을 핫도그로 버티며 여행했던 시절을 돌아봅니다. 사실 노르드캅에 갔을 땐 악천후로 앞이 잘 보이지도 않았습니다. 여기가 북극해구나, 하는 정도였달까요.

북극권에서 가장 강렬한 기억을 남긴 곳은 되려 작은 마을[50] 함메르페스트(북위70°39′)였습니다.

5월 말, 밤 9시와 밤 11시의 함메르페스트.

　백야에 가까운 밝은 밤, 겨우 자라 남은 이끼들만 거친 바닷바람에 날리는 쓸쓸한 언덕 풍경이 젊은 영혼 하나를 여행의 세상으로 걷어차 들이밀어 버렸습니다.

　백야 앞 지는 태양, 신비롭고도 아름다운 북극해 도시를 세계 최고의 가이드북 《론리플래닛》은 '못생긴 항구도시'로 형용했었습니다. 못생긴 항구도시가 그 날 그 날씨에 그 영혼 앞에서는 세상에서 가장 아름다운 곳이었지요.

　세상 끝은 아굴라스처럼 만족스러울 수도, 노르드캅처럼 의미 없는 것일 수도 있을 테니, 가고 싶은 곳, 마음이 가는 곳을 향하는 게 답이 아닐까 합니다.

　아, 하나 더. 유럽 대륙의 북쪽 끝으로 알려진 노르드캅(북위 71°10′21″)은 유럽의 북쪽 끝이 아닙니다!

　노르드캅은 대륙이 아닌 마게뢰위아Magerøya섬에 소재하며, '대륙'의 끝은 노르드킨곶Cape Nordkinn(북위 71°8′2″)입니다. 심지어 마게뢰위아섬의 최

50　노르웨이 이야기에서 찾아본 대로, 작긴 하지만 북위 70도 이북에 자리한 인구 1만 이상의 세계에서 유일한 도시이기도 합니다.

내키는 대로, 세상 끝까지!

북단도 노르드캅이 아닌 크니브셀로덴곶Knivskjellodden Cape이고요.
　노르드캅을 좇아 머나먼 길을 다녀오고, 돌아온 뒤 한참 후에야 알게 된 사실이지요!

동도극장에서

가끔, 갑자기, 시간이 되고 마음이 되어서 혼자 보는 영화가 좋았습니다.

감독 배우 리뷰 그런 따져야 하는 것들 잊고, 세상 사람들 대부분 걸려 있는지도 모를 영화를 텅 빈 관람석 대충 자리 찾아 앉아 보내는 110분이 마음을 달래주었습니다.

언젠가 못 알아들을 제 3국 영화를 자막도 없이 보게 된다면, 그 영화관은 이곳이었으면 좋겠습니다.

대륙 밑의 섬 밑의 섬 밑의 섬. 오르노스섬은 아메리카 대륙과 그 형제들의 끝이며, 그 섬 최남단에 카보데오르노스가 있습니다.

'이 세상 남쪽 끝'의 후보 혼 또는 오르노스의 이름은, 저 멀리 네덜란드의 작은 마을에서 비롯되었습니다.

남쪽 끝의 거친 바다를 처음 여행한 것은, 암스테르담의 거상 이삭 르마이르Issac le Maire와 합작한 빌헬름 쇼우텐Willem Schouten이었습니다. 그리고 쇼우텐은 본인의 고향, 머나먼 네덜란드의 작은 도시 호른Hoorn의 이름을 차갑고도 거친 바다에 붙였습니다.

호른은 네덜란드인들이 바다를 막아 만든 호수 마르커르Markermeer[51]에 접해 있는 항구 도시입니다. 호른 자체의 해발고도가 −1m라 하니, 도시가 선 땅 자체가 사람 손으로 만들어진 창조물일 테지요. 다른 많은 네덜란드의 도시처럼 말이에요.

자연에 맞서 손으로 땅을 만든 네덜란드 사람들의 땀으로 빚은 도시 호른은 극한의 환경에 자리해 사람의 흔적을 찾아보기 힘든 케이프혼과는 거리가 먼 곳입니다. 오히려 그 반대에 가깝달까요.

51 네덜란드 북부에 자리한, 한때는 북해의 만灣이었던 인공호는 지도에서 보는 것보다 더 여러 개로 나뉘어져 있습니다. 호른이 접해 있는 마르커르호수는 1975년 세워진 제방과 수문으로 꽤 컸던 호수 에이설lJsselmeer과 분리되었습니다.

　호변엔 예쁜 집들과 인적이 드물어 그지없이 조용한 산책길이 이어지고, 산책로를 따라가다 보면 저 끝까지 정박되어 있는 요트들과 그 옛날 언젠가의 영광을 추억하는 뱃사람의 흔적들을 마주할 수 있습니다.

　항구 뒤에는 당연히 그 자리에 있어야 할 것만 같은 펍과 할머니들이 볕을 쬐는 광장이 있고, 이 도시를 살아가는 유쾌한 사람들의 삶이 곳곳에 녹아 있습니다.

　시장 꽃구경을 하다 목마름에 하이네켄을 한잔하다, 호숫가를 따라 거닐다 우연히 들어간 곳이 그 극장 "Cinema Oostereiland"였습니다.

　한국식으로 하면 동도극장東島劇場쯤 되겠지요.

　서울에 있던 동도극장東都劇場은 광복 후 문을 연 최초의 극장이었다 들었습니다. 고 박완서 작가의 〈그 많던 싱아는 누가 다 먹었을까〉에도, 배우 이순재 씨의 인터뷰에도 나오는 옛 동도극장처럼, 호른의 동도극장도 단관 극장이었습니다.

　이제 한국에 단관 극장은 동두천에 하나 광주 충장로에 하나 남아 있다던가요?

그마저 없어지면, 호른을 꼭 한 번 다시 찾아야 하겠습니다.

못 알아들을 제 3국 영화를 자막도 없이 보다 목을 뒤로 꺾고 잠이 들더라도, 내 인생에서 참 괜찮은 110분이었다, 싶을 테지요.

한순간 한걸음

    1983년. 한국 국적자가 처음 관광여권을 발급받을 수 있게 된 해입니다. 만 50세 이상만 가능했죠. 예치금이 필요했고, '한국반공연맹' 등의 '소양교육'을 받아야 했습니다. 해외여행자유화[1] 이전에 나라 밖에 나선다는 건 상당한 준비 그리고 출장, 이민, 유학, 취업 등 확실한 이유가 필요한 일이었습니다. '관광'하러 해외에 간다는 건 보통사람으로서는 상상할 수 없었죠. 권력을 쥔 고령 부유층만의 특권이었달까요.

    2018년. 세계관광기구UNWTO, World Tourism Organization가 발표한 해외관광 지출액 순위에서 한국은 7위(351억 USD)를 기록합니다. 한국인이 중국-미국-독일-영국-프랑스-호주 다음으로 많은 돈을 나라 밖에서 썼다는 거예요. 중국을 제외한 다섯 나라는 우리보다 잘 살고 호주를 제외한 다섯 나라는 우리보다 인구가 많으니, 2018년 한국은 세계에서 해외로 여행

---

1   나이, 동반가족, 통장잔고와 상관없이 관광 목적의 여행이 가능해진 건 '해외여행자유화'로 알려진 여권법 시행령 개정령이 시행된 1989년 1월 1일부터입니다. 하지만 1992년 상반기까지는 반공 방첩 교육을 받아야 했습니다.

을 가장 많이 다니는 나라 중 하나였다 할 수 있겠죠. 세상은 한국 여권소지자를 환영해 주었고, 해외여행은 '이번 주말 외출'에 가까워졌어요.

2020년. 코로나19는 집 밖으로의 외출도 어렵게 만들었습니다. 텅 빈 인천국제공항과 문 걸어 잠근 공연장, 불 꺼진 식당들을 기억합니다. 제한된 일상과 함께, 여행의 세상도 무너졌습니다. 우리와 다른 것에 대한 차별과 혐오는 모든 나라에서 강화되었고, 낯선 곳에서 필연적인 불확실성을 모두가 기피하게 되었습니다. 사람들은 새로운 여행지를 궁금해하지 않았고, 여권이 어디 있는지 찾지 않게 되었죠.

코로나19에 신냉전新冷戰의 흐름이 더해지며, 여행에 국가와 안보의 개념이 다시 개입되었습니다. 국민 건강을 위해, 모두의 안전을 위해, 이동의 자유는 제한되었죠. 원인은 다르지만 결과는 비슷합니다. 2021년 해외여행자 숫자는, 국민 대다수가 해외여행이란 걸 모르고 살던 32년 전 1989년 수준으로 돌아갔습니다.[2]

내년의, 2030년의, 2050년의 여행이 어떤 모습일지 예측할 수는 없습니다. 2018년보다 훨씬 자유로운 세상이 될지, 또 다른 팬데믹 또는 철의 장막iron curtain을 맞이할지, 백 년만의 대공황the great depression의 재림으로 여가를 논할 수 없는 상황을 맞이할지, 이런저런 자유 이동을 막는 새로운 장애물을 마주하다 꿋꿋하게 또 뛰어넘을지, 알 수 없지요.

하지만 사람이란 동물은, 모르고는 살아도, 알고도 못하는 건 견딜 수 없는 존재예요. 특히나 모험 세포가 한 번이라도 몸을 훑고 지나간 적이 있는 당신과 같은 여행자는, 떠날 수 있기만을 고대할 겁니다. 검사비와 인증비와 비자피도, 미친 환율과 고유가와 경기 침체도, 독재자들의 광기마저도 우리의 앞길을 막을 수는 없을 거예요. 기회가 되면, 상황을 만들어서라

---

2   2021년 내국인 출국자 수는 122만 명이었습니다. 코로나 직전인 2019년의 2871만 명에 비하면 96퍼센트 급감한, 해외여행자유화가 발표된 1989년의 통계(121만 명)와도 같은 수준이죠.

도, 떠나는 거죠.

낯설지만 자연스러운, 아무도 모르지만 나만은 분명히 아는 인생의 빛나는 한순간을 찾아서. 당신만의 동도극장을 찾아서.

뜨거운 가슴속 오래 품었던 세상을 향해 몸을 내던져 봅니다. 저 멀리에 있지만, 지구 반대편도 북쪽 끝 남극 땅도 마음만 먹으면 한달음에 다가갈 수 있습니다. 필요한 건 지금, 다른 곳을 향해 내딛는 내 발, 그 한걸음이지요.

이미지 출처(페이지)

flickr.com/photos/22711505@N05/51537184705(CC BY 2.0)
262(아래)

Pixabay(CC0)
23, 42, 44(왼쪽), 46(오른쪽), 47, 48, 50, 62, 63, 66(왼쪽), 67, 68(왼쪽), 73, 76, 79, 84, 91, 127, 135, 149(오른쪽), 166(위), 172, 174(위), 182, 185, 190, 192, 197, 204, 208, 223, 225, 235, 251(아래), 252, 258(오른쪽), 261(왼쪽), 262(가운데), 270, 272, 273, 275, 277, 278, 291, 296, 314(아래), 338, 341, 347, 354, 374, 377, 382, 394, 396

Travelinlife
111, 193

wid.world
265

위에 명기한 사진들을 제외한 책에 수록된 나머지 모든 사진들은 저자(민양지)가 직접 촬영한 것이며, 저자에게 저작권이 있습니다.